U0234207

仿人机器人
基础理论与技术

Fundamental Theory and Technology of
Humanoid Robots

黄　强　黄　岩　余张国　著

北京理工大学出版社
BEIJING INSTITUTE OF TECHNOLOGY PRESS

图书在版编目（CIP）数据

仿人机器人基础理论与技术 / 黄强，黄岩，余张国著. —北京：北京理工大学出版社，2021.1（2023.4 重印）

ISBN 978 – 7 – 5682 – 9545 – 1

Ⅰ.①仿…　Ⅱ.①黄…②黄…③余…　Ⅲ.①仿人智能控制 – 智能机器人　Ⅳ.①TP242.6

中国版本图书馆 CIP 数据核字（2021）第 023257 号

出版发行 / 北京理工大学出版社有限责任公司

社　　址 / 北京市海淀区中关村南大街 5 号

邮　　编 / 100081

电　　话 /（010）68914775（总编室）

　　　　　　（010）82562903（教材售后服务热线）

　　　　　　（010）68944723（其他图书服务热线）

网　　址 / http：//www.bitpress.com.cn

经　　销 / 全国各地新华书店

印　　刷 / 北京捷迅佳彩印刷有限公司

开　　本 / 710 毫米 × 1000 毫米　1/16

印　　张 / 16.5

字　　数 / 275 千字

版　　次 / 2021 年 1 月第 1 版　2023 年 4 月第 2 次印刷

定　　价 / 96.00 元

责任编辑 / 孙　澍

文案编辑 / 孙　澍

责任校对 / 周瑞红

责任印制 / 王美丽

Preface

Able to walk on two feet and operate with both hands, a humanoid robot can quickly adapt to our living and work environments and assist us in daily life. Humanoids play an essential role in advancing technology and improving our living conditions.

Research on humanoids began in the 1970s and has evolved through three stages mainly: the early stage(from the 1970s to mid-1990s) represented by the humanoids developed by Waseda Univsersity; the stage (the mid-1990s to the early 2000s) marked by a high degree of system integration, which was most notably represented by Honda humanoids; and the stage(from the early 2000s) of highly dynamic motion pioneered by Boston Dynamics. Today, humanoids have become the focus of academic research on intelligent robotics.

With dozens of degrees-of-freedom(DOFs)and nearly a hundred sensors, a humanoid is a complex dynamics system with high nonlinearity and instability. Humanoids are distinguished from industrial robots and their other counterparts by three features: lots of joints and DOFs, lots of locomotion modes, including walking, running, jumping, climbing, etc. and lots of motion parameters. Humanoid roboticists still have a long way to go in lots of aspects like locomotion planning and balance control.

Professor Qiang Huang, the first author of the book, was a student at Waseda University, where he studied in the lab of Professor Ichiro Kato, who was also my tutor when I was an undergraduate student. The lab developed the first humanoid robot in the world. Professor Huang later went on to work at Mechanical Engineering Laboratory(MEL)in National Institute of Advanced Industrial Science and Technology (AIST)and then the University of Tokyo, both world-leading institutes in humanoid robotics at that time. Having been researching on humanoid robots for over three decades, Prof. Huang broke through the traditional idea of tracking the predefined desired trajectory of zero-moment point in balance motion planning, and proposed a bio-inspired planning method based on feature parameters. This method was presented in a paper published in *IEEE Transactions on Robotics and Automation* (now named *IEEE Transactions on Robotics*). It is the most cited article (self-citations excluded) in humanoids of that journal in the last two decades. The method laid the foundation of fast real-time planning and control for humanoids and has been widely applied in advanced humanoid robots around the world. BIT's humanoid researchers and engineers led by Professor Huang have developed six generations of BHR Humanoid Robots. The team has made remarkable progress in many aspects like motion mechanism and multi-modal human-like locomotion of humanoids. Their works have won multiple Best Paper Awards at international academic conferences.

The book summarizes BIT's humanoid team's theoretical breakthroughs and research accomplishments in the last twenty years. In recognition of the importance of combining bionic movement mechanism and engineering design, the book covers the fundamental theories and techniques involved in humanoid robotics. It also represents the advances in international research at the forefront of this field. The book can be used as a reference for in-depth research of humanoids professional peers, and also as a learning tutorial for readers of other majors. I believe the book will be a good companion and hope its publishing will contribute to the development and application of humanoids.

IEEE President

Foreign Members of the Chinese Academy of Science

Toshio Fukuda

Tokyo, Nov. 28, 2020

序一 （出版社译）

仿人机器人以双足行走、双手操作，因而更容易适应人类生活和工作环境，是辅助人类生活的一个理想帮手，在推动科技发展、造福人民生活等方面具有重要作用。

仿人机器人的研究始于 20 世纪 70 年代，经历了三个主要阶段：20 世纪 70 年代到 20 世纪 90 年代中期，以日本早稻田大学仿人机器人为代表的早期发展阶段；20 世纪 90 年代中期到 21 世纪初期，以日本本田公司仿人机器人为代表的系统高度集成阶段；21 世纪初期以来，以美国波士顿动力公司仿人机器人为代表的高动态运动阶段。如今仿人机器人已成为智能机器人领域的学术研究焦点。

仿人机器人有几十个自由度、近百个传感器，是高度非线性、不稳定的复杂动力学系统。与工业机器人等其他类型机器人相比，具有"三多"的特点：关节与自由度多，全身运动参数多，行走、奔跑、跳跃、攀爬等运动模态多。仿人机器人在运动规划、平衡控制等方面还有诸多未解决的问题。

该书第一作者黄强教授从 1991 年至 1996 年在日本早稻田大学加藤一郎实验室学习，该实验室研制了世界首台仿人机器人，加藤一郎先生也是我本科学习的指导老师。此后黄强教授又在日本通商产业省工业技术研究院、日本东京大学从事相关研究工作，这些研究机构的仿人机器人代表了当时世界仿人机器人的先进水平。黄强教授有 30 余年的仿人机器人研究经验，他改变传统平衡运动规划中需要跟踪预设理想零力矩点轨迹的思路，提出特征参数拟人规划方法，发表于 IEEE Transactions on Robotics and Automation（现为 IEEE Transactions on Robotics），该论文是该刊近 20 年仿人机器人领域他引次数最多的文章。该方法成为仿人机器人快速实时规划控制的基础，在国际先进的仿人机器人中广泛应用。以黄强教授为学术带头人的北京理工大学仿人机器人团队至今推出了 6 代国际先进的"汇童"系列仿人机器人，在仿人机器人的运动机理、多模态拟人化运动等方面取得重要进展，多篇论文获国际学术会议论文奖。

该书是北京理工大学仿人机器人团队近二十年研究取得的理论方法和工作

成果的系统总结，包含了仿人机器人基础理论与技术，重视仿生运动机理与工程化设计相结合，代表了仿人机器人研究的国际前沿。该书既可以作为仿人机器人专业同行进行深入研究的参考，又可以作为非机器人专业读者的学习教程。相信该书会成为机器人领域读者的好伙伴。希望通过该书的出版，促进仿人机器人的发展和应用。

IEEE 主席

中国科学院外籍院士

福田敏男

2020 年 11 月 28 日于东京

序　二

　　机器人是"制造业皇冠顶端的明珠"，其研发、制造、应用是衡量一个国家科技创新和高端制造业水平的重要标志。可以预见，机器人与人工智能技术的融合发展，将改变人们的生产生活方式，带来巨大的社会变革与经济效益。

　　仿人机器人是先进智能机器人的典型代表，世界强国纷纷投资研发。美国国防部研究仿人机器人在战场、地震等特殊环境中的应用，欧洲将仿人机器人作为智能制造的核心装备，开展仿人机器人在大飞机生产中的应用研究，日本、韩国政府瞄准未来家庭服务的新兴机器人市场，将发展仿人机器人作为国家战略。我国对仿人机器人的发展非常重视，取得了一系列丰富的成果。

　　该书第一作者黄强教授从事仿人机器人理论方法、技术创新及其应用研究30余年。他于2000年从日本回国，在北京理工大学建立了仿人机器人研究团队，研发了6代国际先进的"汇童"仿人机器人。"汇童1代"在国内首次实现了无外接电缆行走，"汇童6代"在国际上首次实现仿人机器人"摔滚走爬跳"多模态运动，相关成果获得国家技术发明奖，多次入选国家科技成就展。北京理工大学仿人机器人研究团队是我国仿人机器人研究领域的杰出代表，为我国在仿人机器人领域追赶发达国家做出了重要贡献。

　　《仿人机器人基础理论与技术》一书全面总结了北京理工大学仿人机器人团队近20年的研究成果与技术积累，详细介绍了仿人机器人的发展历史和研究现状，系统地阐述了仿人机器人双足步行、拟人化运动、机构设计等方面的理论知识，并以该团队自主研发的"汇童"系列仿人机器人为例，给出了实际的应用示例。该书达到国际先进的学术水平，具有很高的学术价值。

　　我在哈尔滨工业大学工作30余年，黄强教授是我校的优秀校友，很高兴接受他的邀请，为该书作序。该书作为仿人机器人方面的学术专著，注重理论方法与实际应用的结合，不仅系统阐述了仿人机器人的理论知识，而且详细介绍了相关方法在仿人机器人中的应用，方便读者快速理解仿人机器人的基础理论与技术。该书无论是对仿人机器人领域的研究人员，还是对正在攻读机器人相关专业的研究生，以及对仿人机器人有兴趣的爱好者，都是具有重要参考价值的著作。希望通过该书的出版，进一步促进我国仿人机器人的发展和应用。

哈尔滨工业大学教授

中国工程院院士

邓宗全

2020 年 11 月 22 日于哈尔滨

前　言

　　仿人机器人具有人类外形特征，与轮式等其他构形的机器人相比更容易适应人类日常生活环境和使用人类工具，在危险环境作业、公共安全、老龄化社会的家庭服务等领域具有重大应用需求。

　　仿人机器人是多学科和高技术的综合集成平台，所要解决的关键技术也是智能机器人的核心技术，其研究必将带动智能机器人方法、技术、功能部件与系统的发展。人类经过上千万年的进化实现了双足直立行走，人体运动机理中蕴藏着无穷奥秘。对仿人机器人的深入研究有助于揭示人体生理结构和运动机理，其研究成果对人类医疗康复和生命科学的相关研究也具有重要的推动作用。

　　仿人机器人是本质不稳定的复杂动力学系统，其快速稳定运动、环境适应及拟人化作业等方面都存在诸多未解决难题。仿人机器人的基础理论与技术主要包括运动学与动力学、稳定性分析、动作设计、步态规划、运动控制、本体设计等方面，是仿人机器人研究中的关键问题。

　　本书是北京理工大学仿人机器人团队二十余年来在相关领域积累的理论方法、技术创新及应用研究的成果总结，系统地介绍仿人机器人的基础理论与关键技术，遵循深入浅出的讲述方式，适应多层次的读者。本书既可作为仿人机器人领域教师、学生等专业人员的参考资料，也可以作为对仿人机器人有兴趣的读者的入门教程。本书具有以下特色：

　　（1）理论方法与应用实例相结合。本书既有对仿人机器人理论方法的阐述，也有对应用实例的介绍。本书每一章针对仿人机器人研究介绍典型的思想、原理、计算方法，并在每一章最后一节结合一个实例介绍方法如何应用。这样的安排便于读者对该方法有更快速的了解，也易于非机器人专业的初学者学习。

　　（2）理论分析、仿真计算与实体实验相结合。本书注重把仿人机器人基础理论、仿真分析计算以及实体机器人实验验证有机结合。例如，在摔倒保护方面，既介绍了基于人体运动规律的摔倒保护策略，又展示了仿真和实体机器人的摔倒保护实验，也论述了如何具体设计机器人本体的整体结构和关节驱动。通过理论、仿真、实物三个层面的展示，使读者更全面深入地了解相关知识。

（3）强调仿人机器人运动的拟人化研究思路。人类经自然进化形成了高效、稳定、灵活适应环境的能力。作者基于长期研究经验，充分认识到仿人机器人研究与人体运动科学、人体生物力学相结合的重要性。本书在仿人机器人步态规划、复杂动作设计、运动控制、摔倒保护策略等方面都引入了参考人体运动规律的研究方法或研究成果。

本书涉及的研究工作，得到了国家自然科学基金重点项目，国家重点研发计划项目，国家863计划重点项目，111引智计划，北京市科技计划等项目的支持。陈学超博士、孟非博士、汪光博士、张伟民博士、张利格博士、彭朝琴博士、杨洁博士、肖涛博士、许威博士、田野博士、李敬博士、张思博士、黄高博士、刘华欣博士、孟立波博士、武赢硕士、张文硕士、郭欣然硕士、张泽政硕士、周宇航硕士、于大程硕士、周钦钦硕士、姜鑫洋硕士、丁文朋硕士、博士生李庆庆、蔡兆旸、董宸呈、韩连强、张润明、陈焕钟、刘玉、齐皓祥、高志发、董岳、刘雅梁、黄则临、赵凌萱、王晨征、张袁熙、李超、付镇源、朱鑫、硕士生朱西硕、廖文希、孟祥、顾赛、吴桐、李鸣原、邱雪健、翁奕成、于晗与作者合作完成了相关课题的研究，对此深表感谢！

北京理工大学范宁军教授仔细审阅了全部书稿，提出了许多宝贵意见和建议，在此深表感谢！

本书第一作者从事仿人机器人研究30余年，先后在哈尔滨工业大学、华中科技大学、日本早稻田大学、日本通商产业省工业技术研究院、日本东京大学、北京理工大学学习和工作，得到这些单位的领导和同事们的亲切关怀和大力支持，在此表示衷心感谢！

本书在编写过程中得到了北京智能机器人与系统高精尖创新中心、复杂系统智能控制与决策国家重点实验室、仿生机器人与系统教育部重点实验室、仿生机器人与系统教育部国际合作联合实验室、仿生机器人与系统科技部创新人才培养示范基地的大力支持。

由于作者水平有限，书中难免有缺点和不足之处，恳请广大读者批评指正。

黄强、黄岩、余张国
2021年1月

目　录

第1章

概　　述

1.1　仿人机器人及其研究意义

仿人机器人是一种具有人类外形特征的机器人，尤其是指有双腿形态的机器人。与其他类型的机器人相比，仿人机器人用双足移动、双手操作，不用改变自身就能适应人类的生活和工作环境，直接使用人类的工具和装备进行工作。

仿人机器人是智能机器人科学问题和关键技术的高度集成研究平台。与其他类型的移动机器人相比，仿人机器人具有自由度高、运动参数多、系统复杂、适应环境多变、运动多样等特点。因此，仿人机器人是机械、材料、电子、控制、智能、仿生等多学科交叉的产物，仿人机器人的关键技术突破对智能机器人感知、驱动、传动、控制、智能等技术发展起到推动和引领作用。

仿人机器人在家庭服务、公共安全等领域有广泛和重大需求。在家庭服务方面，仿人机器人具有类人的形态，适用于在家庭环境中协助人类完成各种任务，包括家政服务、娱乐示教、康复护理等。在公共安全方面，仿人机器人可以实现拟人化的"摔滚走爬跳"多模态运动，实现野外复杂环境的作业能力，在代替人类执行危险任务等方面发挥关键作用。

研究仿人机器人也是对人类自身的有益探索。理解人类的运动机理一直是科学界关注的问题，仿人机器人可以作为研究人类行为特征与运动机制的物理模型。仿人机器人动作可重复，参数可以系统、定量地调整，也可以执行人难以完成的危险、极端动作，能深入地分析人类运动的机制。对仿人机器人的研究，也可促进对假肢、外骨骼等人体辅助行走设备的研发。

美国、日本、韩国、德国等发达国家均把仿人机器人研究水平作为本国智能机器人领域研究水平的核心标杆，将发展高性能仿人机器人作为重大国家战略投入巨资支持。仿人机器人研究已经成为这些国家科技竞争的重要制高点之一。

1.2　仿人机器人的发展及现状

我国古代最早的仿人机器人记录可以追溯到西周时期，《列子·汤问》记载了能工巧匠偃师发明制作了能歌善舞的机器人。偃师将该机器人献给周穆王，机器人表演栩栩如生，引人惊叹。此后，唐朝的《朝野全载》中记录了可以倒酒的类人机器人，《拾遗录》中记载了可以登台表演的机器人。英语中的"机器人"一词"robot"来源于斯拉夫语中的"robota"，最初出现在捷克著名剧作家卡雷尔·恰佩克1920年的科幻戏剧《罗素姆万能机器人》中，其最初的含义是苦役、劳工。苏联科幻作家艾萨克·阿西莫夫在他1942年发表的作品《转圈圈》中第一次明确提出机器人三定律："机器人不得伤害人类；机器人必须服从人类的命令，除非这条命令与第一条原则相矛盾；机器人必须保护自己，除非这种保护与以上两条原则相矛盾。"近现代仿人机器人的研发始于1967年日本早稻田大学。经过几十年的发展，仿人机器人理论与技术取得重要进展，仿人机器人研究已成为国际智能机器人领域的引领性热点。

1.2.1　国外仿人机器人发展进程

回顾国际仿人机器人的发展历程，有三个重要标志：日本早稻田大学1967年研发双足机器人WL-1，标志着世界上第一台仿人步行机器人的诞生；日本本田公司1996年发布P2仿人机器人，标志着仿人机器人进入了系统高集成发展阶段；美国波士顿动力公司2009年发布PETProto机器人，标志着仿人机器人进入高动态运动发展阶段。

1. 以早稻田大学仿人机器人为代表的早期发展阶段

日本早稻田大学是仿人机器人研究的发源地。日本早稻田大学加藤一郎教授1967年研发了双足机器人WL-1，1973年研制的WABOT-1（WAseda roBOT）是世界上最早的具有全身类人结构的仿人机器人［图1-1（a）］。该机器人具有上身、上肢和双腿，以及视觉识别系统、语音通信系统和触觉传感器。WABOT-1 能够通过视觉识别物体、通过听觉和语音合成与人进行交流，还可以实现双足行走，并用上肢和双手搬运物体。之后，加藤一郎实验室又开发了 WABOT-2［图 1-1（b）］，该机器人能够进行基本的对话，可以通过视觉阅读乐谱，能控制双手和脚在钢琴上演奏。后来，日本早稻田大学研发了 WL-9DR、WL-10R、WL-12RVIII、WABIAN 等仿人机器人。

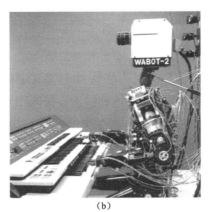

（a）　　　　　　　　　　　（b）

图 1-1　日本早稻田大学研发的仿人机器人 WABOT-1 和 WABOT-2

（a）WABOT-1 机器人；（b）WABOT-2 机器人

3

在美国，Marc Raibert 从 1980 年开始先后在卡内基梅隆大学（CMU）和麻省理工学院（MIT）领导腿足机器人研究，研发了系列单腿、双足、四足机器人，实现了跳跃、奔跑等运动，图 1-2（a）和图 1-2（b）显示了其中两款代表性的双足机器人。图 1-2（a）为 1985—1990 年研制的一款二维双足机器人，用

（a）　　　　　　　　　　　（b）

图 1-2　美国麻省理工学院 Leg Laboratory 在 20 世纪 80—90 年代研制的

两款代表性双足机器人

（a）二维双足机器人；（b）三维双足机器人

来验证单腿控制算法可以推广到双足机器人的奔跑上，该机器人可以实现在不平整地面上的运动。图 1 - 2 （b）为一款 1989—1995 年研制的三维双足机器人，该机器人可以实现跳跃、奔跑等运动。1992 年 Marc Raibert 创立波士顿动力（Boston Dynamics）公司。

2. 以本田仿人机器人为代表的系统高度集成发展阶段

日本本田公司从 1986 年开始实施研制仿人机器人的秘密计划，经过 10 年的秘密研发，在 1996 年推出了仿人机器人 P2 ［图 1 - 3 （a）］。该机器人身高 180cm，体重 210kg，将电源、传感器集成于一体，应用基于传感器的平衡控制方法。此后，本田公司又在 1997 年发布了仿人机器人 P3 ［图 1 - 3 （b）］，身高 160cm，体重 130kg，该机器人不仅能在平地上行走，还可以在台阶和倾斜的路面上运动。2000 年，本田公司推出了仿人机器人 ASIMO（Advanced Step in MObility）［图 1 - 3 （c）］，身高 120cm，体重 43kg。ASIMO 具有 26 个自由度，可以实现行走、上下楼梯、舞蹈等复杂的运动，还能实现跑步。该机器人装配了视觉感应器、超声波感应器等大量传感器，可以识别附近的人和物体。

相比于早期的仿人机器人，本田公司的成功主要源于机械制造、驱动方式及传感控制技术，并在此基础上实现了系统高度集成。本田公司在步行机构中应用高刚度连杆，在驱动中采用大扭矩的谐波减速器，以保证较高的机器人整体刚度并消除传动齿隙，满足大扭矩的传动。同时，本田公司还专门开发了适合大型仿人机器人的传感器，应用加速度计和姿态传感器检测机器人躯干的位姿，应用六维力/力矩传感器检测地面对机器人的反作用力/力矩。这些做法也成为后来仿人机器人研制的重要参考。

4

　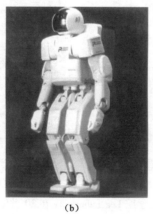　

（a）　　　　　　　　　（b）　　　　　　　　　（c）

图 1 - 3　日本本田公司研制的仿人机器人
（a）P2；（b）P3；（c）ASIMO

在本田公司成功推出一系列仿人机器人之后，一些其他日本公司和研究机构也展开了仿人机器人的研究。

1998 年开始，日本经济产业省（Ministry of Economy，Trade and Industry）投入 4000 万美元进行为期五年的仿人机器人工程（Humanoid Robotics Project）。该工程的主要目标是研发能够在工厂中执行任务、在家庭和办公环境中服务的仿人机器人。在该项目的支持以及一些日本高校和研究机构的参与下，一系列仿人机器人被研发出来，其中比较著名的是 HRP-2 和 HRP-4C。HRP-2 身高 154cm，重 58kg，如图 1 - 4（a）所示，该机器人具有语音识别功能和声音识别技术，可以在非平整地面行走，从摔倒姿态爬起，与人进行交互操作等。HRP-4C 身高 158cm，体重 43kg，如图 1 - 4（b）所示，是一款具有表情的美女机器人。该机器人具有更灵巧的运动能力，可以做出喜、怒、哀、乐和惊讶的表情，能够做出类人的舞蹈动作并像真人那样唱出优美的歌曲。

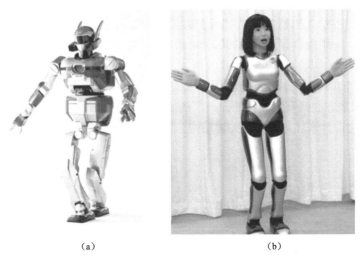

（a）　　　　　　　　　　　（b）

图 1 - 4　日本经济产业省研制的代表性仿人机器人 HRP-2 和 HRP-4C

（a）HRP-2；（b）HRP-4C

日本早稻田大学 2006 年发布的仿人机器人 WABIAN - 2R（WAseda BIpedal humANoid-No. 2 Refined）身高 148cm，体重 64kg，如图 1 - 5 所示。该机器人的脚部具有弯曲的足弓和脚趾关节，在行走时用脚跟先着地，抬脚时脚趾关节先弯曲然后蹬地，行走时步态与人类比较接近。

韩国科学技术院（Korea Advanced Institute of Science and Technology，KAIST）从 21 世纪初开始研制出了一系列仿人机器人。其中最著名的是 2004 年发布的 KHR-3，也称为 HUBO，如图 1 - 6 所示。该机器人身高 120cm，体

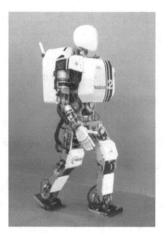

图 1 – 5　日本早稻田大学研制的仿人机器人 WABIAN-2R

重 55kg，具有认知和合成声音的功能，以及两眼单独活动的视觉功能。

　　欧洲也在仿人机器人领域进行了大量研究，并取得了很多成就。德国慕尼黑工业大学应用力学研究所在 2003 年研制了仿人机器人 Johnnie，该机器人高 1.8m，重 40kg，具有 23 个自由度，可实现 2.2km/h 速度的行走。随后该单位的研究者又在 Johnnie 基础上研制了新型仿人机器人 LOLA ，如图 1 – 7 所示。LOLA 在很多方面都有突破性的提高，例如增加足部的主动和被动自由度，使用仿生轻量化设计来优化腿部等关键结构，以及一体化集成的模块化关节驱动。

图 1 – 6　韩国科学技术院研制的 HUBO　　图 1 – 7　德国慕尼黑工业大学研制的 LOLA

　　德国宇航局（Deutsches Zentrum für Luft-und Raumfahrt，DLR）从 2010 年开始研制一款双足机器人，2013 年发布了最新版本，命名为"TORO"（图 1 – 8）。

该机器人高约1.6m，重约75kg，其四肢根据早期研制的工业机械臂设计而来，能够实现精准的力矩控制和外部力感知，而且各个关节具有柔性，能够保证人机交互的安全。

2011年，意大利理工大学研制了具有部分柔顺关节的仿人机器人COMAN，机器人关节采用串联弹性驱动（SEA）的方式，可以通过电机驱动精确控制关节输出力矩。随后，该团队又研制了仿人机器人Walk-man（图1－9），该机器人身高1.85m，体重102kg，使用弹性关节，并定制大功率电机驱动器，在单个关节处能提供几千瓦的峰值功率，同时其身体架构设计进行了优化，以减少质量和降低惯性，提高机器人的高动态性能。

图1－8　德国宇航局研制的TORO　　　图1－9　意大利理工学院研制的Walk-man

美国的人类与机器感知研究所（Institute of Human and Machine Cognition，IHMC）研制了面向城市环境作业的仿人机器人M2V2（图1－10），该机器人具有12个自由度，使用了串联弹性驱动器（Series Elastic Actuator），应用了基于捕获点的方法来实现抵抗扰动的能力。

美国国家航空航天局（NASA）也在大力投入开展仿人机器人的研究。从2011年开始，NASA进行仿人机器人Valkyrie的研发（图1－11），它身高1.9m，重136kg，有4个摄像机，28个转矩控制节点以及44个自由度，可以实现较为缓慢的行走，跨越简单的障碍，上下台阶，手部可以抓握并且开关阀门。Valkyrie定位于空间站服务，计划于2030年应用。但是由于机器人过重，同时控制算法欠缺，因此目前机器人行动较为迟缓，NASA正和MIT等大学开展合作研究复杂控制算法。

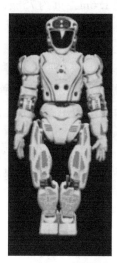

图 1 – 10　美国 IHMC 研制的 M2V2　　图 1 – 11　美国 NASA 研制的 Valkyrie

2014 年，美国俄勒冈州立大学发布了一款实用 4 连杆机构设计腿部结构的双足机器人 ATRIAS（图 1 – 12）。ATRIAS 的驱动电机放在较高的位置，使得腿部的惯量很小，并且在腿部加入了弹簧，因此机器人能够实现高效的步态，并能快速从扰动中恢复稳定运动。2017 年，俄勒冈州立大学的分支机构——Agility Robotics 发布了在 ATRIAS 的基础上改进的机器人 Cassie（图 1 – 13）。Cassie 具

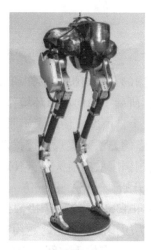

图 1 – 12　美国俄勒冈州立大学研制的　　图 1 – 13　美国俄勒冈州立大学研制的
　　　　　　　　　ATRIAS　　　　　　　　　　　　　　　　　Cassie

有三自由度的髋关节，允许腿部向前、向后和侧向移动，还能完成腿部旋转动作。这样的腿部结构使得 Cassie 电机体积更小，比 ATRIAS 更加高效。此外，Cassie 拥有加强的脚踝设计，能够静止地站在原地，不用像 ATRIAS 那样为了保持平衡需要不停地移动双脚。

3. 以波士顿动力公司仿人机器人为代表的高动态运动发展阶段

2009 年波士顿动力公司发布了 PETProto 双足机器人 [图 1 - 14（a）]。PETProto 使用液压驱动的方式，采用关节力矩控制的方法，具有驱动力强的特点和实现高动态运动的能力，展示出了快速、稳定、拟人化的行走步态。在 PETProto 的基础上，Boston Dynamics 公司在 2011 年和 2013 年先后发布了 PETMAN 仿人机器人 [图 1 - 14（b）] 和 Atlas 仿人机器人 [图 1 - 14（c）]。Atlas 同样采用液压驱动方式，并通过 3D 打印工艺优化机械结构、提升强度/重量比。Atlas 仿人机器人展示了较好的室外运动能力，以及后空翻、跳远、上台阶三连跳、倒立、前滚翻、空中 360°转体等高难度的高动态运动。最新一代 Atlas 仿人机器人重 80kg，身高 1.5m，运动速度 1.5m/s。与电动仿人机器人相比，液压驱动给 Atlas 仿人机器人带来了动力强劲、高动态运动能力强的优势。但液压驱动仿人机器人大多存在能耗偏高、工作时间短的不足。

9

（a） （b） （c）

图 1 - 14　美国波士顿动力公司研制的仿人机器人

（a）PETProto；（b）PETMAN；（c）Atlas

日本丰田公司 2009 年发布了一款可以实现快速奔跑的仿人机器人（图 1 - 15）。该仿人机器人在受到扰动时，可以通过动态地改变触地脚的位置来保持平衡。机器人的关节通过前馈力矩和位置控制增益的调整实现了柔性，在机器人的运动控制中将柔性控制与反馈控制结合。该机器人的奔跑速度可以达到 7km/h。2011 年日本本田公司发布了最新一代的 ASIMO 机器人，奔跑速度可以达到 9km/h，展现了较好的高动态运动能力和平衡控制技术。

近年来，模拟人体生理结构和驱动方式的仿人机器人成为研究热点。2017 年，日本东京大学情报系统工学（Jouhou System Kougaku，JSK）实验室发布了模拟人体肌肉－骨骼结构的仿人机器人 Kengoro（图 1－16）。该团队长期致力于模拟人体生理结构的仿人机器人的研制，Kengoro 为最新一代的机器人，高 1.67m，重 56.5kg，具有 174 个自由度。与常见的基于工程原则设计的仿人机器人不同，Kengoro 是基于人体生理结构、驱动和感知方式设计的，目的是加强对人体运动机制的理解。该机器人由于具有较高的自由度，因此能完成多种复杂运动，包括俯卧撑、仰卧起坐等。但驱动器较多也增加了系统的复杂程度和控制的难度。

图 1－15　日本丰田公司研制的仿人机器人　图 1－16　日本东京大学研制的 Kengoro

4. 美国仿人机器人挑战赛的启示

2013 年开始，美国国防高级研究计划局（Defense Advanced Research Projects Agency，DARPA）开始举办机器人挑战赛（DAPRA Robotics Challenge，DRC）。比赛每两年一次，第一届比赛在 2013 年 12 月举行初赛，2015 年 6 月举行决赛。其主要目标是研究适应复杂、灾难环境，能使用人类现有工具，有通用应对能力的机器人。比赛规定了 8 项任务：开车、穿越废墟、爬梯子、清除路障、开门、凿墙洞、关阀门、连消防栓。初赛和决赛分别有来自全世界的16 支和 25 支队伍参加。初赛和决赛中，大多数参赛队都选用仿人机器人作为平台参赛。比赛中大多数机器人都出现了难以适应复杂环境而跌倒的问题 [图 1 –17（a）]。决赛中韩国科学技术院（KAIST）的 HUBO-DRC 机器人获得冠军 [图 1 –17（b）]。

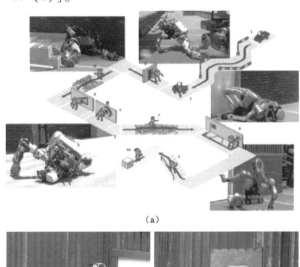

（a）

（b）

图 1 –17　DARPA 机器人挑战赛
（a）比赛场景简图和机器人难以适应复杂环境而跌倒的表现；
（b）2015 年决赛中获得冠军的 HUBO-DRC

从该项比赛中可以得到一些启示：仿人机器人是完成多任务拟人化作业的一种理想平台，但目前仿人机器人在运动的快速性、环境适应能力、复杂作业能力等方面存在瓶颈问题，亟待突破。

1.2.2　国内仿人机器人发展进程

　　我国国内多所大学与研究机构也展开了仿人机器人的研究。其中，国防科技大学和哈尔滨工业大学起步较早。随后，国内各高校和研究机构以及一些企业都研制了各具特色的仿人机器人。

　　国防科技大学在1988年和1990年分别研制了二维平面运动和三维空间运动的双足机器人，在2000年研制了仿人机器人"先行者"，随后，在2003年又研发了Blackmann仿人机器人（图1-18），该机器人高1.55m，重63kg，共有36个自由度，最快步行速度可以达到1.0km/h。哈尔滨工业大学自1985年开始研制HIT系列仿人机器人（图1-19），并研究了新的机器人关节结构和控制算法，在应用于仿人机器人的微小型伺服控制器上取得了一定成果。

图1-18　国防科技大学研制的
仿人机器人Blackmann

图1-19　哈尔滨工业大学研制的
仿人机器人HIT-Ⅲ

　　2002年，清华大学研制了THBIP-1仿人机器人，具有32个自由度，身高1.80m，重130kg，能够实现稳定步行、上下台阶等动作（图1-20）。浙江大学开展了仿人机器人的环境感知和作业协调研究，并在2011年研制了仿人机器人"悟空"（图1-21），实现了仿人机器人打乒乓球的演示验证。此外，上海交通大学、北京航空航天大学、同济大学、武汉大学、吉林大学、北京大学、北京交通大学、中科院自动化所等高校和研究所也都在仿人机器人领域开展了相关研究工作。国内的一些企业也开始从事仿人机器人研究和研发工作，并取得了一定的成果。优必选公司在 2019 年发布的仿人机器人 Walker 具有语音互动、视觉识别、全身柔顺控制、智能家居控制等功能，引起了国内外媒体的广泛关注。

图 1-20　清华大学研制的
仿人机器人 THBIP-1

图 1-21　浙江大学研制的
仿人机器人"悟空"

　　北京理工大学从 2000 年开始进行仿人机器人研究，至今推出了 6 代"汇童"系列仿人机器人（图 1-22）。

　　2002 年研发的"汇童"BHR-1 在国内首次实现无外接电缆独立行走，该机器人的成功研发，让中国成为继日本之后，第二个拥有无外接电缆行走仿人机器人的国家。

　　2005 年研发的"汇童"BHR-2 实现了稳定前进、后退、下蹲、侧行、上台阶等各种行走功能，突破了稳定行走、复杂运动规划等关键技术，复杂动作协调控制方面达到了当时国际领先水平。该机器人的面世在国内外引起了极大轰动，成为"国家'十五'科技重大成就展"、"国家科技创新成就展"以及中央电视台"创新中国"栏目中的亮点。

　　2007 年研发的"汇童"BHR-3 在 BHR-2 基础上进行机构一体化设计、模块化设计、分布式可靠性设计，在系统工程化设计及可靠性方面都有极大提高。该机器人是国际上较早走出实验室开始应用的仿人机器人，在中国科技馆、广东科学中心等实际展出，向市场化迈出了坚实的第一步，打破了国外对

14

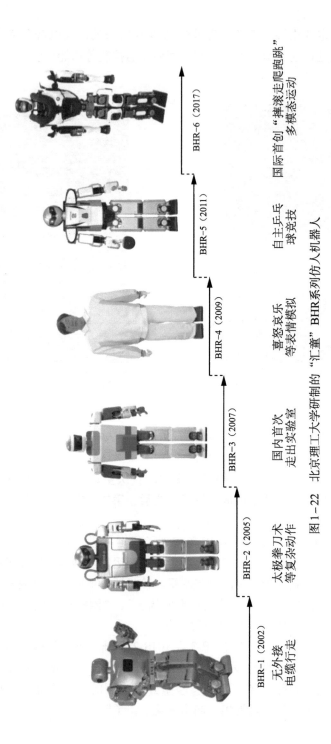

图 1-22　北京理工大学研制的"汇童" BHR 系列仿人机器人

高端仿人机器人产业技术的垄断局面。

2009 年研发的"汇童"BHR-4 可以实现喜、怒、哀、乐等表情动作，突破人类表情模拟、移动作业规划等关键技术，具有自主行走、打太极拳以及打招呼等功能。

2011 年研发的"汇童"BHR-5 突破了基于高速视觉伺服的移动与操作协调控制、全身协调自主反应等关键技术，机器人乒乓球对打高达 200 多回合，实现了仿人机器人高度感知与运动控制能力的演示验证。该机器人入选"十一五"国家 863 计划标志性成果，获得教育部技术发明一等奖，在"国家级高新技术产业开发区建设 20 年成就展"上向外界公开展示，受到了一致好评。中央电视台、人民日报、光明日报、新华网等媒体对此进行了全方位的报道，引起了良好的社会反响。

2017 年研制的"汇童"BHR-6 突破了基于人体运动规律的仿人机器人多模态运动及转换、一体化仿生驱动单元、灵巧机构设计、摔倒保护运动等关键技术，实现了国际首创的摔倒保护、翻滚、行走、爬行、奔跑、跳跃等多模态运动及转换功能，机器人能够在摔倒之后重新站立，并能继续工作。该机器人在 2017 年入选"砥砺奋进的五年"大型成就展。BHR-6 的研制成功为仿人机器人向实用化发展提供了有力支撑，大大提升了仿人机器人的复杂环境适应能力，引领着仿人机器人的前沿发展。

北京理工大学研制的"汇童"系列仿人机器人在仿人机器人的功能仿生机构、刚柔系统多模态运动及控制方面突破了一系列关键理论与技术，达到国际先进水平，获得 2018 年度国家技术发明奖二等奖。

1.3　仿人机器人的关键理论与技术

仿人机器人具有多学科交叉属性，涉及人工智能、控制理论、机械工程等多个领域。其中的基础理论与关键技术涉及运动学与动力学、稳定性判据、步态规划、运动控制、机构设计等。本书也将从这些方面介绍仿人机器人的相关知识。

1.3.1　仿人机器人的运动学与动力学

仿人机器人的运动能力是实现各种功能、完成各种任务的基础。仿人机器人的运动学涉及描述与计算机器人的运动状态，动力学涉及计算运动状态与驱动力之间的转换关系，是仿人机器人基础理论的重要部分。

仿人机器人的运动学包含自由度配置、坐标变换、正运动学计算和逆运动学计算。在仿人机器人的步态规划或任务执行时，末端（例如手部和脚部）的位姿是重要的控制目标，而仿人机器人的驱动往往施加在关节上，因此计算末端位姿和关节角的转换关系就尤为重要。根据各关节角度计算末端的位姿属于正运动学计算，根据末端位姿求解各关节角度属于逆运动学计算。

仿人机器人的动力学涉及运动学状态和驱动力/力矩之间的计算。其中，根据驱动力/力矩计算系统的加速度，进而得到系统的位姿状态属于正动力学；根据系统当前的位姿和运动方式计算所需的驱动力/力矩属于逆动力学。牛顿-欧拉法和拉格朗日法是常用的针对仿人机器人多刚体系统的动力学求解方法。其中牛顿-欧拉法相对直观、容易理解，拉格朗日法需要对方程多次求导，计算量较大。

本书第2章将介绍仿人机器人运动学和动力学的相关知识，并以牛顿-欧拉法为例介绍仿人机器人的动力学求解方法。

1.3.2　仿人机器人的运动稳定性判据

行走的稳定性是仿人机器人研究的核心问题之一。仿人机器人与地面的接触面积较小，保持稳定性的难度较大。如何让机器人实现稳定的行走，进而在较高的能量效率和较大的行走速度下保持稳定性是仿人机器人领域的研究者一直努力探索的问题。因此，为仿人机器人建立有效的稳定性判据就至关重要，稳定性判据也是仿人机器人步态规划和运动控制的理论依据。

零力矩点（Zero Moment Point，ZMP）稳定性判据是在仿人机器人中应用非常广泛的一种判据。该判据在1969年由Vukobratović等人提出。ZMP是指地面上的一点，机器人的惯性力和重力关于这点的力矩在水平方向上的分量为零。若ZMP落在支撑脚与地面接触形成的凸多边形支撑区域内，两足机器人的运动是稳定的，否则就不稳定。在机器人保持平衡时，ZMP与压力中心点（Center of Pressure，CoP）是等价的。ZMP稳定性判据只适用于具有平脚结构的全驱动仿人机器人，点脚机器人或圆脚机器人与地面的接触面积很小，ZMP稳定性判据不再适用。

除ZMP稳定性判据之外，庞加莱回归映射稳定性判据也是一种在仿人机器人中常用的方法。该方法的基本思想是将周期轨道的稳定性转化为系统的平衡点稳定性进行分析。仿人机器人的稳定行走呈现周期性的特征，系统各状态变量表现出极限环的性质。如果系统的解相对于初值来说是连续的，则周期轨道的稳定性就等价于庞加莱回归映射的不动点的稳定性。庞加莱映射稳定性判据在一定意义上简化了双足步行系统的稳定性判断，但只能用于分析呈周期性运动的机器人行走的稳定性，且仅局限于小扰动的情况下。

　　为了解决 ZMP 和庞加莱映射稳定性判据只能针对特定双足机器人的情况，研究者们提出了具有更广泛适用性的稳定性判据，其中 Koolen 等人提出的基于捕获性分析（Capturability-based Analysis）的方法是典型代表。这种方法是 Foot Placement Estimator 和 Viability Theory 两种方法的结合，提出了捕获点、捕获区域的概念并将其推广到 N 步的一般情况，通过捕获区域的大小来判断机器人的稳定性。该方法适用性广，可以用在非周期运动中。美国 IHMC 研制的具有 12 个自由度的双足机器人 M2V2 就应用了这种基于捕获区域分析的控制方法，实现了稳定行走以及在外界推力下的平衡恢复能力。美国波士顿动力公司研制的高性能仿人机器人 PETMAN 的控制系统也是基于这种捕获区域的方法实现的。

　　本书第 3 章将详细地介绍上述三种代表性仿人机器人稳定性判据的原理、计算方法和适用范围，并以 ZMP 稳定性判据为例展示了稳定性判据在仿人机器人运动中的应用。

1.3.3　仿人机器人的运动规划

　　仿人机器人的运动规划包括操作规划和移动规划。操作规划主要涉及上肢的抓取等任务；移动规划是指基于稳定性判据设计仿人机器人的运动轨迹，完成双足运动。移动规划是仿人机器人完成各种任务的基础，本书中的仿人机器人运动规划主要指移动规划。

　　基于 ZMP 稳定性判据设计运动轨迹是常用的运动规划方法之一。其中有两类基本方法：一类预先设定 ZMP 轨迹，另一类不预先设定 ZMP 轨迹。预先设定 ZMP 轨迹方法的基本思路是首先设定期望的 ZMP 轨迹，然后依据某种简化模型计算出仿人机器人质心的轨迹，再结合机器人和地面的约束条件得到机器人足部轨迹，最后通过逆运动学计算腿部各关节的轨迹。Kajita 等人提出的基于预观控制器和线性倒立摆模型的运动规划方法就属于这一类方法。不预先设定 ZMP 轨迹方法的思路是按某种算法给定一系列的机器人关节轨迹（例如腰部和足部轨迹）作为备选，求解这些轨迹对应的 ZMP 轨迹，从中遴选出 ZMP 轨迹稳定性裕度最大的备选轨迹作为仿人机器人的最终关节轨迹。黄强等人提出的根据地面限制条件设定足部轨迹，再根据 ZMP 轨迹稳定性裕度最大原则确定最优腰部轨迹的方法就属于这一类方法。

　　除基于 ZMP 稳定性判据的步态规划方法外，还有一些其他步态规划方法在仿人机器人中得到了应用。一种常用的方法是基于落脚点或捕获性来规划轨迹，这种方法一般先根据运动状态计算期望的落脚点位置，再根据落脚点位置规划关节轨迹。美国 IHMC 研制的仿人机器人 M2V2 和美国波士顿动力公司研制的仿人机器人 PETMAN 都应用了这种方法进行轨迹规划。另一种常用的方法是基于中央模式发生器（Central Pattern Generator，CPG）的步态规划方法。CPG 由神经网络组成，模拟自然界生物的运动生成方式，可以通过简单的输入信号产生有配合的节律性信号。Park 等人提出了基于演化 CPG 的仿人机器人全身运动轨迹生成方法，应用在韩国 KAIST 研制的小型仿人机器人 HSR-IX 上。

除了常见的行走步态外，针对其他复杂运动的运动规划也是仿人机器人研究中的重要课题，对提高仿人机器人完成复杂任务和适应复杂环境的能力有重要意义。参考人体运动规律进行仿人机器人的运动设计是常用的方法。例如，Nakaoka 等人记录了一段专业人员完成的日本传统舞蹈动作，并将该动作在仿人机器人 HRP-2 上实现。北京理工大学的研究人员提出了一种计算人体运动和机器人运动之间匹配度的指标，并基于此设计了一种根据人体运动得到仿人机器人运动的映射方法，使仿人机器人实现了太极拳、刀术等复杂运动。

本书第 4 章将详细介绍基于 ZMP 稳定性判据的两种步态规划方法，包括需要预先设定理想 ZMP 轨迹的步态规划方法和基于稳定性裕度的步态规划方法。本书第 6 章将介绍基于人体运动规律的仿人机器人步态规划、复杂动作设计和摔倒保护策略。

1.3.4　仿人机器人的运动控制

仿人机器人在实际环境中运动时，可能出现机器人运动环境与规划假定环境不同或产生未知情况，如遭受外力干扰、地面状况变化、伺服控制误差等不确定因素。如果此时机器人仍然机械地按照预先规划好的轨迹执行，不对所规划的轨迹进行实时调节，机器人很可能会倾倒。因此，必须根据仿人机器人当前状态和环境信息，对规划轨迹或驱动力/力矩进行实时调节，使机器人能保持稳定并完成期望的运动目标，这就是仿人机器人的运动控制。仿人机器人的运动控制对机器人的稳定性、抵抗扰动能力和适应复杂环境能力具有重要意义。

仿人机器人行走最常见的控制方法是基于 ZMP 的调节方法，通过调节运动轨迹使实际 ZMP 轨迹接近期望 ZMP 轨迹。日本本田公司研制的 P2 机器人使用的就是这种控制方法，在实际 ZMP 轨迹与期望 ZMP 轨迹发生偏差时对机器人的运动轨迹进行调整，使得实际 ZMP 轨迹重新回到期望值，从而使机器人保持稳定。黄强等人提出了一种无需模型的传感反射控制方法实现机器人的稳定运动。它是一种基于 ZMP 的快速的局部调节方法，包括 ZMP 反射、姿态反射、着地时间反射。

利用仿人机器人质心动力学性质的调节方法也是一类常见的运动控制方式，研究者们基于此发展了多种运动控制方法。Pratt 等人提出的基于捕获性的运动控制方法是其中的代表性方法。Takenaka 等人采用类似的分析手段，提出基于运动发散分量（Divergent Component of Motion，DCM）的控制方法。Hof 等人提出了外推质心（Extrapolated Center of Mass）的概念，并基于此提出了一种控制方法。这些控制方法都是根据质心的运动状态，对关节轨迹或关节力/力矩施加控制，得到稳定的行走步态。

柔顺控制是另一类常见的运动控制方式。这种控制方法通过给机器人施加一定的柔性来提高机器人的稳定性及环境适应能力。比较典型的方法有阻抗控制方法（Impedance Control）和虚拟模型控制方法（Virtual Model Control）。阻抗控制方法根据机器人的运动状态调整刚度和阻尼；虚拟模型控制方法可以模拟特定机构在特定环境下的虚拟力作用，从而控制机器人完成运动任务。

尽管研制仿人机器人的目的是让机器人实现稳定的行走，但当机器人出现故障或外界环境有较大的扰动时，机器人可能跌倒。当跌倒不可避免时，如何让机器人在跌倒过程中保护自身，以及让机器人在倒地后能够通过自主运动重新站起也是机器人运动控制中的一个重要问题，近年来受到了相关领域研究者的关注。Sony 公司研制的小型机器人 QRIO 可以通过控制跌倒时的运动降低与地面的碰撞；日本 AIST 在仿人机器人 HRP-2P 上采取了跌倒时的保护控制，并且实现了机器人从跌倒重新站起的运动。北京理工大学的研究者分析了基于人体运动规律的仿人机器人摔倒保护策略与跌倒后站起的运动设计，并在自主研发的 BHR-6 机器人上进行了验证。

在传统的基于精确轨迹控制的仿人机器人之外，还有一类基于被动行走的仿人机器人。这类仿人机器人不需要指定精确的关节轨迹，往往通过加入柔性单元、使用欠驱动和力矩控制等方式实现具有更高能量效率、更类人的行走步态。因此，这类基于被动行走的仿人机器人近年来也得到了国内外学者的关注。但这类机器人也具有控制难度大、运动模式单一、实用性不高的缺点。在基于被动行走的仿人机器人中适当加入主动控制、改进运动性能是一个热点问题。本书也将对基于被动行走的仿人机器人进行系统的介绍。

本书第 5 章将介绍前面所述三类常用的仿人机器人运动控制方法中各自的代表性方法，包括传感反射控制方法、基于捕获性的控制方法和柔顺控制方法。本书第 6 章将介绍基于人体运动规律的摔倒保护控制策略。本书第 7 章将从动力学、驱动方式、控制方法、机构设计等方面介绍基于被动行走的仿人机器人。

1.3.5 仿人机器人的机构设计

仿人机器人的整体机械结构设计既要考虑其需要实现的运动和作业功能，也要考虑机械和电气系统的实现方式和布局方案等。在仿人机器人机构设计中包含一些一般原则，例如仿生性、高刚度、轻量化、可靠性、易维护性等。此外，还需要针对仿人机器人需要实现的功能选择自由度配置方案、进行基本结构和驱动机构的设计。

仿人机器人的机构设计一般包括下肢机构设计、上肢机构设计和躯干机构设计。下肢机构设计是实现仿人机器人双足运动能力的关键，也是机构设计的重点。仿人机器人双足行走的方式，需要其腿部具有机构强度高、重量轻、转动惯量小的特点。因此，设计轻量化、高机械强度、动力强劲、高可靠性的仿人机器人本体是仿人机器人研究的重要课题和技术挑战。

本书第 8 章以北京理工大学研制的 BHR-6 仿人机器人为例，将系统介绍仿人机器人的机构设计和控制系统设计。BHR-6 仿人机器人侧重摔倒保护和多模态运动能力，因此在机构设计中特别注意抗过载能力、碰撞防护能力和抗冲击能力的实现，在自由度配置中也针对"摔滚走爬"等多种运动模态的要求进行设计。

1.4　本书内容安排

本书第 2 章至第 8 章的内容安排如下：

第 2 章介绍仿人机器人的运动学与动力学。在运动学中，介绍运动的表达、坐标变换、正运动学计算与逆运动学计算等基本知识。在动力学中，以常见的牛顿 – 欧拉法为例，介绍动力学的基本原理、建模方法和计算方法。最后，结合一个实例介绍仿人机器人中的运动学与动力学计算过程。

第 3 章介绍仿人机器人行走的稳定性判据，详细阐述三种代表性的稳定性判据的原理及计算方法，包括零力矩点稳定性判据、基于庞加莱映射的稳定性判据以及基于落脚点的稳定性判据。此外，还介绍各方法的适用范围和局限性。之后，对各常用方法的优缺点进行比较分析，并给出一个零力矩点稳定性判据的应用实例。

第 4 章介绍仿人机器人行走的步态规划，重点介绍基于理想 ZMP 轨迹和基于稳定性裕度这两种代表性的方法。最后以基于稳定性裕度的方法为例介绍步态规划方法的实际应用。

第 5 章介绍仿人机器人行走的运动控制，首先介绍三种常用的代表性方法：传感反射控制方法、基于捕获性的控制方法和柔顺控制方法，之后对这些控制方法的优缺点进行比较分析，最后给出一个基于传感反射控制的仿人机器人行走控制应用实例。

第 6 章介绍基于人体运动规律的仿人机器人运动设计。首先介绍常见的人体运动检测与分析平台的工作原理，之后介绍基于人体运动规律设计仿人机器人运动的方法，包括对行走步态的规划和对较复杂运动的设计。接下来介绍根据人体运动规律设计仿人机器人摔倒保护策略的方法。最后给出一个仿人机器人摔倒保护策略设计的实例。

第 7 章介绍基于被动行走的仿人机器人。与常见的基于精确轨迹控制、全关节驱动的仿人机器人不同，基于被动行走的机器人大多是欠驱动、力矩控制的。基于被动行走的机器人强调利用系统自身的动力学特性，只施加较少的驱动和控制，往往具有较高的能量效率和自然、协调的步态，但缺点是步态单一、控制难度较大。该章介绍这类仿人机器人的动力学建模、常用的驱动器以及仿人机器人的机构设计。最后通过一个应用实例介绍基于被动行走的仿人机器人的步态生成与运动控制。

第 8 章以北京理工大学研制的 BHR-6 仿人机器人为例，介绍仿人机器人的本体设计，包括机械结构设计和控制系统设计。之后介绍 BHR-6 仿人机器人的"摔滚走爬"多模态运动和复杂环境中的运动。

1.5　本书使用建议

本书侧重理论方法与实际应用的结合，既有对理论方法的详细阐述，也有对应用实例的介绍，适用于多层次的读者。从第 2 章开始，每章介绍仿人机器人的一项基础理论或关键技术。在每一章的开始首先介绍了相关理论或技术的研究意义和研究进展，之后详细阐述常用的代表性方法的原理、计算过程、适用范围等；在每章的最后一节，都给出一个典型方法在仿人机器人上的应用实例，以便于读者更好地理解相关方法的原理。对于希望深入了解、学习相关理论与技术的读者，可以通读相应章节的全部内容；对于希望快速了解某项理论或技术的读者，可以直接阅读相应章的最后一节的应用实例部分，了解相关方法的基本原理。

本书既可作为仿人机器人领域的教师、学生等专业人员了解、学习仿人机器人基础理论与关键技术的参考资料，也可以作为对仿人机器人有兴趣的其他领域从业人员的入门教程。对于机器人专业的读者，可以根据自己的需求直接研读相应的章节；对于其他专业的读者，既可以通读全书全面了解仿人机器人的理论与技术，也可以通过阅读每一章的应用实例，快速了解仿人机器人各项技术的基本原理，再重点研读感兴趣的部分。

参 考 文 献

[1] Kato. I Development of WABOT-1[M]. Biomechanism: The University of Tokyo Press, 1973.

[2] Hodgins J, Raibert M H., Biped Gymnastics[J]. International Journal of Robotics Research, 1990, 9(2):115 –132.

[3] Playter, R R. Passive Dynamics in the Control of Gymnastic Maneuvers [D]. Boston: Massachusetts Institute of Technology, 1994.

[4] Hirai K, Hirose M, Haikawa Y, et al. The development of Honda humanoid robot[C]//IEEE International Conference on Robotics and Automation, 1998:1321 –1326.

[5] Hirai, Kazuo. The Honda humanoid robot: development and future perspective[J]. Industrial Robot, 1999, 26(4):260 –266.

[6] Sakagami Y, Watanabe R, Aoyama C, et al. The intelligent ASIMO: System overview and integration [C]//IEEE/RSJ International Conference on Intelligent Robots & Systems, IEEE, 2002.

[7] Hirose M, Ogawa K. Honda humanoid robots development[J]. Philosophical Transactions, 2007, 365(1850):11 –19.

[8] Thomas Buschmann, Sebastian Lohmeier, Heinz Ulbrich. Biped walking control based on hybrid position/force control[C]//IEEE/RSJ International Conference on Intelligent Robots & Systems, IEEE, 2009.

[9] Lohmeier S, Buschmann T, Ulbrich H. System Design and Control of Anthropomorphic Walking Robot LOLA[J]. IEEE/ASME Transactions on Mechatronics, 2009, 14(6):658 –666.

[10] Englsberger J, Werner A, Ott C, et al. Overview of the torque-controlled humanoid robot TORO[C]//IEEE-RAS International Conference on Humanoid Robots 2014, IEEE, 2014.

[11] Moro F L, Tsagarakis N G, Caldwell D G. Efficient human-like walking for the compliant huumanoid COMAN based on kinematic Motion Primitives (kMPs) [C]//Robotics and Automation (ICRA), 2012 IEEE International Conference on. IEEE, 2012.

[12] Negrello F, Garabini M, Catalano M G, et al. Walk-man humanoid lower body design optimization for enhanced physical performance [C].//In 2016 IEEE International Conference on Robotics and Automation (ICRA), 2016: 1817 –1824.

[13] Pratt J, Koolen T, De Boer T, et al. Capturability-based analysis and control of legged locomotion, Part 2: Application to M2V2, a lower-body humanoid[J]. International Journal of Robotics Research, 2012, 31(10):1117 –1133.

[14] Jorgensen S J, Lanighan M W, Bertrand S S, et al. Deploying the NASA Valkyrie Humanoid

for IED Response: An Initial Approach and Evaluation Summary[J]. [C]//IEEE-RAS International Conference on Humanoid Robots. IEEE, 2020. 2019.

[15] Ramezani A, Hurst J W, Hamed K A, et al. Performance analysis and feedback control of ATRIAS, a three-dimensional bipedal robot [J]. Journal of Dynamic Systems, Measurement, and Control, 2014, 136 (2): 021012.

[16] Da X, Hartley R, Grizzle J W. Supervised learning for stabilizing underactuated bipedal robot locomotion, with outdoor experiments on the wave field[C]//IEEE International Conference on Robotics & Automation, IEEE, 2017: 3476 – 3483.

[17] http://www.bostondynamics.com/

[18] https://en.wikipedia.org/wiki/Toyota_Partner_Robot

[19] Asano Y, Okada K, Inaba M. Design principles of a human mimetic humanoid: humanoid platform to study human intelligence and internal body system[J]. Science Robotics, 2017, (13): eaaq0899.

[20] 马宏绪, 张彭, 张良起. 两足步行机器人动态步行的步态控制与实时时位控制方法 [J]. 机器人, 1998, 20(1): 1 – 8.

[21] Wang J, Sheng T, Ma H, et al. Design and Dynamic Walking Control of Humanoid Robot Blackmann[C]//2006 6th World Congress on Intelligent Control and Automation, IEEE, 2006: 8848 – 8852.

[22] 纪军红. HIT-Ⅲ双足步行机器人步态规划研究[D]. 哈尔滨: 哈尔滨工业大学, 2000.

[23] 刘莉, 汪劲松, 陈恳, 等. THBIP-I 拟人机器人研究进展[J]. 机器人, 2002(03): 71 – 76.

[24] Xiong R, Liu Y, Zheng H. A humanoid robot for table tennis playing[C]//Advanced Robotics & Its Social Impacts, IEEE, 2011.

[25] 余蕾斌, 曹其新, 孙毅军. 基于压应力中心的仿人机器人离散轨迹运动控制[J]. 上海交通大学学报, 2007(41): 1263 – 1266.

[26] 张占芳, 帅梅, 魏慧. 仿人机器人分布式控制系统设计与实现[J]. 计算机工程, 2011 (37): 247 – 253.

[27] 陈启军, 刘成菊. 机器人行走控制与行为优化[M]. 北京: 清华大学出版社, 2016.

[28] Jiatao Ding, Xiaohui Xiao, Yang Wang. Preview control with adaptive fuzzy strategy for online biped gait generation and walking control [J]. International Journal of Robotics and Automation. 2016, 31(6): 496 – 508.

[29] 田彦涛, 姜鸿, 肖家栋. 欠驱动步行机器人实时仿真系统设计[J]. 系统仿真技术, 2010 (3): 11 – 27.

[30] Luo D, Hu F, Zhang T, et al. Human-inspired internal models for robot arm motions[C]// IEEE/RSJ International Conference on Intelligent Robots and Systems, IEEE, 2017: 24 – 28.

[31] Gu X, Wang K, Cheng T, et al. Mechanical design of a 3-DOF humanoid soft arm based on modularized series elastic actuator[C]//IEEE International Conference on Mechatronics and

Automation. IEEE, 2015: 1127 – 1131.

[32] 钟华, 吴镇炜, 卜春光. 仿人机器人系统的研究与实现[J]. 仪器仪表学报, 2005(26): 870 – 872.

[33] Ubtech. Walker [EB/OL]. 2018, https://ubrobot.com/pages/walker/.

[34] Huang Q, Yu Z, Chen X, et al. Historical Developments of BHR Humanoid Robots[J]. Advances in Historical Studies, 2019, 08(1): 79 – 90.

[35] Yu Z, Huang Q, Ma G, et al. Design and Development of the Humanoid Robot BHR-5[J]. Advances in Mechanical Engineering, 2014, 11: 1 – 11.

[36] Koolen T, Boer T D, Rebula J, et al. Capturability-based analysis and control of legged locomotion, Part 1: Theory and application to three simple gait models[J]. The International Journal of Robotics Research, 2012, 31(9): 1094 – 1113.

[37] Pratt J, Koolen T, De Boer T, et al. Capturability-based analysis and control of legged locomotion, Part 2: Application to M2V2, a lower-body humanoid[J]. The International Journal of Robotics Research, 2012, 31(10): 1117 – 1133.

[38] Gabe N, Aaron S, Neil N, et al. PETMAN: A Humanoid Robot for Testing Chemical Protective Clothing[J]. 日本ロボット学会誌, 2012, 30(4): 372 – 377.

[39] Kajita S, Kanehiro F, Kaneko K, et al. Biped walking pattern generation by using preview control of zero-moment point[C]//IEEE International Conference on Robotics & Automation. IEEE, 2003.

[40] Huang Q, Yokoi K, Kajita S, et al. Planning walking patterns for a biped robot[J]. Robotics & Automation IEEE Transactions, 2001, 17(3): 280 – 289.

[41] Park C S, Hong Y D, Kim J H. Full-body joint trajectory generation using an evolutionary central pattern generator for stable bipedal walking[C]//IEEE/RSJ International Conference on Intelligent Robots & Systems. IEEE, 2010.

[42] Nakaoka S, Nakazawa A, Kanehiro F, et al. Task model of lower body motion for a biped humanoid robot to imitate human dances [C]//IEEE/RSJ International Conference on Intelligent Robots & Systems. IEEE, 2005.

[43] Huang Q, Yu Z, Zhang W, et al. Design and similarity evaluation on humanoid motion based on human motion capture[J]. Robotica, 2010, 28(5): 737 – 745.

[44] Huang Q, Nakamura Y. Sensory reflex control for humanoid walking[J]. IEEE Transactions on Robotics, 2005, 21(5): 977 – 984.

[45] Pratt J, Carff J, Drakunov S, et al. Capture point: a step-toward humanoid push recovery [C]//IEEE-RAS International Conference on Humanoid Robots, IEEE, 2006: 200 – 207.

[46] Takenaka T, Matsumoto T, Yoshiike T. Real time motion generation and control for biped robot, 1st report: walking gait pattern generation[C]//IEEE/RSJ International Conference on Intelligent Robots and Systems, IEEE, 2009: 1084 – 1091.

[47] Hof A L. The "extrapolated center of mass" concept suggests a simple control of balance in

walking[J]. Human Movement Science, 2008, 27(1):112 – 125.

[48] Nagasaka K, Kuroki Y, Suzuki S, et al. Integrated motion control for walking, jumping and running on a small bipedal entertainment robot[C]//IEEE International Conference on Robotics and Automation, IEEE, 2004: 3189 – 3194.

[49] Fujiwara K, Kanehiro F, Kajita S, et al. UKEMI: falling motion control to minimize damage to biped humanoid robot[C]//IEEE/RSJ International Conference on Intelligent Robots & Systems, IEEE, 2002: 2521 – 2526.

[50] Hirukawa H, Kajita S, Kanehiro F, et al. The Human-size Humanoid Robot That Can Walk, Lie Down and Get up[J]. International Journal of Robotics Research, 2005, 24(9):755 – 769.

第2章

仿人机器人运动学与动力学

2.1 概　述

仿人机器人的运动能力是其完成各种复杂任务的基础。仿人机器人的运动学与动力学研究包括对机器人运动进行理论分析和数学建模、分析机器人的运动规律、预测机器人的运动过程，为机器人的机械设计、运动规划与控制提供基础。其中运动学主要分析各肢体位姿与关节角度的关系；动力学主要分析机器人的驱动力/力矩与机器人位姿的关系。运动学分析分为正运动学和逆运动学，正运动学是根据机器人各关节角度计算各肢体的位置和姿态，逆运动学根据机器人各肢体的位置和姿态计算各关节角度。动力学也分为正动力学和逆动力学，正动力学根据机器人的关节驱动力/力矩计算运动状态，逆动力学根据机器人的已知运动状态计算需要施加的关节力/力矩。

仿人机器人是一种具有高自由度、强非线性的动力学系统，对仿人机器人的运动学和动力学分析通常采用多刚体动力学系统和仿真数值计算结合的方法。运动学分析中涉及各关节的固连坐标系与世界坐标系之间的坐标变换，基于链式法则计算齐次变换矩阵是一种常用的方法。在动力学分析中，牛顿－欧拉法、拉格朗日法和空间向量法都是常用的方法，其中牛顿－欧拉法相对直观、易理解。本章选择基于链式法则计算齐次变换矩阵的方法和牛顿－欧拉法分别作为运动学分析和动力学分析中的代表性方法，进行详细介绍。

2.2　仿人机器人的运动学

运动学涉及机器人各肢体的位置、运动速度与加速度的求解过程。根据关节角度计算各肢体的位置和姿态的过程称为正运动学，可以用于机器人的计算和图形显示。本节首先介绍仿人机器人通用的自由度配置，然后介绍常见的仿人机器人的结构模型，最后介绍基于链式法则计算齐次变换矩阵的运动学分析方法。

2.2.1　仿人机器人的自由度配置

自由度配置是指将仿人机器人划分为多个互相连接的刚体连杆，每个连杆代表一段肢体，通过调整各连杆间的相对位置或角度关系实现各种复杂运动。目前国际上大部分仿人机器人常用的自由度配置方式都是在各肢体配置 6 个自由度（不包括手指、脚部的自由度），以实现笛卡儿空间内位置和姿态的解算。有些机器人也根据自身特定的结构特点和运动任务需求配置了冗余的自由度，比如 WABIAN-2R 配置了被动的脚趾关节和主动的腰关节，Sarcos 仿人机器人在每条腿上配置了 7 个自由度，一般这些冗余的自由度用来实现运动优化。

图 2 – 1 以北京理工大学研制的第六代"汇童"仿人机器人 BHR-6 为例，展示了仿人机器人的自由度配置，这种自由度的配置受人体模型的启发［图 2 – 1 （b）］。仿人机器人包括头部、躯干、上肢和腿部，通常各部分自由度配置如图 2 – 1 （c）所示，机器人每条腿的髋关节有 3 个自由度，这 3 个自由度的旋转轴正交；膝关节有 1 个自由度；踝关节有 2 个自由度，这 2 个自由度的旋转轴正交。这 12 个自由度都是主动自由度。机器人每个上肢具有与腿部一样的配置，肩关节有 3 个自由度，肘关节有 1 个自由度，末端装有执行器（如仿生手爪等）时也会配置 1 个自由度。从仿生学角度出发，腰部和颈部应各配置 3 个自由度，但在仿人机器人的运动中这两个部位活动范围相对较小，因此在动力学模型中往往予以简化。常用的简化自由度配置如图 2 – 1 （d）所示。需要注意的是，电机驱动的仿人机器人的所有自由度均为旋转自由度。

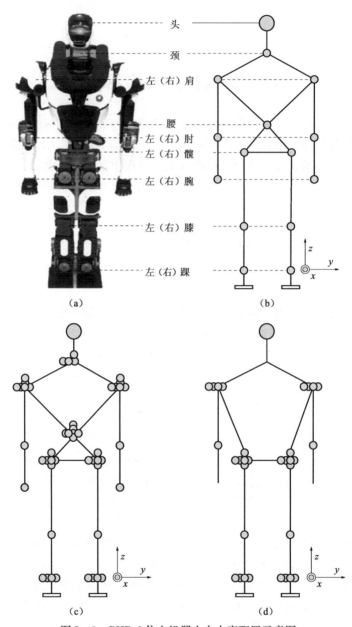

头
颈
左（右）肩
腰
左（右）肘
左（右）髋
左（右）腕
左（右）膝
左（右）踝

（a）　　　　　　　　　（b）

（c）　　　　　　　　　（d）

图 2 - 1　BHR-6 仿人机器人自由度配置示意图
（a）BHR-6 仿人机器人；（b）人体简化模型；（c）模型常规自由度；（d）模型简化自由度

2.2.2　仿人机器人结构模型

仿人机器人的结构模型包含了各个连杆之间的连接关系，一般用树形结构来表示。得到仿人机器人的结构模型有助于运动学方程的推导、计算和编程。结构模型一般以机器人躯干为基座，以便通过确切的关系实现递归算法。图 2-2 展示了一种常见的仿人机器人的结构模型，在模型中以基座为起点给各个连杆依次编号，每一个编号都包含一个自由度和一个连杆。

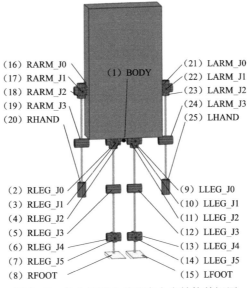

图 2-2　仿人机器人关节自由度结构前视图

坐标系变换在机器人学中至关重要，借助坐标系变换可以很清晰地表示任意连杆上的任意一点在其他连杆或世界坐标系中的运动学信息。为仿人机器人的每一个关节建立固连在关节连杆上的局部坐标系 [图 2-3 (a)]，在仿人机器人中通常使用右手定义的坐标系，即大拇指朝向 z 轴，四指弯曲方向依次经过 x 轴与 y 轴。所有关节的局部坐标系在世界坐标系下的初始姿态与世界坐标系的坐标轴平行，即有

$$R_1^\varepsilon = R_2^\varepsilon = \cdots = R_{25}^\varepsilon = \text{E} \tag{2.1}$$

其中，R 表示各关节的局部坐标系，$\varepsilon \in (x,y,z)$ 表示该关节绕坐标某轴的旋转矩阵，E 为 3×3 的单位矩阵。最常用的基础旋转矩阵是绕单一轴旋转一定的角度 q，表示为 $R_{x,y,z}(q)$，下标表示该旋转矩阵是相对哪个坐标轴进行旋转的，描述了另外两个轴的单位向量在原坐标中的坐标关系，这三个矩阵具体展开可写为

$$R_x(q) = \begin{bmatrix} 1 & 0 & 0 \\ 0 & \cos q & -\sin q \\ 0 & \sin q & \cos q \end{bmatrix}$$

$$R_y(q) = \begin{bmatrix} \cos q & 0 & \sin q \\ 0 & 1 & 0 \\ -\sin q & 0 & \cos q \end{bmatrix}$$

$$R_z(q) = \begin{bmatrix} \cos q & -\sin q & 0 \\ \sin q & \cos q & 0 \\ 0 & 0 & 1 \end{bmatrix}$$

将描述相邻局部坐标系之间关系的相对位置向量（关节相对位置）和关节轴向量（关节的旋转轴）分别记为 jb_j 和 jr_j，其含义分别为局部坐标系 Σ_j 的原点在局部坐标系 Σ_{j-1} 中的位置和关节 j 旋转轴在局部坐标系 Σ_{j-1} 中的位置向量，均为三维向量。jr_j 的表达取决于关节旋转轴的形式，即当关节绕 x 轴旋转时 $jr_j = [1;0;0]$，当关节绕 y 轴旋转时 $jr_j = [0;1;0]$，当关节绕 z 轴旋转时 $jr_j = [0;0;1]$。需要说明的是，jb_1 是躯干（基座）的局部坐标系相对于世界坐标系的位置向量，其关节向量为 $jr_1 = [1;1;1]$，代表躯干与世界坐标系之间有 3 个旋转自由度，体现出浮动基的特性，如果关节旋转轴为 0 且位置为 0，即可看作固定基。腿部的 3 个关节的轴向量为 $jr_{4,5,6,11,12,13} = [0;-1;0]$，即绕 y 轴的负半轴转动，这符合人体运动规律，也方便运动规划。

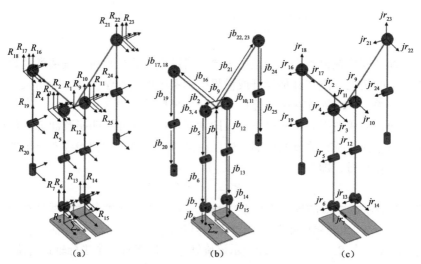

图 2-3　仿人机器人坐标系及相关变量描述（见彩插）

（a）仿人机器人关节坐标系；（b）仿人机器人连杆位置关系；（c）仿人机器人关节转轴

2.2.3　仿人机器人的正运动学

图 2 - 4 显示了空间中任意两个连杆的位置和姿态关系。连杆 j 相对于连杆 $j-1$ 的关节的转动角度为 q_j,局部坐标系 $\sum_j$ 的原点设定在关节的转轴上。当关节角度为 0 时,连杆 j 视为初始状态。由变换矩阵的定义可知坐标系 $\sum_j$ 相对于坐标系 $\sum_{j-1}$ 的齐次变换矩阵为

$$^{j-1}T_j = \begin{bmatrix} e^{jr_j \times q_j} & jb_j \\ 0 \quad 0 \quad 0 & 1 \end{bmatrix} \tag{2.2}$$

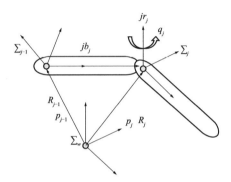

图 2 - 4　连杆位姿关系示意图

式中, $e^{jr_j \times q_j} = E + jr_j \times \sin q_j + (jr_j \times)^2(1 - \cos q_j)$,这里的写法参考了文献 [3]。式中的 "$\times$" 为特定的运算符,若向量 $n = [n_x, n_y, n_z]$,则

$$n \times = \begin{bmatrix} 0 & -n_z & n_y \\ n_z & 0 & -n_x \\ -n_y & n_x & 0 \end{bmatrix} \tag{2.3}$$

将图 2 - 6 中的两个连杆在世界坐标系 $\sum_w$ 下的位置和姿态分别表示为 $p_{j-1,j}$, $R_{j-1,j}$,可以得到 $\sum_{j-1}$ 在世界坐标系下的齐次变换矩阵为

$$^wT_{j-1} = \begin{bmatrix} R_{j-1} & p_{j-1} \\ 0 \quad 0 \quad 0 & 1 \end{bmatrix} \tag{2.4}$$

根据链式法则可以得到 $^wT_j = {}^wT_{j-1} \cdot {}^{j-1}T_j$,从而得到正运动学分析的迭代表达式:

$$p_j = p_{j-1} + R_{j-1} \cdot jb_j \tag{2.5}$$

$$R_j = R_{j-1} \cdot e^{jr_j \times q_j} \tag{2.6}$$

下面以一个实例来说明仿人机器人正运动学分析的计算步骤。假设某一时刻,仿人机器人躯干在世界坐标系中的位置向量为

$$p_1^w = p_{1x}^w i + p_{1y}^w j + p_{1z}^w k \tag{2.7}$$

其中，i，j，k 为坐标系 3 个坐标轴的单位向量。为了便于仿真计算，常采用矩阵描述形式，所以躯干的位置向量可以表示为

$$p_1^w = \begin{bmatrix} p_{1x}^w & p_{1y}^w & p_{1z}^w \end{bmatrix}^T \tag{2.8}$$

$(\cdot)^T$ 表示矩阵的转置，即 p_1^w 是列向量。同理，可以将右腿髋关节表示为 $p_2^w = \begin{bmatrix} p_{2x}^w & p_{2y}^w & p_{2z}^w \end{bmatrix}^T$。由仿人机器人结构模型可知，躯干与右腿髋关节的相对位置向量为 jb_2。对于刚性结构的仿人机器人来说，各关节之间的相对位置是固定的，因此躯干到髋部第一个关节的位置是固定的，所以绝对位置与相对位置之间满足以下关系：

$$p_2^w = p_1^w + jb_2 \tag{2.9}$$

仿人机器人全身关节都为旋转关节，只要机器人运动便会涉及各个关节坐标的旋转变换。例如，膝关节的转动会引起小腿和大腿相对位姿的变化，用 q_5 表示膝关节转动的角度，膝关节转动轴向量为 $jr_5 = [0; -1; 0]$，当已知大腿的旋转矩阵 R_4 后，可得到小腿在世界坐标系中的旋转矩阵为 $R_5 = R_4 \cdot e^{jr_5 \times q_5}$。同样可以得到踝关节在世界坐标系下的位置为 $p_6 = p_5 + R_5 \cdot jb_6$。

2.2.4 仿人机器人的逆运动学

逆运动学指的是给定机器人的末端运动轨迹来求解各个关节的角度。在仿人机器人中经常会需要规划脚部的轨迹以及手臂末端的位置，所以对肢体各关节的逆运动学求解非常重要。目前有多种求解逆运动学的算法，但对于仿人机器人来说，由于腿部或手臂在一般情况下配置的自由度都小于 6，所以使用解析法求解最高效。

由于下肢的运动是仿人机器人运动中的重点研究部分，这里我们主要介绍仿人机器人下肢运动的逆运动学求解，上肢的逆运动学求解可以通过类似的方法得到。将仿人机器人结构模型中的右腿从上到下的各个关节的角度设为 q_2，q_3，q_4，q_5，q_6，q_7［如图 2 - 3（c）所示］，分别为髋关节前抬（pitch）、侧摆（roll）及转动（yaw）3 个自由度、膝关节前摆 1 个自由度、踝关节前摆及侧摆 2 个自由度，这 6 个自由度是仿人机器人下肢的固定配置。髋部和脚踝的位置分别设为 $p_2^w = \begin{bmatrix} x_h & y_h & z_h \end{bmatrix}^T$，$p_7^w = \begin{bmatrix} x_a & y_a & z_a \end{bmatrix}^T$。若踝关节及髋关节的位置已知，则可以计算出各个关节的角度。下面介绍各个关节角度的求解过程。

1. 求 q_2

仿人机器人的足部轨迹是根据地面约束条件来规划的，机器人的足部末端姿态应该满足地面约束条件。假定机器人的足部末端姿态角分别为 θ_x，θ_y，

θ_z，根据机器人下肢的结构可以得到下列方程组：

$$\begin{cases} \theta_z = q_2 \\ \theta_y = q_3 + q_7 \\ \theta_x = q_4 + q_5 + q_6 \end{cases} \qquad (2.10)$$

于是可以得到 $q_2 = \theta_z$。

2. 求 q_5

易知，髋关节、膝关节、踝关节构成了如图 2 – 5 所示的空间三角形。

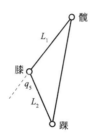

图 2 – 5 仿人机器人腿部各关节位置空间关系

根据余弦定理可得

$$(x_a - x_h)^2 + (y_a - y_h)^2 + (z_a - z_h)^2 = L_1^2 + L_2^2 - 2L_1 L_2 \cos q_5 \qquad (2.11)$$

q_5 是膝关节角度，$q_4 \leqslant 0$，于是可得

$$\cos q_5 = \frac{(x_a - x_h)^2 + (y_a - y_h)^2 + (z_a - z_h)^2 - L_1^2 - L_2^2}{2L_1 L_2} = C_5$$

$$q_5 = -\arccos(C_5) \qquad (2.12)$$

3. 求 q_3 及 q_4

已知各关节的旋转角度可以计算出各关节相对于世界坐标系的旋转矩阵，再根据连杆位置的传递公式可以得到下列等式。这里考虑踝关节位置的特殊性，认为踝关节是与脚部重合的，从而可以得到位置与旋转矩阵的关系：

$$p_7^w = p_6^w = p_5^w = p_4^w + R_4 j b_5 = p_3^w + R_3 j b_4 + R_4 j b_5 = p_2^w + R_2 j b_3 + R_3 j b_4 + R_4 j b_5$$

由这个向量等式可以得到下列三个式子：

$$\begin{cases} (x_a - x_h)\sin q_2 - (y_a - y_h)\cos q_2 = -L_1 \sin q_4 - L_2 \sin(q_4 + q_5) \\ (x_a - x_h)\cos q_2 + (y_a - y_h)\sin q_2 = -L_1 \sin q_3 \cos q_4 - L_2 \sin q_3 \cos(q_4 + q_5) \\ z_a - z_h = -L_1 \cos q_3 \cos q_4 - L_2 \cos q_3 \cos(q_4 + q_5) \end{cases}$$

为了进一步简化公式，作如下定义：

$$\begin{cases} a = (x_a - x_h)\sin q_2 - (y_a - y_h)\cos q_2 \\ b = (x_a - x_h)\cos q_2 + (y_a - y_h)\sin q_2 \\ c = z_a - z_h \end{cases} \tag{2.13}$$

由于 q_2 在第一步已经解出，因此 a，b，c 可以看作常数。根据 a，b，c 的定义，可以得到

$$\begin{cases} a = -L_1\sin q_4 - L_2\sin(q_4 + q_5) \\ b = -L_1\sin q_3\cos q_4 - L_2\sin q_3\cos(q_4 + q_5) \\ c = -L_1\cos q_3\cos q_4 - L_2\cos q_3\cos(q_4 + q_5) \end{cases} \tag{2.14}$$

记 $S_i = \sin q_i, C_i = \cos q_i, S_{ij} = \sin(q_i + q_j), C_{ij} = \cos(q_i + q_j)$。由式（2.14）可得

$$b/c = \tan q_3 = \frac{(x_a - x_h)C_2 + (y_a - y_h)S_2}{z_a - z_h} \tag{2.15}$$

$$q_3 = \arctan\left[\frac{(x_a - x_h)c_2 + (y_a - y_h)s_2}{z_a - z_h}\right] \tag{2.16}$$

由式（2.14）还可得

$$\frac{c}{aC_3}(L_1 + L_2C_5)S_4 + \frac{c}{aC_3}L_2S_5C_4 = -L_2S_4S_5 + (L_1 + L_2C_5)C_4 \tag{2.17}$$

整理得

$$\tan q_4 = \frac{aC_3(L_1 + L_2C_5) - L_2cS_5}{c(L_1 + L_2C_5) + L_2aC_3S_5} \tag{2.18}$$

$$q_4 = \arctan\left[\frac{aC_3(L_1 + L_2C_5) - L_2CS_5}{C(L_1 + L_2C_5) + L_2aC_3S_5}\right] \tag{2.19}$$

4. 求 q_6 及 q_7

由于机器人脚的末端姿态角 θ_x、θ_y、θ_z 为已知，则由方程组

$$\begin{cases} \theta_z = q_2 \\ \theta_y = q_3 + q_7 \\ \theta_x = q_4 + q_5 + q_6 \end{cases} \tag{2.20}$$

可以得到

$$q_6 = \theta_x - q_4 - q_5 \tag{2.21}$$

$$q_7 = \theta_y - q_3 \tag{2.22}$$

至此，我们已经求解出了机器人下肢的各个关节角，将关节角的表达式对时间求导，就可以进一步得到机器人下肢各个关节角的角速度和角加速度。

2.3　仿人机器人的动力学

2.3.1　仿人机器人动力学概述

仿人机器人是一个非线性、强耦合的多刚体系统，其动力学模型是进行运动规划和控制的基础。牛顿－欧拉法和拉格朗日法都是常用的针对多刚体系统的动力学求解方法。牛顿－欧拉法表达直观易理解，通过迭代方法进行所有连杆的动力学求解。拉格朗日法需要对方程多次求导，计算量相对较大。此外，Featherstone 等通过建立六维向量的描述方法，提出了空间向量法，将多刚体动力学的推导简化，也提升了运算速度。本书将重点介绍牛顿－欧拉法，对其他两种方法有兴趣的读者可以在本章学习的基础上查阅相关文献。

2.3.2　牛顿－欧拉法的基本原理

在牛顿－欧拉法中，使用三维向量表示刚体的位置、姿态、线速度、角速度、线加速度、角加速度等，通过牛顿力学以及欧拉动力学求解多刚体系统的动力学过程，易于理解与推导。

根据经典力学可知，单个刚体的动量 P 随外力 f 而改变：$\dot{P} = f$，根据动量的定义就可以得到牛顿运动方程：

$$f = \dot{P} = m\ddot{p} \Rightarrow \ddot{p} = f/m \qquad (2.23)$$

式中，$\ddot{p}$ 为物体质心在世界坐标系中的加速度。类似地，关于刚体的角动量 L 随外力矩 τ 变化，可以得到下面的欧拉方程：

$$\tau = \dot{L} = I\dot{\omega} + \omega \times I\omega \qquad (2.24)$$

式中，$I = R\bar{I}R^{\mathrm{T}}$ 为刚体转动惯量在世界坐标系中的表示，$\bar{I}$ 为刚体基准状态下的自身坐标系中的质心转动惯量，与刚体质量和形状有关，具体定义可查询其他力学书籍。$I = R\bar{I}R^{\mathrm{T}}$ 的含义是将自身坐标系中的惯量矩阵通过当前旋转矩阵变换到世界坐标系中。$(\cdot) \times (\cdot)$ 运算符表示矩阵的叉乘。

当已知当前物体的所有运动信息，即世界坐标系下的位置、姿态、速度（角速度）和加速度（角加速度）后，即可通过式（2.23）和式（2.24）求得外部作用力和力矩，这个过程就是逆动力学求解。

从式（2.23）和式（2.24）可以反求出物体当前时刻的位置和角加速度：

$$\dot{\omega} = I^{-1}(\tau - \omega \times I\omega) \tag{2.25}$$

式中，$(\cdot)^{-1}$ 表示求矩阵的逆，ω 表示物体的角速度。配合旋转运动基本式 $\dot{R} = \omega \times R$（有兴趣的读者可以参见文献［3］的详细推导过程），在已知物体初始位姿、速度（角速度）以及外部作用力和力矩的情况下可以通过对微分方程单周期内数值积分得到下一时刻的速度（角速度）和姿态，这就是正动力学求解过程。2.3.3 节我们将详细展示这个求解过程。

2.3.3　牛顿－欧拉法的动力学建模

上面描述的单个物体的牛顿－欧拉法可以通过迭代的方式扩展到仿人机器人多连杆刚体系统中。可以根据运动学中对机器人各连杆的编号推导出更一般的普适性公式。

1. 正动力学

对于正动力学在仿人机器人建模中的推导，需要知道初始机器人运动状态，在已知各关节驱动力矩以及外部受力的情况下，计算下一时刻仿人机器人整体状态。假定第 i 个连杆质心处受到子连杆 j 的力和力矩分别为 f_j 和 τ_j，受到的外力和外力矩分别为 f_i^e 和 τ_i^e，由驱动装置提供给连杆 i 的关节驱动力和力矩分别为 f_i 和 τ_i，根据牛顿－欧拉公式可以得到连杆 i 的加速度：

$$\ddot{p}_i = \frac{(f_i + f_j + f_i^e)}{m_i} \tag{2.26}$$

$$\dot{\omega}_i = I_i^{-1}(\tau_i + \tau_j + \tau_i^e - \omega_i \times I_i \omega_i) \tag{2.27}$$

$$\dot{R}_i = \omega_i \times R_i \tag{2.28}$$

再对上式进行第 k 次数值积分，积分步长为 T，可以得到

$$\dot{p}_i(k+1) = \dot{p}_i(k) + \ddot{p}_i T \tag{2.29}$$

$$\omega_i(k+1) = \omega_i(k) + \dot{\omega}_i T \tag{2.30}$$

$$R_i(k+1) = e^{\omega_i \times T} R_i(k) \tag{2.31}$$

根据上式，若已知机器人末端（例如脚和手臂末端）的外力或力矩，以及各关节的驱动力矩，且假设其他连杆部分除重力外无其他外力，即可从末端开始依次求解下一时刻各个连杆的位姿，得到各个关节的角度，从而完成整个系统的动力学建模。

2. 逆动力学

根据力学知识可知同一平面中 A、B 两点之间的空间速度关系满足 $v_B = v_A +$

$\omega \times jb_{AB}$，其中，jb_{AB} 是两点间相对位置向量。对于中间通过旋转铰链连接的连杆，相对速度关系为 $v_B = v_A + p \times jr_B \cdot q_B$。推广至仿人机器人中，假定母连杆 i 的关节速度和角速度已知，并给定关节 j 的角速度 $\dot{q}_j$、在世界坐标系中的位置 p_j 以及转动轴向量 jr_j，则连杆速度和角速度可表示为

$$\begin{bmatrix} v_j \\ \omega_j \end{bmatrix} = \begin{bmatrix} v_i \\ \omega_i \end{bmatrix} + \begin{bmatrix} p_j \times jr_j \\ jr_j \end{bmatrix} \dot{q}_j \tag{2.32}$$

记 $\vartheta_j = \begin{bmatrix} v_j \\ \omega_j \end{bmatrix}, s_j = \begin{bmatrix} p_j \times jr_j \\ jr_j \end{bmatrix}$，并对上式求导，得到世界坐标系中加速度和角加速度：

$$\dot{\vartheta}_j = \dot{\vartheta}_i + \dot{s}_j \dot{q}_j + s_j \ddot{q}_j \tag{2.33}$$

其中，$\dot{s}_j = \begin{bmatrix} \omega_i & v_i \\ 0 & \omega_i \end{bmatrix} s_j$。

多刚体系统中母连杆与子连杆的牛顿 – 欧拉方程的矩阵形式为

$$\begin{bmatrix} f_j \\ \tau_j \end{bmatrix} = \begin{bmatrix} m_j E & 0 \\ 0 & I \end{bmatrix} \begin{bmatrix} \dot{v}_j \\ \dot{\omega}_j \end{bmatrix} + \begin{bmatrix} v_j \\ \omega_j \end{bmatrix} \times \begin{bmatrix} m_j E & 0 \\ 0 & I \end{bmatrix} \begin{bmatrix} v_j \\ \omega_j \end{bmatrix} - \begin{bmatrix} f_e^j \\ \tau_e^j \end{bmatrix} + \begin{bmatrix} f_i \\ \tau_i \end{bmatrix} \tag{2.34}$$

记 $I_j = \begin{bmatrix} m_j E & 0 \\ 0 & I \end{bmatrix}$，$E$ 为三维单位矩阵。则式（2.34）可以简化为

$$\begin{bmatrix} f_j \\ \tau_j \end{bmatrix} = I_j \dot{\vartheta}_j + \vartheta_j \times I_j \vartheta_j - \begin{bmatrix} f_e^j \\ \tau_e^j \end{bmatrix} + \begin{bmatrix} f_i \\ \tau_i \end{bmatrix} \tag{2.35}$$

通常一个物体在空间中拥有 6 个自由度，分别是关于 x，y，z 三轴的旋转与平移。但是对于仿人机器人而言，各关节都只允许与其相连部分作单自由度的运动，例如，仿人机器人髋关节拥有 3 个自由度，以便模拟人体髋关节在空间中的球铰连接运动形式。由于上述求解过程会解算出驱动连杆 j 的 6 个关节力或力矩量，所以需要根据关节形式（如旋转或直线驱动）从 6 个量中提取出所对应的一个力或力矩作为关节的驱动力或力矩，这个过程称为力的投影，类似于力的合成与分解。通常仿人机器人腿部关节是旋转驱动，于是可将力矩投影在关节轴向量 ξ_j 上：

$$\xi_j = s_j^{\mathrm{T}} \begin{bmatrix} f_j \\ \tau_j \end{bmatrix} \tag{2.36}$$

记 $(\cdot)^{\mathrm{T}}$ 符号是对矩阵求转置。当两杆包含腿部末端或手臂末端时，外力可以通过力/力矩传感器得到。从末端依次计算到躯干即可得到所有关节的力

或力矩，从而完成逆动力学计算过程。

3. 外部接触力模型

这里需要说明，在动力学仿真中，末端接触力的求取一般根据弹簧-阻尼系统模型计算得到。水平方向上的摩擦力与接触点的水平速度成正比，若末端接触点位置为 $p_e = [p_{ex}; p_{ey}; p_{ez}]$，可以根据阻尼系数计算末端外力：

$$f_e = \begin{cases} [-d \cdot \dot{p}_{ex}; -d \cdot \dot{p}_{ey}; -k \cdot p_{ez} - d \cdot \dot{p}_{ex}], p_{ez} < 0 \,\&\, \dot{p}_{ez} < 0 \\ [0; 0; 0], p_{ez} > 0 \end{cases} \tag{2.37}$$

其中，d 为地面摩擦阻尼系数，k 为地面竖直方向上的弹簧系数。外力会产生绕世界坐标系原点的力矩 $\tau_e = p_e \times f_e$。

2.3.4 牛顿-欧拉法动力学方程的统一形式

与工业机械臂等具有固定基座的机器人不同，仿人机器人在运动过程中与地面是间歇接触的，有时还会出现双脚腾空期，如奔跑、跳跃等运动。因此固定基的动力学在仿人机器人中出现了局限性。有学者建立了单脚或双脚支撑期的以脚板为基座的固定基动力学方程，但是由于脚板与地面的接触随着踝关节施加力矩的增大会出现翻转的情况，因此这种方法也不是普遍适用的。所以，需要建立一种具有浮动基座的仿人机器人模型（图2-6）的动力学方程，浮动基模型在世界坐标系原点与机器人基座（躯干）之间增加了6个自由度的虚拟约束，包括3个沿 x，y，z 方向的移动自由度 p_x，p_y，p_z 和3个绕 x，y，z 轴的转动自由度 θ_x，θ_y，θ_z，但是这些自由度没有动力学特性，所以称为虚拟约束。

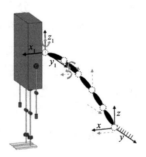

图2-6 具有虚拟约束的浮动基仿人机器人模型（见彩插）

多刚体系统的动力学方程可以写成如下的一般形式：

$$M^s(q^s)\ddot{q}^s + N^s(q^s, \dot{q}^s) = \tau^s + \sum_{k=1}^{a}(J_k^s)^T F_k^e \tag{2.38}$$

其中，$q^s = [p_x, p_y, p_z, \theta_x, \theta_y, \theta_z, q] \in R^{(n+6)}$ 代表仿人机器人浮动基的广义坐标向量，包括了 6 个虚拟约束自由度；$q = [q_1 \quad q_2 \cdots \quad q_n] \in R^n$ 代表具有 n 个自由度（关节）的仿人机器人局部坐标向量；$M^s(q^s) \in R^{(n+6) \times (n+6)}$ 为关节空间的惯性矩阵，包含各连杆质量和惯量信息，是关节角度的函数，只与关节角度相关；$N^s(q^s, \dot{q}^s) \in R^{(n+6)}$ 为科氏力、离心力与重力的合力向量，是关节角度、角速度的函数；$\tau^s = [0_{6 \times 1}; \xi_1, \xi_2, \cdots, \xi_n] \in R^{(n+6)}$ 为各关节的输入（驱动）力矩，由于 6 个虚拟自由度不引入任何几何约束，所以前 6 个元素为 0；$J_k^s \in R^{6 \times (n+6)}$ 为第 k 个末端接触点相对于世界坐标系原点的雅可比矩阵（假设仿人机器人与外界有 a 个接触点）；$F_k^e \in R^6$ 为第 k 个末端接触点的接触力和力矩。有了这个统一的多刚体动力学表达形式后，仿人机器人的正与逆动力学就可以很方便地表达如下：

$$\begin{cases} \tau^s = M^s(q^s)\ddot{q}^s + N^s(q^s, \dot{q}^s) - \sum_{k=1}^{a}(J_k^s)^{\mathrm{T}} F_k^e \\ \ddot{q}^s = (M^s)-1(\tau^s - N^s(q^s, \dot{q}^s) + \sum_{k=1}^{a}(J_k^s)^{\mathrm{T}} F_k^e) \end{cases} \quad (2.39)$$

利用牛顿 – 欧拉法可以很方便地得到上述矩阵形式中的矩阵，从而得到动力学方程。利用现有数学计算软件可以进行动力学求解。

2.4　仿人机器人运动学与动力学求解应用实例

为了便于快速理解，本节通过实例推导一个二维仿人机器人的动力学方程，可以根据仿人机器人的质量分布和自由度配置，得到驱动力矩与运动学状态之间的关系。虽然研究对象是平面的、不具有三维性质，但是我们仍然使用三维向量来推导，说明仿人机器人的运动学和动力学的计算过程。基于此，读者可以将此方法应用到三维运动情况。

本节使用的仿人机器人模型具有上身、髋关节、膝关节和点足，没有侧向的自由度，是一个运动约束在前进方向的二维五连杆模型。仿人机器人运动过程分为单脚支撑的运动阶段和双脚支撑的碰撞时刻。本节的实例介绍包括：①运动阶段的动力学方程；②碰撞时刻的动力学方程；③仿真计算。

1. 运动阶段动力学方程

在单脚支撑的运动阶段，仿人机器人可以看作固定基座多连杆刚体系统。机器人的坐标与相关参数如图 2 – 7 所示。平面双足机器人拥有内部的 4 个驱动自由度，即 2 髋关节和 2 膝关节，此外还有支撑腿与地面的绝对角度，一共 5 个自由度。因此，在固定基座的模型中使用 5 个自由度描述，即 $q_s =$

$[\theta_1 \quad \theta_2 \quad \theta_3 \quad \theta_4 \quad \theta_5]$。通过牛顿－欧拉法可以求出动力学方程：

$$M(q_s)\,\ddot{q}_s + N(q_s,\dot{q}_s) = \tau \qquad (2.40)$$

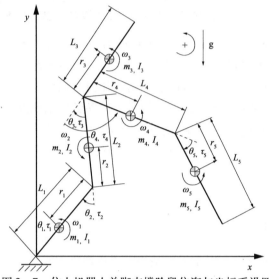

图 2-7　仿人机器人单脚支撑阶段位姿与坐标系设置

记 $RHS = \tau - N(q_s,\dot{q}_s)$，则上式可以写为 $M(q_s)\,\ddot{q}_s = RHS$。要特别注意牛顿－欧拉法是通过迭代运算求取各关节力或力矩的，并不会直接生成各个矩阵形式，它只是我们为便于描述系统动力学方程而做的简记。但是可以在得到各力或力矩表达式的情况下，合并同类项从而得到各矩阵元素的表达。本实例在展示牛顿－欧拉法推导过程的同时，也进行了各矩阵求取方法的展示。

　　得到动力学方程后，可以进行正动力学和逆动力学计算。在正动力学计算中，得到力矩 τ 之后，可以得到每个时刻的广义加速度 $\ddot{q}_s$，根据广义加速度可以更新广义速度 $\dot{q}_s$ 和广义坐标 q_s，得到仿人机器人各个时刻的运动状态；在逆动力学计算中，可以根据当前机器人的运动状态得到所需的力矩 τ。

　　2. 碰撞时刻的动力学方程

　　在仿人机器人摆动腿触地瞬间，机器人处于双脚支撑状态，系统与环境发生碰撞，涉及整个系统的动量变化。对于双脚与地面接触的碰撞过程，一般建立以下的假设使推导过程成立：

　　（1）摆动腿末端与地面的碰撞为两个刚体的碰撞，并且瞬间完成；

　　（2）碰撞中腿末端不反弹，不滑动，并且整个机器人构型不变，即关节角度碰撞前后不发生变化，只发生角速度的变化；

（3）碰撞力简化为脉冲形式；

（4）驱动装置在碰撞阶段产生的驱动力可以忽略；

（5）摆动腿碰撞完成后变为支撑腿，原支撑腿也瞬间变为摆动腿。

由于碰撞模型涉及腿末端的作用力，因此需要建立如图 2-8 所示的浮动基 7 自由度模型，即 $q_e = [\theta_1 \quad \theta_2 \quad \theta_3 \quad \theta_4 \quad \theta_5 \quad p^h_{hip} \quad p^v_{hip}]$。仍然可以通过牛顿-欧拉法（这里躯干的位置是已知的，需要间接求解脚支撑点的位置）建立动力学方程：

$$M(q_e)\ddot{q}_e + N(q_e, \dot{q}_e)\dot{q}_e = \tau + \delta F_{ext} \tag{2.41}$$

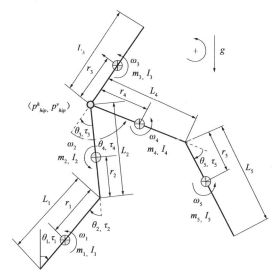

图 2-8　仿人机器人浮动基模型与坐标系设置

式中，δF_{ext} 表示施加在关节的外部力矩。由于碰撞是瞬间完成的，所以将外部力矩看作一个脉冲形式。对上式两边同时积分，可以得到

$$M(q_e^+)\dot{q}_e^+ - M(q_e^-)\dot{q}_e^- = F_{ext} \tag{2.42}$$

其中，$F_{ext} = \int_{t-}^{t+} \delta F_{ext}(\xi)\mathrm{d}\xi$ 为外部力矩在碰撞时刻积分得到的冲量，$\dot{q}_e^-$ 为碰撞前的速度，$\dot{q}_e^+$ 为碰撞后的速度。由于碰撞前后关节角度不变，所以 $q_e^+ = q_e^-$。根据式（2.42）和碰撞后的约束条件，可以完成碰撞时刻的动力学求解。

3. 仿真计算

本节介绍基于仿人机器人动力学计算的仿真分析，通过仿真计算得到满足系统期望位姿所需的关节力矩。在每个仿真周期中，计算当前各角度状态与给

定期望角度误差和速度误差，使用 PD 控制器计算驱动力矩的控制量，然后通过正动力学计算下一次机器人状态，如此循环控制。仿真中设定 ODE 在 0.001s 内计算 100 次，取最后一次状态为控制周期 0.001s 后的状态，从而进行稳定行走控制。仿人机器人的参数如表 2 - 1 所示。

表 2 - 2 显示了在计算机中进行逆动力学求解的流程，根据仿人机器人当前的运动状态得到所需要的力矩。

表 2 - 1　二维五杆仿人机器人模型的参数

属性	躯干	大腿	小腿
长度/m	0.13	0.21	0.257
质量/kg	2.516	0.876	0.324
质心位置/m	0.08125	0.07447	0.0307
转动惯量/（kg·m²）	0.00615	0.003837	0.00211

最终机器人行走轨迹如图 2 - 9 所示。从图中可以看出，机器人能够实现稳定行走与支撑腿的交替，从而证明牛顿 - 欧拉动力学建模方法的有效性。

表 2 - 2　二维五连杆仿人机器人动力学求解伪代码

算法 1　牛顿 - 欧拉法求五连杆动力学方程
输入:无
输出:$M(q_s)$,RHS
1:function NEWTONEULERDYNAMICFIXEDBASE( )
2:　　*定义单位向量 $a\leftarrow[1;0;0]$,$b\leftarrow[0;1;0]$,$c\leftarrow[0;0;1]$ 与重力加速度 g *
3:　　for $i=1\rightarrow5$ do
4:　　　　*设置各连杆动力学参数杆长 L_i 等与位置变量质心相对位置 $cm_i\leftarrow[L_i/2;0;0]$ 等 *
5:　　　　*导出各连杆相对于世界坐标系的旋转矩阵 *
6:　　　　$R_{qi}^y\leftarrow R_{qi-1}^y\cdot[\cos(\theta_i)\cdot a-\sin(\theta_i)\cdot c\quad b\quad \sin(\theta_i)\cdot a+\cos(\theta_i)\cdot c]$
7:　　　　*由旋转矩阵得到各连杆当前世界坐标系下惯性矩阵 *
8:　　　　式 $I_i^w\leftarrow R_{qi}^y I_i(R_{qi}^y)^{\mathrm{T}}$
9:　　　　*递归计算各连杆当前世界坐标系下关节及质心位置 *
10:　　　　$p_i\leftarrow p_{i-1}+R_{qi}^y\cdot jb_i$,$cm_i^w\leftarrow p_i+R_{qi}^y\cdot cm_i$
11:　　　　*据式(2.32)与式(2.33)得到各连杆当前世界坐标系下质心加速度 $\dot{v}_i^{cm}$ 及角加速度 * $\dot{\omega}_i$
12:　　　　$\dot{\omega}_i\leftarrow\dot{\omega}_{i-1}+\dot{\theta}_i\cdot\widehat{\omega}_i(R_{qi}^y\cdot jr_i)+\ddot{\theta}_i\cdot R_{qi}^y\cdot jr_i$
13:　　　　$\dot{v}_i^{cm}\leftarrow\dot{v}_{i-1}+\widehat{\omega}_i\cdot(\widehat{\omega}_i\cdot cm_i^w)+\dot{\omega}_i\times cm_i^w$ *计算连杆质心加速度 *
14:　　end for
15:　　*利用牛顿 - 欧拉法计算连杆受力,从末端到基部计算 *
16:　　for $k=5\rightarrow1$ do *据式(2.34)导出各关节力与力矩的表达式 *

续表

算法 1　牛顿 – 欧拉法求五连杆动力学方程
17：$f_k \leftarrow -m_k \cdot g \cdot c + m_k \cdot \dot{v}_i^{cm} + f_{k+1}$
18：$\tau_k \leftarrow I_i^w \cdot \dot{\omega}_i + \hat{\omega}_i \cdot I_i^w \cdot \omega_i + (R_{qi}^y \cdot m_i) \times f_k + \tau_{k+1} + (p_{k+1} - cm_i^w) \times f_{k+1}$
19：$\mathrm{eqn}_k \leftarrow \mathrm{COLLECT}(\mathrm{DOT}(T_k, jr_i), [\ddot{\theta}_1, \ddot{\theta}_2, \ddot{\theta}_3, \ddot{\theta}_4, \ddot{\theta}_5]) *$ DOT 函数计算两个向量的标量点积，COLLECT 函数提取变量系数
20：$\mathrm{RHS}_k = -\mathrm{SUBS}(\mathrm{eqn}_k, [\ddot{\theta}_1, \ddot{\theta}_2, \ddot{\theta}_3, \ddot{\theta}_4, \ddot{\theta}_5], [0,0,0,0,0]) *$ SUBS 函数将表达式中的变量进行替换 *
21：$M_1^k = \mathrm{SUBS}(\mathrm{eqn}_k, [\ddot{\theta}_1, \ddot{\theta}_2, \ddot{\theta}_3, \ddot{\theta}_4, \ddot{\theta}_5], [1,0,0,0,0]) + \mathrm{RHS}_k$
22：$\cdots$
23：$M_5^k = \mathrm{SUBS}(\mathrm{eqn}_k, [\ddot{\theta}_1, \ddot{\theta}_2, \ddot{\theta}_3, \ddot{\theta}_4, \ddot{\theta}_5], [0,0,0,0,1]) + \mathrm{RHS}_k$
24：　end for
25：　return M, RHS
26：end function

Time: 1.278 sec　Time: 1.344 sec　Time: 1.411 sec　Time: 1.478 sec　Time: 1.544 sec　Time: 1.611 sec　Time: 1.678 sec　Time: 1.744 sec

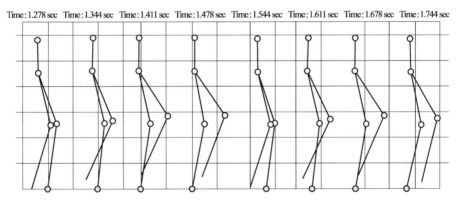

图 2 – 9　二维五连杆仿人机器人模型的行走轨迹

（摆动腿与地面碰撞后变为新的支撑腿）

　　图 2 – 10 和图 2 – 11 分别显示了机器人行走速度的变化曲线和右腿的髋关节、膝关节的力矩控制量。机器人的行走速度是通过髋关节相对于支撑点的速率变化计算的。从图中可以看出速度和关节力矩都呈周期性变化。

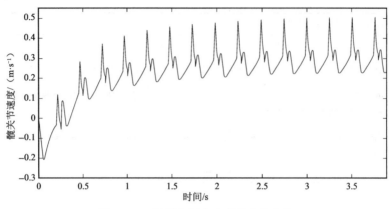

图 2 – 10　机器人行走速度的变化曲线

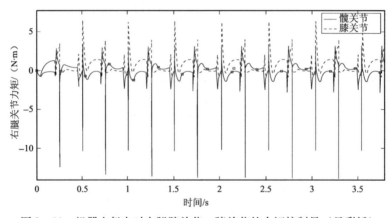

图 2 – 11　机器人行走时右腿髋关节、膝关节的力矩控制量（见彩插）

参 考 文 献

[1] Ogura Y, Shimomura K, Kondo H, et al. Human-like walking with knee stretched, heel-contact and toe-off motion by a humanoid robot[C]∥2006 IEEE/RSJ International Conference on Intelligent Robots and Systems, IEEE, 2006: 3976 – 3981.

[2] Stephens B J, Atkeson C G. Push recovery by stepping for humanoid robots with force controlled joints[C]∥2010 10th IEEE-RAS International Conference on Humanoid Robots, IEEE, 2010: 52 – 59.

[3] Kajita S, et al. Introduction to humanoid robotic[M]. Berlin: Springer, 2014.

[4] Featherstone R. A Beginner's Guide to 6 – D Vectors (Part 1) [J]. IEEE Robotics &

Automation Magazine, 2010, 17(3): 83 – 94.

[5] Featherstone R. A Beginner's Guide to 6-D Vectors (Part 2) [J]. IEEE Robotics & Automation Magazine, 2010, 17(4): 88 – 99.

第3章

仿人机器人行走稳定性判据

3.1 概 述

3.1.1 问题的提出

由于仿人机器人具有单双脚支撑阶段交替出现、质心高的特点，如果仿人机器人的运动规划或运动控制不合理，在行走过程中就很容易跌倒。稳定性是保证仿人机器人顺利行走的前提，稳定性判别是仿人机器人运动研究中的一个重要课题。

仿人机器人行走中的稳定性一般是指机器人运动过程中不跌倒，并在遇到扰动后回到原状态的能力。机器人受到的扰动既包括内部的扰动，例如驱动误差、机械结构的微小变化等，又包括外部环境的扰动，如崎岖的地面、与其他物体的接触等。理想的机器人在遇到扰动后应能使身体保持平衡不跌倒，并逐渐回复到扰动前的平稳行走步态。但是根据机器人的机械结构限制与控制方法，机器人能克服的扰动有一定的限度，当扰动过大时，机器人便会跌倒。稳定性判据是判断机器人在扰动下是否能够保持稳定行走、不跌倒的依据，既是衡量稳定性的重要依据，也是仿人机器人步态规划和运动控制设计的准则，在仿人机器人运动研究中具有重要作用。

3.1.2 研究进展

仿人机器人中常用的稳定性判据有零力矩点稳定性判据、基于最大

Floquet 乘子的稳定性判据、基于落脚点的稳定性判据、外推质心法、基于步态敏感度范数的稳定性判据等。

基于零力矩点的判据是最常用的方法之一。零力矩点的概念由 Vukobratović 和 Stepanenko 在 20 世纪 70 年代提出，指的是位于支撑多边形中的某一点，地面作用在机器人上的力的影响可以被作用在该点的力代替。基于零力矩点的稳定性判据可以根据零力矩点的位置判断仿人机器人与地面接触的足底稳定性，并以此为依据判断仿人机器人行走的稳定性。在机器人脚掌与地面的接触面积很小或允许机器人支撑腿脚部相对地面转动的情况下，基于零力矩点的判据是不适用的。

20 世纪 80 年代，研究者们又提出基于庞加莱映射的仿人机器人稳定性判据，该方法通过评价在有短暂扰动的情况下步态朝向一个极限环收敛或发散的速率，来判断机器人抵抗小扰动的能力和稳定性。21 世纪初，Wight 等人提出了一种基于落脚点位置的稳定性判据，其基本思想是让机器人摆动腿与地面碰撞后，系统的机械能等于其最大势能。通过这种方法，不但能够判断机器人的稳定性，还可以计算合适的摆动腿落脚点位置，增强行走的稳定性。之后，学者们还在基于落脚点的稳定性判据的基础上发展了新的方法，例如基于捕获点的稳定性判据。同一时期，Hof 等人提出了外推质心法，通过判断质心的运动状态与脚底支撑面的关系来判断稳定性；Hobbelen 等人提出了步态敏感度范数的稳定性判据，通过一个或几个特定的步态指标（例如步长、周期等）针对一种特定的扰动（例如外力、地面高度变化等）的响应来评价机器人的稳定性。

在上述稳定性判据中，零力矩点稳定性判据和外推质心法只判断当前步的稳定性，即机器人在当前时刻是否会跌倒；基于最大 Floquet 乘子的稳定性判据、基于落脚点的稳定性判据、基于步态敏感度范数的稳定性判据除了当前时刻外，还判断未来若干步的稳定性状态，即机器人在未来若干步的运动中跌倒的风险。

本章将详细介绍零力矩点稳定性判据、基于最大 Floquet 乘子的稳定性判据和基于落脚点的稳定性判据这三种有代表性的方法，在每种方法的介绍中包括基本的概念、原理、计算方法、在仿人机器人中的应用以及适用性与局限。之后还对其他一些常用的方法进行介绍。最后对各个代表性稳定性判据的特点加以比较。

47

3.2 零力矩点稳定性判据

3.2.1 零力矩点稳定性判据的基本概念

将机器人足底与地面接触区域连接而成的最小凸多边形称为支撑多边形。早期的仿人机器人是基于静态行走设计的,即机器人的质心在地面上的投影始终位于支撑多边形内,这样的机器人在每时每刻都能保持稳定性,但是行走的速度却受到极大的限制。例如日本早稻田大学 1973 年研制的仿人机器人 WABOT-1 就属于这类机器人,只能实现静态步行。

为了突破静态步行的限制,让机器人能够在更快的速度下行走,研究者们开始尝试让仿人机器人实现动态行走,零力矩点判据就是针对动态行走提出的稳定性判据。零力矩点(ZMP)的概念由 Vukobratović 和 Stepanenko 提出,指的是位于支撑多边形中的某一点,地面作用在机器人上的力的影响可以被作用在该点的力代替。也就是说,ZMP 是机器人足底受到的作用力分布等效的合力在足底的作用点。机器人因足底接触受到的地面作用力相对于 ZMP 的合力矩在水平面内的任意方向分量均为零,这也是 ZMP 被称为零力矩点的原因。

仿人机器人的运动稳定性依赖于与地面接触的足底稳定性。应用 ZMP 稳定性判据,即使机器人质心在地面上的投影在支撑多边形外,也可以保证支撑脚保持与地面的稳定接触而不发生相对翻转。假设仿人机器人的支撑脚在单脚支撑阶段与地面保持相对静止,即类似固连状态,此时支撑脚就充当一个固定底座,机器人除了支撑脚以外其他部分的运动相当于一个安装在底座上的关节串联机械悬臂,包括在空中的摆动腿,就可以像工业机器臂一样基于底座参考系对机器人各个关节进行直接控制。这样就可以基于 ZMP 稳定性判据进行运动规划。

3.2.2 零力矩点位置的计算

将仿人机器人的各段肢体视为刚体,整个机器人由 n 段刚体组成。令 O 为固定参考坐标系原点,C_i 为仿人机器人第 i 部分的质心($i=1, 2, \cdots, n$),G_i 和 F_i 分别为作用在第 i 部分的重力和等效惯性力,H_i 为第 i 部分的动量矩,地面对仿人机器人足底的作用力等效为作用点在 ZMP 点的作用力 R 和力矩 M。图 3–12 仿人机器人 ZMP 示意图。由 ZMP 的定义可知,M 在水平方向的分量为 0。根据达朗伯原理(d'Alembert Principle),在参考坐标系中,Vukobratović 得到仿人机器人此时的受力平衡方程和对作用点 ZMP 的力矩平衡方程:

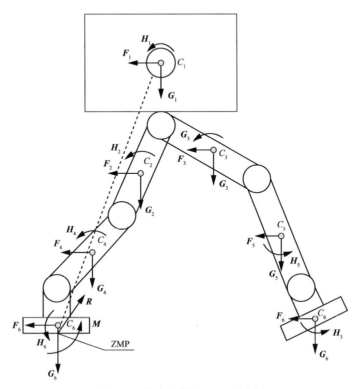

图 3 - 1　仿人机器人 ZMP 示意图

$$\boldsymbol{R} + \sum_i \boldsymbol{G}_i + \sum_i \boldsymbol{F}_i = 0 \tag{3.1}$$

$$\boldsymbol{OZ} \times \boldsymbol{R} + \sum_i \boldsymbol{OC}_i \times (\boldsymbol{G}_i + \boldsymbol{F}_i) + \boldsymbol{M} + \sum_i \dot{\boldsymbol{H}}_i = 0 \tag{3.2}$$

$$\boldsymbol{OC}_i = \boldsymbol{OZ} + \boldsymbol{ZC}_i \tag{3.3}$$

将方程（3.1）和（3.3）代入方程（3.2），可得

$$\sum_i \boldsymbol{ZC}_i \times (\boldsymbol{G}_i + \boldsymbol{F}_i) + \boldsymbol{M} + \sum_i \dot{\boldsymbol{H}}_i = 0 \tag{3.4}$$

考虑到 $\boldsymbol{M}$ 在水平方向的分量为 0，方程（3.4）在水平方向上的表达式为

$$[\sum_i \boldsymbol{ZC}_i \times (\boldsymbol{G}_i + \boldsymbol{F}_i) + \sum_i \dot{\boldsymbol{H}}_i]_\text{h} = 0 \tag{3.5}$$

下标 h 代表水平分量。坐标系 r 的方向为：x 轴水平向右，y 轴水平向前，z 轴竖直向上，方程（3.5）给出了 ZMP 的数学表达，并且提供了在水平地面上计算 ZMP 坐标的公式。将方程（3.5）变形可得其标量计算公式为

49

$$x_{\mathrm{ZMP}} = \frac{\sum\limits_i m_i(\ddot{z}_i + g)x_i - \sum\limits_i m_i \ddot{x}_i z_i - \sum\limits_i I_{iy}\ddot{\Omega}_{iy}}{\sum\limits_i m_i(\ddot{z}_i + g)} \tag{3.6}$$

$$y_{\mathrm{ZMP}} = \frac{\sum\limits_i m_i(\ddot{z}_i + g)y_i - \sum\limits_i m_i \ddot{y}_i z_i + \sum\limits_i I_{ix}\ddot{\Omega}_{ix}}{\sum\limits_i m_i(\ddot{z}_i + g)} \tag{3.7}$$

其中，m_i 为机器人第 i 部分的质量，g 为重力加速度，I_{ix} 和 I_{iy} 分别为机器人第 i 部分沿 x 轴和 y 轴的转动惯量，Ω_{ix} 和 Ω_{iy} 分别为机器人的第 i 部分质心绕 x 轴和 y 轴的绝对角位移，$(x_i,\ y_i,\ z_i)$ 为机器人第 i 部分的质心在固定坐标系中的坐标，$(x_{\mathrm{zmp}},\ y_{\mathrm{zmp}})$ 为 ZMP 在固定坐标系中的坐标。

在具备以下条件的情况下可以计算得到 ZMP 的位置：

（1）仿人机器人足部安装的力/力矩传感器能检测到支撑反作用力的大小、方向和作用位置；

（2）已知仿人机器人身体各部分的转动惯量、加速度及角加速度（机器人处于动态平衡时）；

（3）仿人机器人的脚踝装有六维力/力矩传感器。

第一种情况可以直接通过检测的反作用力的信息计算出竖直方向等效作用力的作用点，即 ZMP 的位置；第二、三种情况可以应用方程（3.6）来计算 ZMP 的位置。

3.2.3　零力矩点稳定性判据的应用

当地面对机器人的作用力沿足底区域基本均匀分布时，ZMP 位于支撑多边形的中央。当地面作用力向足底的前端或后端偏移时，ZMP 也向相应的区域移动。在极端情况下，当所有的地面作用力都由脚尖或脚跟承担时，ZMP 就位于支撑多边形的边界上，此时一个微小的扰动就可以使机器人绕脚尖转动，机器人的稳定性很差。为了增强机器人抵抗扰动的能力，降低机器人跌倒的风险，应该尽量使 ZMP 保持在支撑多边形内部，且离其边界越远越好。

黄强等人提出了有效稳定区域的概念，给出了基于 ZMP 的稳定性量化描述。在介绍有效稳定区域之前，需要先弄清楚稳定区域和稳定性裕度两个概念。

稳定区域（Stable Region）：支撑腿的足部与地面接触形成的凸多边形支撑区域。

稳定性裕度（Stability Margin）：仿人机器人行走稳定程度的一种量化描

述，其量化参数是 ZMP 与稳定区域边界的最短距离。其定义如图 3 – 2 所示。

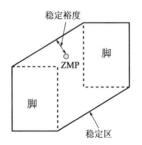

图 3 – 2　稳定区域和稳定裕度

　　ZMP 越靠近稳定区域的中心，与稳定区域边界的最短距离就越大，即稳定性裕度越大，仿人机器人此时的姿态也就越稳定。对于凸多边形状的稳定区域，最稳定的子区域是一直线或者一个点。如果要仿人机器人时刻都保持其 ZMP 在最稳定的子区域上，机器人的运动必将受到限制。因为仿人机器人的稳定程度是和其步行速度、肢体运动范围、能量消耗等因素密切相关的，单纯地追求高稳定性，势必会造成仿人机器人的行动迟缓或肢体运动幅度过大等负面效果。这就要求仿人机器人既能有一个相对较高的稳定性，又不对运动造成太大限制，于是就产生了仿人机器人行走稳定性的另一个量化概念——有效稳定区域。

　　有效稳定区域：稳定区域内的一个子区域，处于该子区域内的所有 ZMP 对应的稳定性裕度大于外界环境干扰导致的该 ZMP 位置的变化量。有效稳定区域可以用下面的数学表达式描述：

$$\Omega = \{ (x_{zmp}, y_{zmp}) \mid d_s(x_{zmp}) \geqslant d_v(x_{zmp}), d_s(y_{zmp}) \geqslant d_v(y_{zmp}) \} \quad (3.8)$$

式中，$d_s(x_{zmp})$，$d_s(y_{zmp})$ 分别表示 ZMP 坐标系 x 和 y 方向的稳定性裕度；$d_v(x_{zmp})$，$d_v(y_{zmp})$ 分别表示干扰造成的 ZMP 位置在 x 方向和 y 方向的变化量，如图 3 –3 所示。

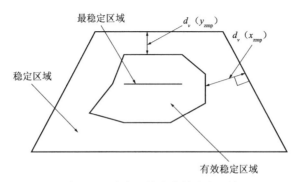

图 3 – 3　稳定区域和有效稳定区域

记 T_i 为机器人第 i 部分受到的干扰外力，S_i 为原点到外力 T_i 作用点的向量，N_i 为机器人第 i 部分受到的干扰外力矩。可以得到 $d_v(x_{zmp})$，$d_v(y_{zmp})$ 的表达式：

$$d_v(x_{zmp}) = \frac{\sum_i (S_{iz} \times T_{ix} - S_{ix} \times T_{iz}) + \sum_i N_{iy}}{\sum_i m_i(\ddot{z}_i + g) + \sum_i T_{iz}} \qquad (3.9)$$

$$d_v(y_{zmp}) = \frac{\sum_i (S_{iz} \times T_{iy} - S_{iy} \times T_{iz}) - \sum_i N_{ix}}{\sum_i m_i(\ddot{z}_i + g) + \sum_i T_{iz}} \qquad (3.10)$$

其中，下标中的 x，y 代表该向量在 x，y 方向的分量。

当机器人可能遇到的最大扰动幅度已知时，就能得到对应的有效稳定区域。此时，若 ZMP 落在有效稳定区域内，即使受到外界环境的干扰，也无须进行姿态稳定性调整，仿人机器人还能够保持自身姿态稳定，维持行走；当 ZMP 落在稳定区域内，但在有效稳定区域外时，机器人在没有外界环境干扰时仍是稳定的，如果受到外界干扰，就可能变得不稳定，需要进行姿态稳定性调整；当 ZMP 落在稳定区域外时，机器人将变得不稳定，随时可能倾覆，需要立即对机器人姿态进行调整，使 ZMP 尽快回到稳定区域，甚至有效稳定区域内。

3.2.4 零力矩点稳定性判据的注意事项和局限

零力矩点稳定性判据在概念上容易出现一些误解，应用上也有一些局限，在此进行分析和介绍。

（1）ZMP 只能出现在支撑多边形内，不可能出现在支撑多边形外。

类似于"当 ZMP 位于支撑多边形之外时，机器人是不稳定的"这种说法是不准确的。ZMP 概念的提出本就是为了描述动态平衡的，ZMP 的概念和动态平衡的概念是不能分开的。ZMP 只在机器人保持动态平衡的状态（脚掌没有相对地面转动）下存在，当机器人不处于动态平衡时，ZMP 也就不存在了。

如果 ZMP 已经到了支撑多边形的边缘，而继续有外力导致脚面抬起，地面等效作用力的作用点还继续在支撑多边形的边缘，但是由于地面作用力已经不足以平衡外力，所以当前这个地面作用点就不是 ZMP 了。因此，严格地说，计算 ZMP 的位置时，在得到计算结果后还需要将计算得到的 ZMP 与支撑多边形的位置进行比较。如果计算得到的 ZMP 的位置在支撑多边形之外，那么实际的地面作用力的作用点仍在支撑多边形的边缘，且系统将绕着支撑多边形的边缘转动。

（2）ZMP 与压力中心（CoP）的联系和区别。

在动态平衡的情况下，CoP 和 ZMP 的位置是一致的。当机器人处于非动态平衡状态时，ZMP 不存在，而 CoP 处于支撑多边形的边缘。由此可见，ZMP 可以用来表征系统的动态平衡，而 CoP 则不行。

（3）ZMP 稳定性判据应用的局限。

需要注意的是，ZMP 稳定性判据在以下几种情况下将不再适用：

• 机器人脚掌与地面的接触面积很小。

由于 ZMP 稳定性判据的目标是防止机器人脚掌与地面发生相对转动，所以应用条件是仿人机器人的脚掌有一定的面积。如果脚掌与地面接触面积很小，例如点脚机器人，ZMP 稳定性判据就不再适用。

• 允许机器人支撑腿脚部相对地面转动。

如果机器人的期望步态是允许发生支撑腿脚掌相对地面转动的，例如某些欠驱动机器人，在摆动腿落地前，支撑腿的脚掌就抬起，并且可以形成周期性的行走步态，则 ZMP 稳定性判据也是不适用的。

• 判断机器人脚底与地面是否有相对滑动。

ZMP 稳定性判据是针对足底相对于地面翻转的失稳状况，而无法判断足底相对地面平移和旋转的情况。当机器人足底与地面的接触摩擦力有限，需要考虑足底接触的相对滑动时，ZMP 稳定性判据不再适用。

除以上情况外，当机器人在不平坦的地面上行走，以及机器人的肢体与外界环境有接触时，ZMP 稳定性判据也不再适用。

3.3　基于庞加莱映射的稳定性判据

3.3.1　庞加莱映射的基本概念

庞加莱映射是一种常见的处理非线性动力学系统稳定性分析的方法。基本思想是利用 $n-1$ 阶离散系统代替 n 阶连续系统，降低系统维度、简化分析流程。Grizzle 等人将庞加莱映射理论应用在双足机器人运动控制和稳定性分析中，下面以两杆双足行走模型为例说明庞加莱映射在仿人机器人中的应用。图 3-4（a）显示了一个简单的两杆双足行走模型，其状态可以用两个腿与竖直方向的夹角以及角速度来表示：$s=(\theta_1,\theta_2,\dot{\theta}_1,\dot{\theta}_2)$，则双足模型的一步周期运动可以表示为 s 状态空间的一条封闭曲线。在双足模型的一步运动中选取一个特定的时刻，相当于曲线在满足某个约束条件时的位置。一般来说，这个特定时刻取为双足模型摆动腿刚刚落地之后，两腿都与地面保持接触的时刻，即 $\theta_1=\theta_2$ 的时刻。满足此条件的状态点在空间中形成了一个截面（该截面的维度取决于描述机器人运动的变量数，不局限于二维平面），双足模型在该双腿支撑时刻的状态就是闭环曲线与该截面的一个交点，而从当前双腿支撑时刻的状态到下一步双腿支撑时刻的状态就相当于在此截面上的一个点映射到此截面上的另一个点，这就是庞加莱截面和庞加莱映射的含义。

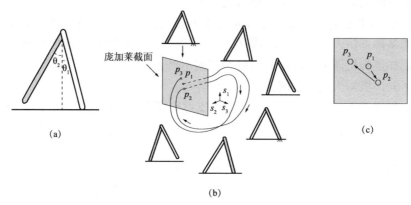

图 3 - 4　庞加莱截面和庞加莱映射在双足模型状态空间中的示意图（见彩插）

(a) 双足运动模型；(b) 状态空间下的周期步行与庞加莱截面；

(c) 运动轨道与庞加莱截面交点的位置变化

很显然，当双足模型进行周期运动时，状态空间的曲线每次与庞加莱截面都相交在同一个点，也就是庞加莱映射的不动点。当运动过程中受到小扰动时，映射点的位置与上一步的位置会有一定的偏差。如图 3 - 4 (b) (c) 所示，p_1 为该双足模型在庞加莱映射下的不动点，双足模型从该状态开始运动，由于在运动过程中受到扰动，状态空间曲线第二次与庞加莱截面相交在 p_2 点，与 p_1 的位置有一些偏离。而第三次相交在 p_3 点，与 p_2 又有一些偏离。如果这些交点的位置变化趋势是慢慢回到 p_1 点，那么这种运动过程中的小扰动是慢慢减小的，双足模型的运动状态也会逐渐回到周期运动。如果这些交点的位置变化趋势是发散的，说明小扰动的积累会越来越大，双足模型就有可能跌倒。

对庞加莱映射的研究表明，当运动系统的解对初始条件具有连续依赖性时，庞加莱映射的平衡解是稳定的/渐近稳定的，当且仅当对应的状态空间的曲线轨迹是稳定的/渐近稳定的。这样，研究双足机器人运动的稳定性就可以转变为研究庞加莱映射的稳定性。

庞加莱映射方法最初用在被动机器人动态行走中。在这种方法中，机器人的一步运动可以看作一个映射函数。找到一个运动的周期解（平衡解），也就是该映射函数的不动点，可以根据映射函数在不动点处的雅可比矩阵特征值的模来确定系统在平衡解附近的稳定性。仿人机器人的动力学方程往往具有较强的非线性，无法求得映射函数的解析表达式。一般的处理方式是通过数值方法，应用 Newton-Raphson 迭代法来计算不动点。通过在不动点附近对动力学方程线性化的方式求得雅可比矩阵。

3.3.2　庞加莱映射稳定性判据的应用

用 s 表示仿人机器人的运动状态，s 一般包括机器人各个自由度的位置和速度。选取机器人一步运动中的一个特定状态（可以用一个约束条件 $f(s)=0$ 表示），即庞加莱截面。将机器人从一步中的此状态到下一步中此状态的映射函数记为 F，机器人在第 n 步的该状态记为 s_n。在仿人机器人的周期运动下，若将该状态对应映射函数 F 的不动点记为 s_p，则有以下关系：

$$s_{n+1} = F(s_n) \tag{3.11}$$

$$s_p = F(s_p) \tag{3.12}$$

当机器人在周期运动时遇到小扰动时，可以将每一步的状态表示成不动点和偏差部分的和：

$$s_{n+1} = s_p + \Delta s_{n+1} \tag{3.13}$$

$$s_n = s_p + \Delta s_n \tag{3.14}$$

将方程（3.13）、（3.14）代入方程（3.11），可以得到

$$s_p + \Delta s_{n+1} = F(s_p + \Delta s_n) \tag{3.15}$$

当 Δs_n 很小时，可以将 F 在 s_p 附近线性化，得到

$$s_p + \Delta s_{n+1} = F(s_p) + J\Delta s_n \tag{3.16}$$

其中，J 为雅可比矩阵，$J = \dfrac{\partial F}{\partial s}$。将方程（3.12）代入方程（3.16）得

$$\Delta s_{n+1} = J\Delta s_n \tag{3.17}$$

方程（3.17）表明了每一步的小扰动的变化规律。若 J 所有特征值的绝对值均小于 1，则机器人偏离平衡解的程度将会不断减小，直至收敛到周期运动，此时庞加莱映射的不动点就是局部稳定的；否则，机器人的运动是不稳定的。

映射函数的不动点可以通过 Newton-Raphson 迭代法来计算，迭代过程为循环执行以下两式：

$$\Delta s = |I - J|^{-1}(F(s) - s) \tag{3.18}$$

$$s = s + \Delta s \tag{3.19}$$

直至满足精度要求（$|\Delta s|$ 小于指定的值）。其中，I 是单位矩阵。

3.3.3　庞加莱映射稳定性判据的适用性与局限

由于使用基于庞加莱映射的稳定性判据需要在映射函数的不动点附近线性化，所以该判据只适用于存在周期运动步态的仿人机器人，且只能分析小扰动下的稳定性。当扰动较大时，该方法就不再适用。虽然小扰动在刚开始发生时对步态的影响较小，但如果小扰动随着机器人的前进逐渐增大，它们积累起来的影响将会在若干步后使机器人相对期望轨迹产生一个较大的偏差。而且小扰动在机器人运动过程中基本是不可避免的，因此研究仿人机器人应对小扰动的能力也是十分重要的。

3.4　基于落脚点的稳定性判据

3.4.1　基于落脚点稳定性判据的概念和计算

落脚点（Foot Placement Estimator，FPE）是 Wight 等人提出的一种评价稳定性的方法，该方法计算摆动腿在什么位置着地能够获得稳定步态。FPE 的一个基本前提假设是系统的角动量在摆动腿与地面碰撞前后是不变的，基本思想是让机器人摆动腿与地面碰撞后，系统的机械能等于其最大势能（即质心到达最高点时的势能），这也就意味着系统在质心达到最高点时动能为零，达到静止状态。这种静态平衡的运动方式与常见的仿人机器人的行走步态有一定差别，似乎不能直接应用于双足行走运动的分析。但是当 FPE 处于机器人脚掌与地面的接触区域内时，可以通过调整机器人质心的位置让机器人的运动停下来，避免摔倒。

下面介绍 FPE 的计算方法。方程的推导基于一个简单的双足运动模型，如图 3－5 所示。该模型的质心集中在髋关节，腿建模为刚性无质量的杆，脚处理为一个点。记该模型的质量为 m，腿长为 L，相对于质心的转动惯量为 I。摆动腿与地面碰撞前的时刻，质心的线速度为 v_1，在水平和竖直方向的线速度分别为 v_x，v_y，系统相对质心的角速度为 $\dot{\theta}_1$。摆动腿与地面碰撞后，质心的线速度为 v_2，系统相对质心的角速度为 $\dot{\theta}_2$。摆动腿触地时与竖直方向的夹角为 φ。机器人质心距离地面的高度为 h。根据系统在碰撞前后相对于摆动腿触地点的角动量守恒，有

$$mL(v_x\cos\varphi + v_y\sin\varphi) + I\dot{\theta}_1 = (mL^2 + I)\dot{\theta}_2 \qquad (3.20)$$

由方程（3.20），同时考虑到 $L = h/\cos\varphi$，可以得到碰撞后角速度的表达式：

$$\dot{\theta}_2 = \frac{mh(v_x\cos\varphi + v_y\sin\varphi)\cos\varphi + I\,\dot{\theta}_1\cos^2\varphi}{m\,h^2 + I\cos^2\varphi} \qquad (3.21)$$

假定摆动腿触地时的角度 φ 满足系统碰撞后的机械能等于最大势能，则有

$$\frac{1}{2}(m\,L^2 + I)\,\dot{\theta}_2^2 + mgL\cos\varphi = mgL \qquad (3.22)$$

将方程（3.21）代入方程（3.22），即可得到关于摆动腿触地时摆动腿角度 φ 的方程：

$$\frac{\left[mh(v_x\cos\varphi + v_y\sin\varphi)\cos\varphi + I\,\dot{\theta}_1\cos^2\varphi\right]^2}{m\,h^2 + I\cos^2\varphi} + 2mgh\cos\varphi(\cos\varphi - 1) = 0$$

$$(3.23)$$

根据几何关系，可以得到摆动腿落地点在地面上相对于质心的位置：

$$\mathrm{FPE}(\varphi) = h\tan\varphi \qquad (3.24)$$

当摆动腿落地点在 FPE 前方，系统可以在不需要主动减速的情况下，在接下来的一步内达到静止站立。如果摆动腿落地点在 FPE 后方，则需要多步才能达到静止站立。将腿落地点的位置与 FPE 计算出的位置相比较，可以作为判断步态稳定性的指标。

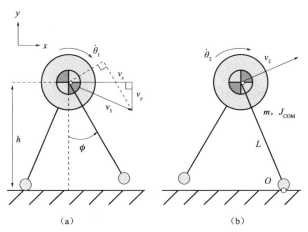

图 3 - 5　双足行走模型（图片来自文献［17］）

（a）摆动腿与地面碰撞前的状态；（b）摆动腿与地面碰撞后的状态

3.4.2 基于落脚点稳定性判据的局限性

FPE 稳定性判据既可用于分析稳定状态的步态，又可以用于分析受到扰动的步态。但是应用需要满足一些前提：摆动脚与地面接触前后系统的角动量守恒；机器人的腿长、转动惯量、机械能是不变的。

Koolen 等人在 FPE 方法的基础上，结合生存理论（Viability Theory）对足式系统如何避免跌倒的分析，提出了双足运动中捕获点（Capture Point）的概念以及基于捕获性的分析（Capturability-Based Analysis）。该方法将 FPE 进行扩展，得到了针对双足运动系统到达静止状态的能力，以及双足机器人稳定性的更完整、更实用的理论。

3.5 其他稳定性判据简介

除了前面介绍的三种稳定性判据，仿人机器人中还有一些常用的稳定性判据，这里也进行简单的介绍。

1. 外推质心法

外推质心法（Extrapolated Centre of Mass）在传统的静态平衡条件——质心在地面上的投影要处于支撑面内的基础上考虑质心的运动速度，该方法可以给出系统接近摔倒的程度，即稳定性裕度。

Hof 等人提出了外推质心位置（Position of the Extrapolated Centre of Mass）的概念，其表达式如下：

$$\text{XCoM} = \boldsymbol{r} + \frac{\boldsymbol{v}}{w_0} \tag{3.25}$$

其中，XCoM 为外推质心的位置，$\boldsymbol{r}$ 和 $\boldsymbol{v}$ 分别为系统的质心在地面上的投影的位置和速度，w_0 为系统的本征频率，可以表示为 $w_0 = \sqrt{g/l}$，其中 g 为重力加速度，l 为腿长。

稳定性裕度定义为

$$b = \text{BoS}_{max} - \text{XCoM} \tag{3.26}$$

其中，BoS_{max} 为支撑面最前端边界的位置。机器人在一步运动中稳定性最差的时刻可以通过寻找最小的 b 来实现。外推质心位置 XCoM 跨过支撑面最前端边界位置 BoS_{max} 的时间 τ 可以通过下式估算：

$$\tau = \frac{b}{v} \tag{3.27}$$

当质心在地面上的投影在压力中心（CoP）后方，但 XCoM 在 CoP 前方且

XCoM 还没有超过BoS_{max}（即 $b>0$）时，质心将会在之后的某一时刻超过 CoP，此时需要在时间 τ 内调整运动策略，使得 CoP 移动到 XCoM 前方，以避免机器人跌倒。当 XCoM 的位置已经在BoS_{max}前方（$b<0$）了，意味着不能通过调整 CoP 来阻止质心投影的位置到达支撑面外部了，只能通过调整上身的运动或完成一步运动改变支撑面区域来保证稳定性。

2. 步态敏感度范数方法

步态敏感度范数（Gait Sensitivity Norm，GSN）是 Hobbelen 等人提出的一种评价动态稳定性的方法。其基本思想是通过一个特定的步态指标（例如步长、周期等）针对一种特定的扰动（例如外力、地面高度变化等）的响应来评价机器人的稳定性。扰动方式、步态指标要选择和机器人跌倒的方式密切相关的。

假定机器人在行走中受到的扰动为e_0，选择了 n 个评价步态特征的指标，记为y_i，$i=1，2，\cdots，n$。步态指标对扰动的响应通过下式来计算：

$$\left\|\frac{\partial y}{\partial e}\right\|_2 = \frac{1}{|e_0|}\sqrt{\sum_{i=1}^{n}\sum_{k=0}^{\infty}(y_i(k)-y_i^*)^2} \tag{3.28}$$

其中，$|e_0|$为扰动的大小，$y_i(k)$为第 i 个步态指标在受到扰动后第 k 步时的值，y_i^*为第 i 个步态指标在没有扰动的稳定状态时的值。$\left\|\dfrac{\partial y}{\partial e}\right\|_2$越大，说明系统越不稳定。该方法在欠驱动、极限环步态的仿人机器人上有较好的应用。

除了以上介绍的这些稳定性判据外，还有一些其他的稳定性判别方法，例如最大李雅普诺夫指数法（Maximum Lyapunov Exponent）、发散分量法（Divergent Component of Motion）、基于捕获性（Capturability）的方法等。有些方法也可以应用在人体运动步态分析中。

3. 各种稳定性判据的比较

仿人机器人的稳定性判据都是针对机器人在运动过程中如何抵抗扰动的影响、如何从扰动中恢复来分析的。机器人在运动中遇到的扰动可以分为小扰动和大扰动。一般来说，小扰动不需要机器人在运动方式上进行改变，不需要施加主动控制或者只需施加较少的控制就能克服扰动，此时稳定性判据的作用主要是预测机器人跌倒、失稳的风险。大扰动往往需要机器人在运动方式或控制策略上做出明显的改变才能克服，此时稳定性判据可以为机器人提供施加控制的依据，例何时需要进行控制、要如何控制才能让机器人从扰动中恢复。

在本章前面介绍的几种稳定性判据中，基于庞加莱映射的方法和 GSN 是来自动态系统理论，ZMP、FPE、外推质心法来自动力学分析，三者都和质心或压力中心与支撑面的关系有关。基于庞加莱映射的方法只适用于对小扰动的分析，另外四种方法都适用于对大扰动的分析。关于本章中介绍的5种方法的性质比较可以参考表3-1。

表3-1　常用仿人机器人稳定性判据的特点比较

属性 \ 判据	ZMP	庞加莱映射法	FPE	外推质心法	GSN
判断稳定性的依据	脚掌是否相对地面翻转	扰动在一步之后的变化趋势	机器人能否在一步之内达到静止	质心在地面上的投影是否在支撑区域外	扰动对运动特征的影响
衡量稳定性的指标	ZMP与支撑区域边界的距离	映射函数雅可比矩阵特征值的模	摆动脚着地点与FPE的关系	外推质心与压力中心的位置关系	步态特征对扰动的响应范数
需要测量/掌握的信息	支撑多边形位置；地面反作用力；机器人运动状态	映射函数的表达式	质心运动状态；系统相对质心角速度、转动惯量	支撑多边形的位置；系统质心的运动状态	扰动的大小，扰动后每步的特征指标
适用的前提	机器人脚掌有一定的面积；在平坦地形上行走	机器人的运动存在周期解	系统角动量守恒	与ZMP方法类似	可以用于基于被动行走的仿人机器人
方法的局限性	不能判断机器人脚底与地面的滑动	只适用于分析周期解附近的小扰动	通过达到静止状态来分析稳定性		不易根据稳定性判据得到相应的控制方法

3.6　仿人机器人稳定性判据应用实例

本节给出一个基于ZMP稳定性判据的应用实例，通过检测和计算仿人机器人ZMP的位置，得到仿人机器人运动的稳定性裕度，从而可以评价运动稳定性。本实例主要包括：①单脚支撑阶段ZMP位置的计算；②双脚支撑阶段ZMP位置的计算；③ZMP稳定性裕度。

1. 单脚支撑阶段ZMP位置的计算

在惯性力系中，主动力和约束力可以简化为一个力和一个力偶。根据达朗伯原理，该力等于刚体的质量与质心加速度的乘积并冠以负号，即负的惯性力；该力偶矩即为负的惯性矩。根据达朗伯原理可以得到仿人机器人在平衡状态下地面反作用力点即ZMP位置的计算公式，如图3-6、图3-7所示。

仿人机器人实际ZMP点检测有多种方法，比较常见的方法是通过安装在脚底的多个一维力/力矩传感器，计算压力中心点来求取实际 ZMP，这种方法成本相对较低，结构比较简单，通常运用在小型仿人机器人上。另外比较常见的是通过安装在每只脚踝部的六维力/力矩传感器实时测量，并进行 ZMP 数学模型计算而获得的。

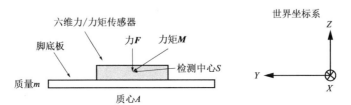

图 3 - 6　机器人脚部六维力/力矩传感器示意图

由于六维力/力矩传感器的安装位置已接近地面，其以下部分重量与其整体重量相比非常小，可以忽略不计，因此计算公式可简化为

$$\begin{cases} X_{\mathrm{ZMP}} = \dfrac{-z_s F_x - M_y}{F_z} + x_s \\[3mm] Y_{\mathrm{ZMP}} = \dfrac{-z_s F_y + M_x}{F_z} + y_s \end{cases} \qquad (3.29)$$

2. 双脚支撑阶段 ZMP 位置的计算

在双足步行机器人的行走过程中，还存在双脚支撑期。当机器人处于双脚支撑期时，每只脚的实际 ZMP 仍然用单脚支撑期的计算公式计算，整个机器人系统的实际 ZMP 可按下式计算：

$$\begin{cases} X_P = \dfrac{F_{z1} X_1 + F_{z2} X_2}{F_{z1} + F_{z2}} \\[3mm] Y_P = \dfrac{F_{z1} Y_1 + F_{z2} Y_2}{F_{z1} + F_{z2}} \end{cases} \qquad (3.30)$$

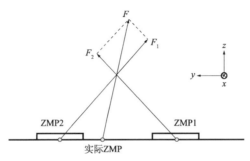

图 3 - 7　双脚支撑期实际 ZMP 的计算示意图

3. ZMP 稳定性裕度

将 ZMP 到足部与地面接触形成的凸多边形支撑区域边界的最短距离作为步行系统的稳定性裕度，其定义如图 3 - 8 所示。图 3 - 9 显示了仿人机器人在不同步态阶段的脚底支撑多边形。

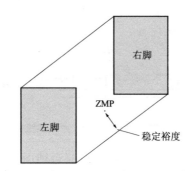

图 3 - 8　仿人机器人稳定性裕度的定义

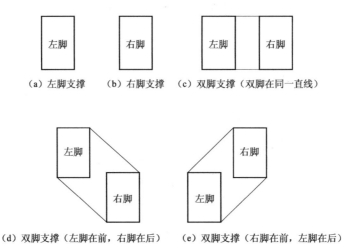

（a）左脚支撑　　（b）右脚支撑　　（c）双脚支撑（双脚在同一直线）

（d）双脚支撑（左脚在前，右脚在后）　　（e）双脚支撑（右脚在前，左脚在后）

图 3 - 9　仿人机器人不同步态阶段的脚底支撑多边形示意图

图 3 - 10 为机器人行走的实验结果图。可以看出，机器人在行走过程中 ZMP 始终位于由脚掌组成的支撑区域内，并且和支撑区域的外边界有一定的距离，使机器人在行走过程中有足够的稳定性裕度，保证机器人行走过程的稳定性。

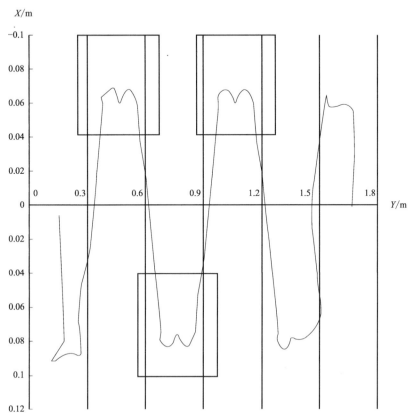

图 3 - 10　仿人机器人行走过程中的 ZMP 轨迹曲线。图中曲线为 ZMP 轨迹，
矩形为仿人机器人各脚和地面之间的接触区域

参 考 文 献

[1] Hürmüzlü, Yildirim, Moskowitz G D. The role of impact in the stability of bipedal locomotion [J]. Dynamics and Stability of Systems, 1986, 1(3): 217 - 234.

[2] Hobbelen DGE, Wisse M. A disturbancerejection measure for limit cycle walkers: the gait sensitivity norm[J]. IEEE Transactions on Robotics, 2007, 23(6): 1213 - 1224.

[3] Vukobratović M, Stepanenko J. On the stability of anthropomorphic systems[J]. Mathematical Bioences, 1972, 15(1 - 2): 1 - 37.

[4] Huang Q, Yokoi K, Kajita S, et al. Planning walking patterns for a biped robot[J]. Robotics & Automation IEEE Transactions, 2001, 17(3): 280 - 289.

[5] Xu, Wei, Huang, Qiang, Li, Jing, et al. An improved ZMP trajectory design for the biped

robot BHR[C]//IEEE International Conference on Robotics & Automation, IEEE, 2011: 569 – 574.

[6] Huang Q, Yu Z, Chen X, et al. Historical Developments of BHR Humanoid Robots[J]. Advances in Historical Studies, 2019, 08(1): 79 – 90.

[7] Yu Z, Huang Q, Ma G, et al. Design and Development of the Humanoid Robot BHR-5[J]. Advances in Mechanical Engineering, 2014, 2014(11): 1 – 11.

[8] Vukobratović M, Borovac B, Potkonjak V. ZMP: A Review of Some Basic Misunderstandings [J]. International Journal of Humanoid Robotics, 2006, 3(2): 153 – 175.

[9] Vukobratović M, Borovac B. Zero-Moment Point-Thirty Five Years of Its Life[J]. International Journal of Humanoid Robotics, 2004, 01(01): 157 – 173.

[10] Morris B, Grizzle J W. A Restricted Poincaré Map for Determining Exponentially Stable Periodic Orbits in Systems with Impulse Effects: Application to Bipedal Robots[C]//IEEE Conference on Decision & Control, and the European Control Conference, 2005: 4199 – 4206.

[11] Wang Q, Huang Y, Wang L. Passive dynamic walking with flat feet and ankle compliance [J]. Robotica, 2010, 28(3): 413 – 425.

[12] Huang Y, Wang Q, Chen B, et al. Modeling and gait selection of passivity-based seven-link bipeds with dynamic series of walking phases[J]. Robotica, 2012, 30(pt. 1): 39 – 51.

[13] Huang Y, Wang Q, Gao Y, et al. Modeling and analysis of passive dynamic bipedal walking with segmented feet and compliant joints[J]. Acta Mechanica Sinica, 2012, 5: 1457 – 1465.

[14] Wisse M, Schwab A L, Helm F C T V D. Passive dynamic walking model with upper body [J]. Robotica, 2004, 22(Pt6): 681 – 688.

[15] Wight D L, Kubica E G, Wang D W L. Introduction of the Foot Placement Estimator: A Dynamic Measure of Balance for Bipedal Robotics[J]. Journal of Computational & Nonlinear Dynamics, 2008, 3(1): 82 – 93.

[16] Millard M, Mcphee J, Kubica E. Foot Placement and Balance in 3D[J]. Journal of Computational & Nonlinear Dynamics, 2012, 7(2): 021015. 1 – 021015. 14.

[17] Millard M, Wight D, Mcphee J, et al. Human Foot Placement and Balance in the Sagittal Plane[J]. Journal of Biomechanical Engineering, 2009, 131(12): 121001.

[18] Koolen T, Boer T D, Rebula J, et al. Capturability-based analysis and control of legged locomotion, Part 1: Theory and application to three simple gait models[J]. The International Journal of Robotics Research, 2012, 31(9): 1094 – 1113.

[19] Hof A L, Gazendam M G J, Sinke W E. The condition for dynamic stability. [J]. Journal of Biomechanics, 2005, 38(1): 1 – 8.

[20] Hobbelen D G E, Wisse M. Controlling the Walking Speed in Limit Cycle Walking[J]. The International Journal of Robotics Research, 2008, 27(9): 989 – 1005.

[21] Dingwell J B, Cusumano J P, Sternad D, et al. Slower speeds in patients with diabetic neuropathy lead to improved local dynamic stability of continuous overground walking. [J].

Journal of Biomechanics, 2000, 33(10):1269 – 1277.

[22] Su L S, Dingwell J B. Dynamic Stability of Passive Dynamic Walking on an Irregular Surface [J]. Journal of Biomechanical Engineering, 2008, 129(6):802 – 810.

[23] Englsberger J, Ott C, Albu-Schaffer A. Three-Dimensional Bipedal Walking Control Based on Divergent Component of Motion[J]. IEEE Transactions on Robotics, 2017, 31(2):355 – 368.

[24] Qingqing Li, Zhangguo Yu, Xuechao Chen, et al. Contact Force/Torque Control Based on Viscoelastic Model for Stable Bipedal Walking on Indefinite Uneven Terrain [J]. IEEE Transactions on Automation Science and Engineering, 2019, 16(4): 1627 – 1639.

[25] Bruijn S M, Meijer O G, Beek P J, et al. Assessing the stability of human locomotion: a review of current measures [J]. Journal of the Royal Society Interface, 2013, 10 (83):20120999.

第4章

仿人机器人行走步态规划

4.1 概　述

4.1.1 问题的提出

仿人机器人的运动规划是实现机器人运动能力的基础，对提高机器人的运动稳定性、机动性、能量效率具有重要意义，也是仿人机器人研究的重要方向。通过各种步态规划方法，可以使仿人机器人像人一样稳定、灵活、协调地运动。

仿人机器人行走步态的规划一般指为机器人设定行走运动一个步态周期内各关节角度随时间变化的轨迹。行走步态规划分为离线规划和在线规划。离线规划是指在机器人运动前就根据期望的行走速度、步长等步态特征规划好关节的运动轨迹；在线规划是指在机器人运动过程中根据传感器检测到的运动信息实时生成行走轨迹，以适应环境的变化。

4.1.2 研究进展

根据理想 ZMP 轨迹规划各关节运动轨迹是最常见的仿人机器人步态规划方法之一。日本早稻田大学的 Takanishi 等在 1989 年就提出了一种根据给定的 ZMP 轨迹和脚部轨迹计算最优的上身和腰部轨迹的方法，并应用在了仿人机器人 WL-12R 上。日本本田公司研制的 P2、ASIMO 等机器人也根据期望的

ZMP 轨迹来规划机器人的行走步态。韩国 KAIST 提出了一种基于理想 ZMP 轨迹的在线运动步态生成的方法，应用在了仿人机器人 KHR-3（HUBO）上，该方法基于期望的 ZMP 轨迹以及脚掌触地时刻、触地位姿等信息，实时调整步长和周期。日本 AIST 的 Kajita 等用预观控制方法，根据给定的 ZMP 轨迹得到机器人的质心轨迹，将这种步态规划方法应用在了机器人 HRP-2 上。

这种根据事先设定的 ZMP 轨迹计算关节轨迹的方法也存在一定的缺点和局限：根据理想 ZMP 轨迹不能唯一确定各关节的运动轨迹，存在优化问题，求解相对复杂；由于躯干运动引起 ZMP 的变化有限，不是所有理想的 ZMP 轨迹都能实现，为了实现期望的 ZMP 轨迹，可能会造成上身运动变化加剧以及能量消耗的增加，使步态规划过程中对上身运动稳定性的要求更为严格。

针对事先设定 ZMP 轨迹的规划方法的局限，有学者提出了不需要预设理想 ZMP 轨迹的规划方法。北京理工大学仿人机器人研究团队黄强等提出了一种根据 ZMP 稳定性裕度规划仿人机器人步态的方法。该方法首先根据地面限制条件设定足部轨迹，根据 ZMP 轨迹稳定性裕度最大的原则确定最优腰部轨迹，之后再根据足部轨迹和腰部轨迹计算各关节轨迹。这是一种不需预先设定 ZMP 轨迹的方法，可以生成具有高度稳定性、平滑流畅的仿人机器人步态。在这种方法的基础上，北京理工大学的仿人机器人研究团队又发展了改进的步态生成方法，研究了仿人机器人在斜坡环境下行走、平地转弯运动等复杂运动的步态生成。

除了基于理想 ZMP 轨迹和稳定性裕度这两种常用的方法之外，近年来各国学者还提出了一些改进的步态规划方法。在线步态规划的研究方面，Harada 等根据机器人上肢受到的反作用力实时调整落脚点的位置；Urata 等根据机器人受到的外部扰动实时生成行走步态，在机器人的上身被人为地推动后，机器人可以实时生成若干步的步态来恢复平衡。Chestnutt 等提出通过检测环境中的障碍物运动实时生成步态的方法，应用在机器人 ASIMO 上，可以实现在具有移动障碍物的环境下行走。Wieber 将模型预测控制（Model Predictive Control，MPC）应用在仿人机器人的步态规划中，通过将预观控制与 MPC 结合，实现了在线规划 ZMP 轨迹，从而使机器人的步态能够抵抗更大的扰动，更好地适应复杂环境。

除了以上介绍的这些方法之外，还有一类常用的仿人机器人步态规划方法是基于人体运动规律设计机器人步态。人体的运动具有较高的能效、较好的稳定性和对环境的适应能力，且步态灵活、协调性好。通过采集人体运动信息、分析人体运动规律来设计仿人机器人运动步态，有助于得到更加拟人化的机器人运动步态和复杂动作，并可改进机器人的摔倒保护策略。

本章 4.2 节将以预观控制步态规划方法为例介绍基于理想 ZMP 轨迹的规划方法，4.3 节介绍基于 ZMP 稳定性裕度的规划方法，4.4 节对常用的步态规划方法进行比较和总结，4.5 节讲述一个仿人机器人步态规划的应用实例。

4.2 基于理想 ZMP 轨迹的步态规划方法

根据期望的 ZMP 轨迹生成机器人行走步态的方法的基本思路：根据机器人期望的步长、周期等信息确定机器人期望的 ZMP 轨迹，再根据期望的 ZMP 轨迹得到机器人质心的运动轨迹，从而得到机器人各个关节的轨迹。预观控制方法是 Sheridan 等在 20 世纪 60 年代提出的一种控制器设计方法，Hayase 等最早将其应用到线性二次最优伺服控制器的设计上，Tomizuka 等分析了该控制方法的离散化问题，Kajita 等将其应用在仿人机器人的步态规划中。

4.2.1 理想 ZMP 轨迹的生成方法

用预观控制法进行仿人机器人步态规划的主要思想是根据将来的 ZMP 参考轨迹得到当前的质心轨迹，使得到的质心轨迹对应的 ZMP 轨迹能较好地跟踪期望的 ZMP 轨迹，从而使 ZMP 始终处于支撑范围内，得到稳定的运动。该方法的理论分析最初是在倒立摆模型上完成的。考虑如图 4-1 所示的三维空间中的倒立摆模型，倒立摆由一个无质量的轻杆和一个质量为 m 的质心组成。轻杆的一端连接在坐标系的原点，质心的坐标为 (x, y, z)。在该模型上施加一个约束，使得质心只能在高度为 z_c 的平面内运动，即保持 $z = z_c$。系统的动力学方程为

$$\ddot{y} = \frac{g}{z_c}y - \frac{1}{mz_c}\tau_x \qquad (4.1)$$

$$\ddot{x} = \frac{g}{z_c}x + \frac{1}{mz_c}\tau_y \qquad (4.2)$$

其中，g 为重力加速度，τ_x、τ_y 分别为作用在系统上的相对 x 轴和相对 y 轴的力矩。

对于这种三维倒立摆模型，系统的 ZMP 的坐标 (p_x, p_y) 的表达式为

$$p_x = \frac{\tau_y}{mg} \qquad (4.3)$$

$$p_y = \frac{\tau_x}{mg} \qquad (4.4)$$

将方程 (4.3)、(4.4) 代入方程 (4.1)、(4.2)，消去 τ_x、τ_y，可以得到

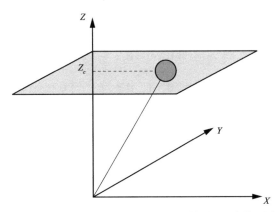

图 4 - 1 三维空间的倒立摆模型（根据文献［6］中的图片修改）

$$\ddot{y} = \frac{g}{z_c}(y - p_y) \qquad\qquad (4.5)$$

$$\ddot{x} = \frac{g}{z_c}(x - p_x) \qquad\qquad (4.6)$$

方程（4.5）、（4.6）可以写为

$$p_x = x - \frac{z_c}{g}\ddot{x} \qquad\qquad (4.7)$$

$$p_y = y - \frac{z_c}{g}\ddot{y} \qquad\qquad (4.8)$$

方程（4.7）、（4.8）给出了通过系统的质心轨迹计算 ZMP 位置的表达式。如果将机器人表达为类似的倒立摆模型，则得到机器人质心的运动轨迹之后，就可以利用这个方程计算其 ZMP 的位置。

4.2.2 质心轨迹的计算方法

为了将方程（4.7）、（4.8）写成控制系统状态方程的形式，定义质心在水平方向的加速度对时间的导数 u_x，u_y：

$$u_x = \frac{\mathrm{d}}{\mathrm{d}t}\ddot{x} \qquad\qquad (4.9)$$

$$u_y = \frac{\mathrm{d}}{\mathrm{d}t}\ddot{y} \qquad\qquad (4.10)$$

则方程（4.7）、（4.8）可以写成以下形式：

$$\frac{\mathrm{d}}{\mathrm{d}t}\begin{bmatrix} x \\ \dot{x} \\ \ddot{x} \end{bmatrix} = \begin{bmatrix} 0 & 1 & 0 \\ 0 & 0 & 1 \\ 0 & 0 & 0 \end{bmatrix}\begin{bmatrix} x \\ \dot{x} \\ \ddot{x} \end{bmatrix} + \begin{bmatrix} 0 \\ 0 \\ 1 \end{bmatrix}u_x \tag{4.11}$$

$$\frac{\mathrm{d}}{\mathrm{d}t}\begin{bmatrix} y \\ \dot{y} \\ \ddot{y} \end{bmatrix} = \begin{bmatrix} 0 & 1 & 0 \\ 0 & 0 & 1 \\ 0 & 0 & 0 \end{bmatrix}\begin{bmatrix} y \\ \dot{y} \\ \ddot{y} \end{bmatrix} + \begin{bmatrix} 0 \\ 0 \\ 1 \end{bmatrix}u_y \tag{4.12}$$

$$p_x = \begin{bmatrix} 1 & 0 & -\dfrac{z_c}{g} \end{bmatrix}\begin{bmatrix} x \\ \dot{x} \\ \ddot{x} \end{bmatrix} \tag{4.13}$$

$$p_y = \begin{bmatrix} 1 & 0 & -\dfrac{z_c}{g} \end{bmatrix}\begin{bmatrix} y \\ \dot{y} \\ \ddot{y} \end{bmatrix} \tag{4.14}$$

方程（4.11）~（4.14）描述的系统以质心的加速度的导数作为输入，以 ZMP 的位置作为输出，可以作为跟踪参考 ZMP 轨迹的步态生成器（图 4-2）。

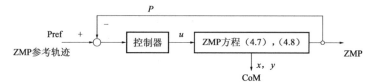

图 4-2　通过 ZMP 跟踪控制实现步态生成的流程图（根据文献［6］中的图片修改）

需要注意的是，在机器人的行走过程中，当支撑腿变化时，ZMP 的位置往往会有一个阶跃变化，而正常情况下，质心的位置需要在 ZMP 阶跃变化之前就开始逐渐变化。也就是说，在计算质心轨迹时，需要提前考虑到未来 ZMP 的变化趋势。根据将来的 ZMP 的变化趋势计算当前质心的轨迹，这就是预观控制生成轨迹的基本思想。

为说明预观控制方法的应用，将方程（4.11）和（4.13）进行离散化，假定采样时间为 T，则得到 x 方向的系统方程：

$$x(k+1) = Ax(k) + Bu_x(k) \tag{4.15}$$

$$p_x(k+1) = Cp_x(k) \tag{4.16}$$

其中，$x(k) = \begin{bmatrix} x(kT) \\ \dot{x}(kT) \\ \ddot{x}(kT) \end{bmatrix}$，$u_x(k) = u_x(kT)$，$p_x(k) = p_x(kT)$，$k$ 为正整数，$A =$

$$\begin{bmatrix} 1 & T & T^2/2 \\ 0 & 1 & T \\ 0 & 0 & 1 \end{bmatrix}, \boldsymbol{B} = \begin{bmatrix} T^3/6 \\ T^2/2 \\ T \end{bmatrix}, \boldsymbol{C} = \begin{bmatrix} 1 & 0 & -\dfrac{z_c}{g} \end{bmatrix}。$$

y 方向的系统方程具有类似的形式。

按照预观控制理论，衡量跟踪指标的表达式为

$$J = \sum_{i=k}^{\infty} [Q_e e(i)^2 + \Delta \boldsymbol{x}'(i) \boldsymbol{Q}_x \Delta x(i) + R \Delta u_x^2(i)] \tag{4.17}$$

其中，$e(i) = p_x(i) - p_x^{\text{ref}}(i)$ 为 ZMP 的跟踪误差，$p_x^{\text{ref}}(i)$ 为 iT 时刻期望的 ZMP 位置的 x 坐标，$\Delta x(i) = x(i) - x(i-1)$ 为状态向量增量，$\Delta u_x(i) = u_x(i) - u_x(i-1)$ 为输入增量。上标$'$代表转置。Q_e，R 是大于零的系数，$\boldsymbol{Q}_x$ 是 3×3 的非负定矩阵。

假定在每个采样时刻，可以预观未来 N_L 步的 ZMP 参考轨迹，则可以使方程 (4.17) 中的指标 J 最小的最优控制器的表达式为

$$u_x(k) = -G_i \sum_{i=0}^{k} e(k) - G_x x(k) - \sum_{j=1}^{N_L} G_p(j) p_x^{\text{ref}}(k+j) \tag{4.18}$$

其中，G_i，G_x，G_p 为增益系数，由 Q_e，Q_x，R 以及方程 (4.15)，(4.16) 中的系数求得。

基于预观控制规划仿人机器人的行走步态的基本步骤为：

（1）根据期望的行走步长、周期确定期望的 ZMP 轨迹；

（2）确定衡量 ZMP 跟踪指标 J 的表达式中的各部分系数［方程 (4.17)］；

（3）确定可以预观的期望的 ZMP 轨迹的时间长度，并计算出最优控制器的表达式中的系数；

（4）根据最优控制器的表达式计算质心加速度对时间的导数［方程 (4.18)］，并更新质心轨迹［方程 (4.15)］，根据质心轨迹和踝关节轨迹计算出各个关节的轨迹，更新 ZMP 轨迹［方程 (4.16)］，重复此步过程，实现机器人的运动。

Kajita 等将基于预观控制的方法应用到仿人机器人 HRP-2 中，得到了平滑的质心轨迹，且生成的 ZMP 轨迹能够很好地跟踪期望的 ZMP 轨迹。

4.3　基于稳定性裕度的步态规划方法

与设定理想 ZMP 轨迹从而确定各关节的运动轨迹的方法不同，基于稳定性裕度的步态规划方法的基本思想是先根据地面环境（路面的凸凹和障碍物

等）设定足部轨迹，在可变参数的有效范围内找出具有最大稳定性裕度的躯干轨迹作为最后的规划结果。本方法根据机器人上体位移和步长、步速等信息采用三次样条插值法得到机器人各关节的运动。再由机器人各关节的运动即可求得机器人各组成部分，如躯干、大腿、小腿等的运动速度、加速度等，从而求得 ZMP 轨迹，并根据 ZMP 稳定性判据判断该运动轨迹是否满足稳定性要求。通过改变参数的值可以得到不同的机器人运动轨迹以及相应的 ZMP 轨迹，并比较各轨迹的稳定性，从而筛选出稳定性最好，即稳定性裕度最大的轨迹作为最后的运动轨迹。

　　本方法使用的仿人机器人模型及坐标系设置如图 4 - 3 所示，机器人右侧方向为 x 轴正方向，机器人前进方向为 y 轴正方向，z 轴正方向垂直于地面向上。

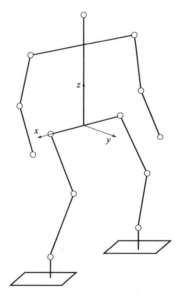

图 4 - 3　仿人机器人模型及坐标

　　机器人每只脚的轨迹可以用向量 $\boldsymbol{X}_a = [x_a(t), y_a(t), z_a(t), \theta_a(t)]^{\mathrm{T}}$ 表示，其中 $[x_a(t), y_a(t), z_a(t)]$ 是踝关节的位置坐标，$\theta_a(t)$ 是脚面的倾角。髋的轨迹可以用 $\boldsymbol{X}_h = [x_h(t), y_h(t), z_h(t), \theta_h(t)]^{\mathrm{T}}$ 表示，其中 $[x_h(t), y_h(t), z_h(t)]$ 表示髋关节的位置坐标，$\theta_h(t)$ 表示躯干的倾斜角。为了使机器人适应不同的地面条件，首先要明确两只脚的运动轨迹，然后再确定髋关节的运动轨迹，如图 4 - 4 所示。

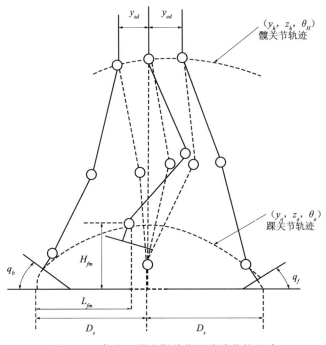

图 4 - 4　仿人机器人踝关节和髋关节的运动

4.3.1　三次样条插值

本方法在规划机器人髋关节和踝关节轨迹时，先确定关键时刻（一般为一步运动的初始和终止时刻）的状态，然后使用插值方法得到整条轨迹。由于要保证机器人的关节轨迹以及速度在运动过程中是连续的，如果采用多项式插值，要满足这些条件就会使多项式的次数很高，而且用多项式插值计算也比较困难，因此此处采用了三次样条插值方法。这里简单介绍一下这种插值方法。

三次样条插值函数 $S(t)$ 是在 $a = t_0 < t_1 < \cdots < t_n = b$ 的区间 $[a, b]$ 上满足下列条件的函数：

（1）在区间 $[a, b]$ 上，$S(t)$ 有连续的一阶和二阶导数；

（2）在每个子区间 $[t_j, t_{j+1}](j = 0, 1, \cdots, n-1)$ 上，$S(t)$ 是次数 $\leqslant 3$ 的多项式；

（3）对于各节点的函数值 $f_j = f(t_j)$，$(j = 0, 1, \cdots, n)$，$S(t)$ 满足

$$S(t_j) = f_j, j = 0, 1, \cdots, n \tag{4.19}$$

因为要满足运动步态的连续性，所以 $S(t)$ 还应该满足以下条件：

$$\begin{cases} S_{j-1}(t_j) = S_j(t_j) \\ S'_{j-1}(t_j) = S'_j(t_j) \\ S''_{j-1}(t_j) = S''_j(t_j) \end{cases} \tag{4.20}$$

由于 $S(t)$ 在 $[t_j, t_{j+1}]$ 上是三次多项式，即具有以下形式：

$$S(t) = S_j(t) = a_j + b_j t + c_j t^2 + d_j t^3, t \in [t_j, t_{j+1}], j = 0, 1, \cdots, n-1 \quad (4.21)$$

其中，共有 $4n$ 个待定系数 a_j，b_j，c_j，d_j。因此要确定 $S(t)$，也就是要确定满足方程 (4.19)、(4.20) 的这 $4n$ 个系数。

方程 (4.19)、(4.20) 共有 $4n-2$ 个条件，要唯一确定 $S(t)$，还必须附加边界条件。常用的三次样条插值函数的边界条件有以下三种类型。

第一种边界条件：给定 $y = f(t)$ 在端点的一阶导数，要求 $S(t)$ 满足

$$S'(t_0) = f'_0, S'(t_n) = f'_n \tag{4.22}$$

第二种边界条件：给定 $y = f(t)$ 在端点的二阶导数，要求 $S(t)$ 满足

$$S''(t_0) = f''_0, S''(t_n) = f''_n \tag{4.23}$$

其特殊情况为 $S''(t_0) = 0$，$S''(t_n) = 0$，称为自然边界条件。

第三种边界条件：当 $y = f(t)$ 为周期函数时，自然也要求 $S(t)$ 亦是周期函数，即要求 $S(t)$ 满足

$$S^{(j)}(t_0) = S^{(j)}(t_n), j = 0, 1, 2, \cdots \tag{4.24}$$

由这种边界条件确定的 $S(t)$ 称为周期性样条函数。

记 $h_j = t_{j+1} - t_j$，则三次样条插值函数 $S(t)$ 可以用如下多项式表示：

$$S(t) = \frac{M_j}{6h_j}(t_{j+1} - t)^3 + \frac{M_{j+1}}{6h_j}(t - t_j)^3 + \left(f_j - \frac{M_j h_j^2}{6}\right)\frac{t_{j+1} - t}{6} +$$

$$\left(f_{j+1} - \frac{M_{j+1} h_j^2}{6}\right)\frac{t - t_j}{6} \tag{4.25}$$

M_j 是下面方程组的解：

$$\begin{cases} 2M_1 + b_1 M_2 = d_1 \\ \dfrac{h_{j-1}}{6}M_{j-1} + \dfrac{h_j + h_{j-1}}{3}M_j + \dfrac{h_j}{6}M_{j+1} = \dfrac{f_{j+1} - f_j}{h_j} - \dfrac{f_j - f_{j-1}}{h_{j-1}}, \\ \qquad j = 1, 2, \cdots, n-1 \\ a_n M_{n-1} + 2M_n = d_n \end{cases} \tag{4.26}$$

其中，

$$\begin{cases} a_j = \dfrac{h_{j-1}}{h_j + h_{j-1}}, j = 1, 2, \cdots, n-1 \\[3mm] b_j = 1 - a_j, j = 1, 2, \cdots, n-1 \\[3mm] c_j = \dfrac{f_{i+1} - f_i}{h_j}, j = 0, 1, \cdots, n-1 \\[3mm] d_j = \dfrac{6(c_j - c_{j-1})}{h_j + h_{j-1}}, j = 1, 2, \cdots, n-1 \end{cases} \tag{4.27}$$

对于机器人的运动轨迹，由于在起始位置及结束位置，机器人的运动速度为0，因此可以按照给定第一种边界条件的情况来得到三次样条函数。初始边界条件及结束时的边界条件分别为 $S'(t_0) = 0$，$S'(t_n) = 0$，可以得到如下形式的解：

$$\begin{cases} b_1 = a_n = 1 \\[3mm] d_1 = \dfrac{6(f_2 - f_1)}{h_1} \\[3mm] d_n = -\dfrac{6(f_n - f_{n-1})}{h_{n-1}} \end{cases} \tag{4.28}$$

4.3.2　足部轨迹规划

仿人型机器人的足部轨迹是根据地面环境来设定的，例如地面凹凸不平或者有障碍物等情况下，应该根据地面约束条件来设定足部轨迹。

假设行走一步的周期是 T_c，第 K 步运动的时间为从 KT_c 到 $(K+1)T_c$（$K = 1, 2, \cdots$）。为便于分析，本节只讨论右脚运动轨迹的产生，左脚的情况相同，只是相差一个 T_c 延迟。一步的运动指从左脚跟接触地面开始，到右脚跟下一次接触地面的过程，如图 4-5 所示。其中 T_d 为双脚同时支撑的时间，即从一步开始到右脚尖离地的时间。

令 q_b 和 q_f 分别为右脚离地和落地时的倾角（如图 4-5 所示），由于右脚底在 $t = KT_c$ 和 $t = (K+1)T_c$ 时与地面接触，右脚方向的约束条件由以下方程给出：

$$\theta_a(t) = \begin{cases} q_s(K), t = KT_c \\[2mm] q_b, t = KT_c + T_d \\[2mm] q_f, t = KT_c + T_c \\[2mm] q_e(K), t = (K+1)T_c + T_d \end{cases} \tag{4.29}$$

由此可以得到右脚踝关节的约束条件：

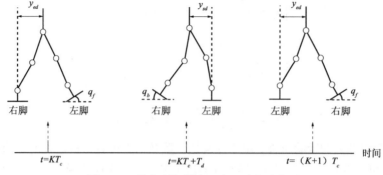

图 4-5 仿人型机器人一步运动的示意图

$$y_a(t) = \begin{cases} KD_s, t = KT_c \\ KD_s + l_{af}(1 - \cos q_b) + l_{an}\sin q_b, t = KT_c + T_d \\ KD_s + L_{jm}, t = KT_c + T_m \\ (K+2)D_s - l_{ab}(1 - \cos q_f) - l_{an}\sin q_f, t = KT_c + T_c \\ (K+2)D_s, t = (K+1)T_c + T_d \end{cases} \quad (4.30)$$

$$z_a(t) = \begin{cases} h_{gs}(K) + l_{an}, t = KT_c \\ h_{gs}(K) + l_{an}\cos q_b + l_{af}\sin q_b, t = KT_c + T_d \\ H_{jm}, t = KT_c + T_m \\ h_{ge}(K) + l_{an}\cos q_f + l_{ab}\sin q_f, t = KT_c + T_c \\ h_{ge}(K) + l_{an}, t = (K+1)T_c + T_d \end{cases} \quad (4.31)$$

其中，$KT_c + T_m$ 为右脚在最高点的时刻，$q_s(K)$ 和 $q_e(K)$ 为机器人支撑脚面的倾角，在水平的地面上，$q_s(K) = q_e(K) = 0$。在粗糙的地面上或者有障碍物的环境下，机器人必须把脚抬得足够高才能避开障碍物。设 (L_{fm}, H_{fm}) 为摆动脚在最高点的坐标，D_s 是一步的长度，l_{an} 是足底与踝关节之间的高度，l_{af} 是踝关节到脚尖的长度，l_{ab} 是踝关节到脚后跟的长度。另外，h_{gs} 和 h_{ge} 为每步开始和结束点的高度，在水平地面上这两个角度都为 0。

由于在 $t = KT_c$ 及 $t = (K+1)T_c + T_d$ 时，右脚整个脚底都与地面接触，由此可以得到下面的约束条件：

$$\begin{cases} \dot{\theta}_a(KT_c) = 0 \\ \dot{\theta}_a((K+1)T_c + T_d) = 0 \end{cases} \quad (4.32)$$

$$\begin{cases} \dot{y}_a(KT_c) = 0 \\ \dot{y}_a((K+1)T_c + T_d) = 0 \end{cases} \quad (4.33)$$

$$\begin{cases} \dot{z}_a(KT_c) = 0 \\ \dot{z}_a((K+1)T_c + T_d) = 0 \end{cases} \qquad (4.34)$$

　　根据式（4.30）~式（4.34），采用三次样条插值可以得到踝关节的运动轨迹，这样，$y_a(t)$，$z_a(t)$ 和 $\theta_a(t)$ 可以用三次多项式表达。通过设置不同的 q_b，q_f，$q_s(K)$，$q_e(K)$，L_{a0}，H_{a0} 和 D_s 的值，可以产生不同的足部运动轨迹。

　　如果机器人处于不平整的地面上，例如上台阶时（图 4-6），在确定脚部位置约束条件时，还应该考虑脚是否会碰到台阶。下面以左脚为例，简单介绍上台阶时脚部轨迹的规划过程，机器人脚部的各个参数与前面定义的一致。为了简化条件，假定机器人的脚面与地面平行，即 $\theta_a(t) = 0$。在足部轨迹的规划中，必须同时考虑 y 方向及 z 方向的位置以避免碰到台阶。由图 4-6 可知，机器人脚部位置应该满足下面的约束条件：

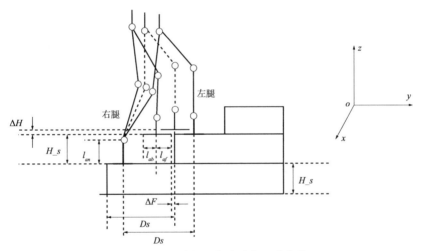

图 4-6　机器人上台阶时的运动参数

$$y_a(t) = \begin{cases} KD_s, & t = KT_c \\ KD_s + D_s - l_{ab} - l_{af} - \Delta F, & t = KT_c + T_s \\ KD_s + D_s - l_{ab}, & t = KT_c + T_m \\ (K+1)D_s, & t = (K+1)T_c \end{cases} \qquad (4.35)$$

$$z_a(t) = \begin{cases} l_{an}, & t = KT_c \\ l_{an} + H\underline{s}, & t = KT_c + T_s \\ l_{an} + H\underline{s} + \Delta H, & t = KT_c + T_m \\ l_{an} + H\underline{s}, & t = (K+1)T_c \end{cases} \qquad (4.36)$$

其中，l_{ab}、l_{af}分别为 y 方向踝关节到脚后跟和脚尖的距离，l_{an} 是足底到踝关节的高度，H_s 是台阶的高度，D_s 为步长，亦是台阶的宽度。为了避免碰到台阶，当机器人的足部快要接近台阶时，应该让脚尖离开台阶一定距离，并让足底的高度超过台阶的高度。因此规定在 T_s 时刻，机器人的足部在 y 方向离台阶的距离为 ΔF，此时，机器人的足部在 z 方向离台阶的高度为 ΔH。通过给 ΔF，ΔH 等指定不同的值，可以得到不同的足部轨迹。

4.3.3　腰部轨迹规划

本方法中所指的机器人的腰部是指两髋关节连线的中点。从稳定性角度出发，可以假定 $\theta_h(t)$ 为常数，当上身保持直立状态时，$\theta_h(t)=0.5\pi$。$z_h(t)$ 对 ZMP 值的影响较小，也就是说它对稳定性的影响不大，因此可以指定 $z_h(t)$ 为常数或在一个固定的范围内变化。假设 H_{hmax} 是髋关节在单脚支撑中间时刻的位置，H_{hmin} 是髋关节在双脚支撑中间时刻的位置；$z_h(t)$ 的约束条件如下：

$$z_h(t)=\begin{cases}H_{hmin},t=KT_c+0.5T_d\\H_{hmax},t=KT_c+0.5(T_c-T_d)\\H_{hmin},t=(k+1)T_c+0.5T_d\end{cases} \tag{4.37}$$

同样，可以由三次样条插值方法，得到满足方程（4.37）并且二阶导数连续的轨迹。

仿人机器人行走时，前进方向的运动 $y_h(t)$ 是影响稳定性的主要因素之一。与从期望的 ZMP 轨迹出发得到 $y_h(t)$ 的方法不同，本节使用如下的规划方法：

（1）生成一系列平滑的 $y_h(t)$；

（2）选择具有最大稳定性裕度的 $y_h(t)$ 作为最后的轨迹。

一个行走周期可以分为三个阶段：①起始阶段，仿人机器人的运动速度由零加速到期望的速度；②稳定行走阶段，仿人机器人以期望的速度行走；③结束阶段，仿人机器人从期望速度减速行走至速度为零。

在稳定行走阶段的一个步行周期中，$y_h(t)$ 可以分为单脚支撑和双脚支撑两个阶段。设 y_{sd} 和 y_{ed} 分别代表单脚支撑阶段开始和结束时髋关节到支撑脚的踝关节在 y 方向的距离，于是可以得到：

$$y_h(t)=\begin{cases}(K+1)D_s-y_{sd},t=KT_c+T_d\\(K+1)D_s+y_{ed},t=(K+1)T_e\\(K+2)D_s-y_{ed},t=(K+1)T_C+T_d\end{cases} \tag{4.38}$$

为了得到周期的平滑躯干轨迹，还必须满足下面的约束条件：

$$\begin{cases} \dot{y}_h(KT_c) = \dot{y}_h((K+1)T_c) \\ \ddot{y}_h(KT_c) = \ddot{y}_h((K+1)T_c) \end{cases} \quad (4.39)$$

通过三次样条插值，可以得到满足式（4.38）、（4.39）的 $y_h(t)$，如式（4.40）所示：

$$Y_h(t) = \begin{cases} KD_s + \dfrac{D_s - y_{ed} - y_{sd}}{T_d^2(T_c - T_d)}\big[(T_d + KT_c - t)^3 - (t - KT_c)^3 - \\ \quad T_d^2(T_d + KT_c - t) + T_d^2(t - KT_c)\big] + \dfrac{y_{ed}}{T_d}(T_d + KT_c - t) + \\ \quad \dfrac{D_s - y_{sd}}{T_d}(t - KT_c),\ t \in (KT_c, KT_c + T_d); \\ KD_s + \dfrac{D_s - y_{ed} - y_{sd}}{T_d(T_c - T_d)^2}\big[(t - KT_c - T_d)^3 - (T_c + KT_c - t)^3 - \\ \quad (T_c - T_d)^2(T_c + KT_c - t) - (T_c - T_d)^2(t - KT_c - T_d)\big] + \\ \quad \dfrac{D_s - y_{sd}}{T_c - T_d}(T_c + KT_c - t) + \dfrac{D_s + y_{ed}}{T_c - T_d}(t - KT_c - T_d), \\ \quad t \in (KT_c + T_d, (K+1)T_c) \end{cases}$$

$$(4.40)$$

通过给 y_{sd}、y_{ed} 指定不同的值，根据式（4.40）可以得到一系列光滑的 $y_h(t)$。让 y_{sd}、y_{ed} 在一个给定的范围内变化，例如，

$$\begin{cases} 0 < y_{sd} < 0.5D_s \\ 0 < y_{ed} < 0.5D_s \end{cases} \quad (4.41)$$

根据式（4.40）、式（4.41），可以得到满足以下约束条件的 $y_h(t)$ 轨迹：

$$\max \begin{cases} d_{yzmp}(y_{sd}, y_{ed}) \\ y_{sd} \in (0, 0.5D_s), y_{ed} \in (0, 0.5D_s) \end{cases} \quad (4.42)$$

其中，$d_{yzmp}(y_{sd}, y_{ed})$ 表示 y 方向的稳定性裕度。这里，计算 y 方向的稳定性裕度时只考虑了 y 方向的运动，是因为从 ZMP 的计算公式可以看出，x 方向运动的影响很小。

由于只有两个参数 y_{sd} 及 y_{ed}，通过穷举搜索算法很容易得到满足式（4.42）的 y_{sd} 和 y_{ed}。另外，根据起始时刻及结束时刻机器人的速度为 0，可以得到以下边界条件：

$$\begin{cases} \dot{y}_h(t_0) = 0 \\ \dot{y}_h(t_e) = 0 \end{cases} \quad (4.43)$$

其中，$\dot{y}_h(t_0)$ 及 $\dot{y}_h(t_e)$ 分别表示仿人机器人起始和终止时刻的运动速度。通过三次样条插值即可得到 $y_h(t)$ 轨迹。

腰部在左右方向即 x 方向的运动轨迹可以按照同样的方法得到，在进行稳定性计算时，应该以 x 方向的稳定性裕度最大为选择轨迹的标准之一。

另外，从 ZMP 的计算公式可以看到，仿人型机器人在两个相互垂直的方向（即 x，y 两个方向）的 ZMP 可以认为是相互独立的，互不影响，因此腰部的 x，y 两个方向的运动轨迹可以独立规划。也就是说可以先规划好 y 方向的轨迹，然后再规划 x 方向的轨迹。

根据前面提到的方法，可以得到步态生成方法的流程：首先根据地面环境规划出满足地面约束条件的脚部轨迹；然后根据 ZMP 稳定性判据准则，规划出具有高稳定性的腰部轨迹。在选择腰部轨迹时，除了考虑稳定性因素外，还考虑关节范围等运动约束条件。脚部及腰部轨迹确定之后，再通过逆运动学计算，即可得到各关节的运动轨迹。具体流程如图 4-7 所示。

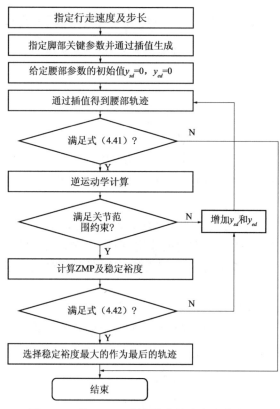

图 4-7　基于 ZMP 稳定裕度的步态生成流程

4.4　各种步态规划方法的比较

本章主要介绍了基于理想 ZMP 轨迹规划的预观控制步态规划方法和基于稳定性裕度的步态规划方法。这两种常见的步态规划方法其特点和各自的优点如表 4 - 1 所示。除了这些方法之外，研究者们还提出了基于脚掌落地点、基于环境信息实时调整步态等规划方法。很多学者也尝试将不同的步态规划方法组合起来，形成性能更好的混合步态规划方法。除了稳定性、行走速度等基本性质外，当前的步态规划研究越来越看重步态的自然、协调、流畅，以及行走时的能量效率等性质。如何得到既稳定、快速，又自然、拟人的步态，是未来仿人机器人步态规划研究的热点问题。

表 4 - 1　预观控制步态规划方法和基于稳定性裕度步态规划方法的比较

属性/方法	预观控制步态规划方法	基于稳定性裕度步态规划方法
步态规划的目标	让 ZMP 轨迹跟踪期望的 ZMP 轨迹	适应地面环境，有较大的 ZMP 稳定性裕度
步态规划的依据	根据期望的 ZMP 轨迹得到质心轨迹，进而得到关节轨迹	根据地面环境规划足部轨迹，根据 ZMP 稳定性裕度最大规划躯干轨迹
需要已知的条件	期望的步长、周期	期望的步长、周期、地面环境信息
方法的优点	适用范围广	适用于复杂地面的运动，步态稳定性好
应用的机器人	HRP-2	BHR-6

4.5　仿人机器人行走步态规划应用实例

本节以北京理工大学最新一代自主研发的仿人机器人为平台，说明基于 ZMP 稳定性裕度的步态规划方法的实现。该方法根据给定的仿人机器人结构参数（各肢体长度、质量分布等）、期望的行走步长、行走周期、行走步数，得到满足条件的稳定行走步态的踝关节、髋关节轨迹，进而可以得到全身关节的运动轨迹。本实例包括以下内容：①仿人机器人平台介绍；②踝关节轨迹规划；③髋关节轨迹规划；④实验结果。

1. 仿人机器人平台介绍

机器人实物和模型分别如图 4 - 8 和图 4 - 9 所示，其躯干安装有光纤惯性测量单元，可测量质心加速度及躯干的姿态；两足安装有六维力/力矩传感器，可测量行走时足部所受力和力矩，其各个关节电机端配有增量式码盘，可实时测量关节角度；其动力电源为 120V，采用 Parker 高性能电机及 Elmo 驱动器，主控制器为 PCI104，其上运行有 RT Linux 实时操作系统，与各个传感器、电机驱动器通过 CAN 总线进行数据传输，通信速率为 1MHz。其可靠稳定的硬件系统为后续实验奠定了良好的基础。BHR-6 的自由度配置与仿真模型完全相同，左右腿各 6 个自由度，其主要物理参数及实验中的行走步行参数如表 4－2 及表 4－3 所示。

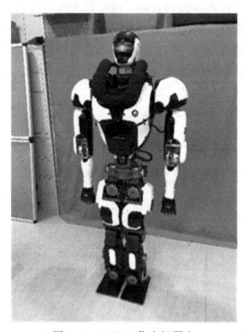

图 4－8　BHR-6 仿人机器人

表 4－2　BHR-6 机器人实际物理参数

实际物理参数	数值
质量/kg	59
大腿长/m	0.35
小腿长/m	0.35
髋关节距离/m	0.16
脚底板尺寸/（m×m）	0.27×0.16

表 4－3　实际行走的步行参数

步行参数	数值
步长/m	0.25
步行周期/s	0.8
质心高度/m	0.8
抬脚高度/m	0.04
双脚支撑期比例	0.2

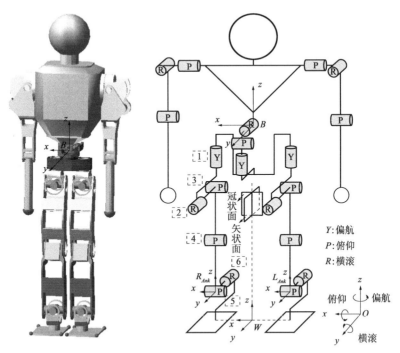

图 4-9 仿人机器人仿真模型及自由度配置（见彩插）

2. 踝关节轨迹规划

一般的方法中，先通过上层的路径规划算法得到机器人的行走落脚点，或者直接规定机器人行走的步长和周期，据此通过插值得到机器人的踝关节分别在 x、y、z 三个方向上的时间轨迹。以规定行走步长和周期来得到踝关节轨迹为例，机器人行走落脚点的空间示意如图 4-10 所示。

设 L_step 是步长，T_step 是每步的周期，Ankle_width 是机器人两个踝关节间的距离，N_step 是机器人的行走步数。记 $T\_end = T\_ready + N\_step * T\_step + T\_ready$，其中 T_end 是机器人全部的运动时间，T_ready 是机器人开始行走前和行走结束后的缓冲时间。根据上面的落脚点，规划两个踝关节在时间维度上 3 个方向的轨迹。轨迹是在控制周期为单位时间间隔的稠密的点，我们需要得到每个点的位置，但通过解析式的方式得到点的坐标很难保证机器人的足部轨迹满足落脚时的速度、加速度约束，所以一般的方法是规定一些关键帧点的位置，规定关键帧点处的速度、加速度，再通过多项式插值，得到稠密的位置轨迹。以 $L\_step = 0.2\,m$，$T\_step = 0.8\,s$，$N\_step = 8$ 为例，通过三次样条插值，可以得到踝关节轨迹如下：

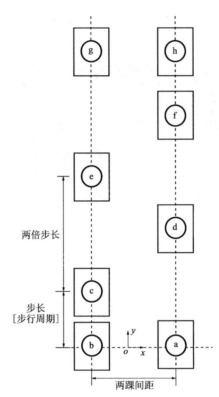

图 4 – 10　仿人机器人行走落脚点的空间位置示意图

X 方向踝关节轨迹如图 4 – 11 所示：

$$\begin{cases} x_{\text{LAnkle}}(t) = -\dfrac{1}{2}\text{Ankle\_width}, 0 \leqslant t \leqslant T\_\text{end} \\ x_{\text{RAnkle}}(t) = \dfrac{1}{2}\text{Ankle\_width}, 0 \leqslant t \leqslant T\_\text{end} \end{cases} \tag{4.44}$$

Y 方向踝关节轨迹如图 4 – 12 所示，起始步轨迹为：

规定左脚起步，有

$$y_{\text{LAnkle}}(t) = \begin{cases} 0, 0 \leqslant t < T\_\text{ready} \\ \text{spline}\left(0, \dfrac{1}{2}L\_\text{step}, L\_\text{step}\right), T\_\text{ready} \leqslant t < T\_\text{ready} + T\_\text{sin} \\ L\_\text{step}, T\_\text{ready} + T\_\text{sin} \leqslant t < T\_\text{ready} + T\_\text{step} \end{cases} \tag{4.45}$$

$$y_{\text{RAnkle}}(t) = \begin{cases} 0, & 0 \leqslant t < T\_\text{ready} \\ 0, & T\_\text{ready} \leqslant t < T\_\text{ready} + T\_\text{step} \end{cases} \tag{4.46}$$

其中，spline 为三次样条插值函数，T_sin 为单脚支撑阶段的时间。通过使用

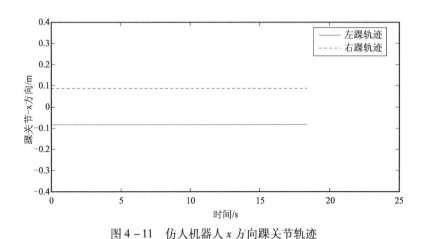

图 4-11　仿人机器人 x 方向踝关节轨迹

三次样条插值可以得到满足初始时刻和结束时刻运动状态要求的运动轨迹。在计算中，根据初始时刻和结束时刻的运动状态设定如下关系式：

$$\begin{cases} x_s = a_0 + a_1 t_s + a_2 t_s^2 + a_3 t_s^3 \\ v_s = a_1 + 2a_2 t_s + 3a_3 t_s^2 \\ a_s = 2a_2 + 6a_3 t_s \\ x_e = a_0 + a_1 t_e + a_2 t_e^2 + a_3 t_e^3 \end{cases} \tag{4.47}$$

其中，x_s，v_s，a_s 分别为初始时刻的位置、速度和加速度，x_e 为结束时刻的位置，t_s 为初始时刻的时间，t_e 为结束时刻的时间。根据初始时刻和结束时刻的条件，可以求得系数 $[a_0 \quad a_1 \quad a_2 \quad a_3]$，之后即可计算由初始时刻 t_s 到结束时刻 t_e 之间任意时刻的运动状态，可将其表示成函数

$$x(t) = \text{spline}(x_s, \ x_e) = a_0 + a_1 t + a_2 t^2 + a_3 t^3 \tag{4.48}$$

　　一般在函数使用时，习惯将两段三次样条插值函数衔接在一起，方便周期性运动的插值规划，可以表示成如下函数形式：

$$x(t) = \text{spline} \ (x_s, \ x_m, \ x_e) \tag{4.49}$$

其中，x_s 为初始位置，x_m 为中间位置，x_e 为结束位置。该函数由两段组成，第一段是 x_s 和 x_m 之间的插值函数，第二段是 x_m 和 x_e 之间的插值函数。利用这个函数，就能够生成从初始位置开始运动，经过中间位置，到达结束位置的光滑曲线。使用这个函数时，需要提供初始时刻的时间、位置、速度、加速度，中间时刻的时间、位置，以及结束时刻的时间、位置、速度和加速度。

　　Y 方向踝关节中间步轨迹：

　　若左腿为摆动腿，有

$$y_{LAnkle}(t) = \begin{cases} \text{spline}((k-1)*L\_step, k*L\_step, (k+1)*L\_step), \\ \qquad T\_ready + k*T\_step \leq t < T\_ready + k*T\_step + T\_sin; \\ (k+1)*L\_step, T\_ready + k*T\_step + T\_sin \leq t < T\_ready + \\ \qquad (k+1)*T\_step \end{cases}$$

$$(4.50)$$

$$y_{RAnkle}(t) = k*L\_step, \quad T\_ready + k*T\_step \leq t < T\_ready + (k+1)*T\_step$$

$$(4.51)$$

若右腿为摆动腿，则左右脚的规划互换即可。

Y 方向踝关节最终步轨迹：

若最终步为偶数步，有

$$y_{LAnkle}(t) = \begin{cases} k*L\_step, T\_ready + k*T\_step \leq t \leq T\_ready + (k+1)*T\_step; \\ k*L\_step, T\_ready + (k+1)*T\_step \leq t \leq T\_end \end{cases}$$

$$(4.52)$$

$$y_{RAnkle}(t) = \begin{cases} \text{spline}((k-1)*L\_step, (k-0.5)*L\_step, \\ \qquad k*L\_step), T\_ready + k*T\_step \leq t \leq T\_ready + \\ \qquad k*T\_step + T\_sin; \\ k*L\_step, T\_ready + k*T\_step + T\_sin \leq t \leq T\_ready + \\ \qquad (k+1)*T\_step; \\ k*L\_step, T\_ready + (k+1)*T\_step \leq t \leq T\_end \end{cases}$$

$$(4.53)$$

若最终步为奇数步，则左右脚的规划互换即可。

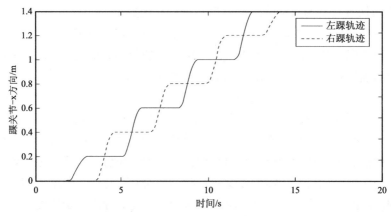

图 4-12　仿人机器人 y 方向踝关节轨迹

Z 方向踝关节轨迹如图 4 – 13 所示：

若左腿为摆动腿，有：

$$z_{\mathrm{LAnkle}}(t) = \begin{cases} H\_ankle, 0 \leqslant t < T\_ready; \\ \mathrm{spline}(H\_ankle, (H\_ankle + H\_step), H\_ankle), \\ T\_ready + k * T\_step \leqslant t < T\_ready + k * T\_step + T\_sin; \\ \quad H\_ankle, \\ T\_ready + k * T\_step + T\_sin \leqslant t < T\_ready + (k+1) * \\ \quad T\_step \end{cases}$$

(4.54)

$$z_{\mathrm{RAnkle}}(t) = \begin{cases} H\_ankle, & 0 \leqslant t < T\_ready; \\ H\_ankle, & T\_ready + k * T\_step \leqslant t < T\_ready + (k+1) * \\ & T\_step \end{cases}$$

(4.55)

若右腿为摆动腿，则左右脚的规划互换即可。

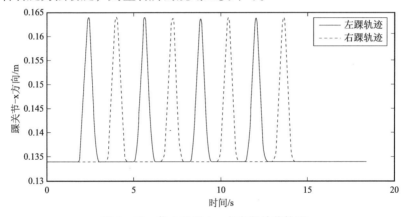

图 4 – 13　仿人机器人 z 方向踝关节轨迹

3. 髋关节轨迹规划

得到踝关节轨迹后，根据图 4 – 5 中 y_{ed}，y_{sd} 等参数的不同取值，得到若干候选腰部轨迹。计算每条候选腰部轨迹对应的 ZMP 稳定性裕度，选择 ZMP 稳定性裕度最大的候选腰部轨迹作为最终的腰部轨迹。最终得到的腰部轨迹如图 4 – 14 和图 4 – 15 所示。

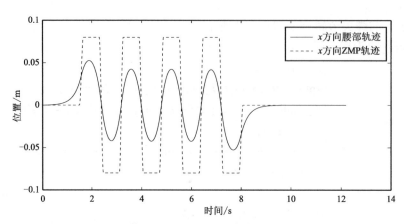

图 4 – 14　仿人机器人 x 方向腰部轨迹和 ZMP 轨迹

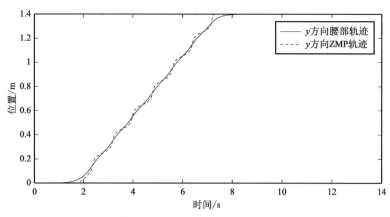

图 4 – 15　仿人机器人 y 方向腰部轨迹和 ZMP 轨迹

4. 实验结果

通过上述方法进行仿人机器人轨迹规划，得到踝关节和髋关节轨迹后可以通过逆运动学求解得到一组机器人各关节在时间上的轨迹，这组关节轨迹能够使机器人稳定地行走。最终机器人行走的 CoM 轨迹、ZMP 轨迹和行走序列图如图 4 – 16、图 4 – 17 所示。

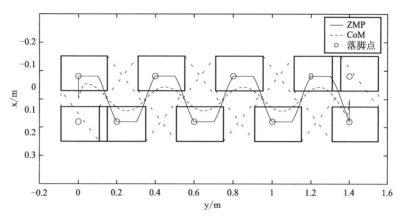

图 4 - 16　仿人机器人 CoM，轨迹、ZMP 轨迹、落脚点及支撑区域（见彩插）

图 4 - 17　仿人机器人 BHR-6 的行走序列图

参 考 文 献

[1] 谢涛, 徐建峰, 张永学, 等. 仿人机器人的研究历史、现状及展望[J]. 机器人, 2002(24): 367 - 374.

[2] 马宏绪, 张彭, 张良起. 双足步行机器人动态步行姿态稳定性及姿态控制[J]. 机器人, 1997(19): 180 - 186.

[3] Ma H X, Zhang P, Zhang L Q. Posture stability and posture control of biped dynamic walking [J]. Robot, 1997(19): 180 - 186.

[4] Takanishi A, Tochizawa M, Karaki H, et al. Dynamic Biped Walking Stabilized with Optimal Trunk and Waist Motion [C]//IEEE/RSJ International Workshop on Intelligent Robots & Systems 89 the Autonomous Mobile Robots & Its Applications Iros. IEEE, 1989: 187 – 192.

[5] Hirose M, Ogawa K. Honda humanoid robots development[J]. Philosophical Transactions, 2007, 365(1850) : 11 – 19.

[6] Kajita S, Kanehiro F, Kaneko K, et al. Biped walking pattern generation by using preview control of zero-moment point[C]//IEEE International Conference on Robotics & Automation, IEEE, 2003.

[7] Huang Q, Yokoi K, Kajita S, et al. Planning walking patterns for a biped robot[J]. Robotics & Automation IEEE Transactions on, 2001, 17(3) : 280 – 289.

[8] Huang Q, Kajita S, Koyachi N, et al. A high stability, smooth walking pattern for a biped robot [C]//IEEE International Conference on Robotics & Automation. Detroit: IEEE, 1999: 65 – 71.

[9] Wang G, Huang Q, Geng J, et al. Cooperation of dynamic patterns and sensory reflex for humanoid walking [C]//IEEE International Conference on Robotics & Automation, IEEE, 2003: 2472 – 2477.

[10] Huang, Q, Li, K. J, et al. Control and Mechanical Design of Humanoid Robot BHR-01. [C]//The Third IARP International Workshop on Humanoid and Human Friendly Robotics, IEEE, 2002: 10 – 13.

[11] Yu Z, Chen X, Huang Q, et al. Gait planning of omnidirectional walk on inclined ground for biped robots[J]. IEEE Transactions on Systems, Man, and Cybernetics: Systems, 2015, 46 (7) : 888 – 897.

[12] Yang T, Zhang W, Chen X, et al. Turning gait planning method for humanoid robots[J]. Applied Sciences, 2018, 8(8) : 1257.

[13] Yu Z, Chen X, Huang Q, et al. Humanoid walking pattern generation based on the ground reaction force features of human walking [C]//2012 IEEE International Conference on Information and Automation, IEEE, 2012: 753 – 758.

[14] Chen X, Huang Q, Yu Z, et al. Biped walking planning using extended linear inverted pendulum mode with a continuous moving ZMP[C]//2011 IEEE International Conference on Mechatronics and Automation. IEEE, 2011: 1280 – 1285.

[15] Harada K, Kajita S, Kanehiro F, et al. Real-time planning of humanoid robot's gait for force controlled manipulation [C]//IEEE International Conference on Robotics and Automation, 2004. Proceedings. ICRA'04. 2004. IEEE, 2004, 1: 616 – 622.

[16] Urata J, Nshiwaki K, Nakanishi Y, et al. Online walking pattern generation for push recovery and minimum delay to commanded change of direction and speed[C]//2012 IEEE/RSJ International Conference on Intelligent Robots and Systems, IEEE, 2012: 3411 – 3416.

[17] Chestnutt J, Michel P, Kuffner J, et al. Locomotion among dynamic obstacles for the Honda ASIMO [C]//2007 IEEE/RSJ International Conference on Intelligent Robots and Systems,

IEEE, 2007: 2572 – 2573.

[18] Wieber P B. Trajectory free linear model predictive control for stable walking in the presence of strong perturbations[C]//2006 6th IEEE-RAS International Conference on Humanoid Robots, IEEE, 2006: 137 – 142.

[19] Huang Q, Yang J, Yu Z, et al. Measurement of human walking and generation of humanoid walking pattern[C]//2007 IEEE International Conference on Robotics and Biomimetics (ROBIO), IEEE, 2007: 127 – 132. [20] Huang Q, Yu Z, Zhang W, et al. Generation of humanoid walking pattern based on human walking measurement[C]//Humanoids 2008 – 8th IEEE-RAS International Conference on Humanoid Robots, IEEE, 2008: 99 – 104.

[20] Tianqi Y, Weimin Z, Qiang H, et al. A smooth and efficient gait planning for humanoids based on human ZMP[J]. Robot, 2017, 39(5): 751 – 758.

[21] Meng L, Yu Z, Chen X, et al. A falling motion control of humanoid robots based on biomechanical evaluation of falling down of humans[C]//2015 IEEE-RAS 15th International Conference on Humanoid Robots (Humanoids), IEEE, 2015: 441 – 446.

[22] Huang Q, Yu Z, Zhang W, et al. Design and similarity evaluation on humanoid motion based on human motion capture[J]. Robotica, 2010, 28(5): 737 – 745.

[23] Sheridan T B. Three models of preview control[J]. IEEE Transactions on Human Factors in Electronics, 1966 (2): 91 – 102.

[24] Hayase M, Ichikawa K. Optimal servosystem utilizing future value of desired function[J]. Transactions of the Society of Instrument and Control Engineers, 1969, 5(1): 86 – 94.

[25] Tomizuka M, Rosenthal D E. On the optimal digital state vector feedback controller with integral and preview actions[J]. Journal of Dynamic Systems, Measurement, and Control, 1979, 101(2): 172 – 178.

第5章

仿人机器人行走控制

5.1 概　述

5.1.1 问题的提出

虽然步态规划能够给仿人机器人提供满足期望行走步长和行走速度的关节运动轨迹，但是如果只有步态规划、没有运动控制，仿人机器人可能在系统误差的积累、外界扰动的影响下逐渐偏离规划的运动步态，最终失去稳定性。因此，运动控制是仿人机器人克服误差和扰动、保持稳定运动的重要保障。

在仿人机器人行走中应用运动控制方法，可以使机器人根据传感器检测到的实时信息调整驱动，使机器人在有扰动存在的情况下依然能够按期望的方式运动、能够自主地适应复杂环境。仿人机器人运动控制的难点在于快速检测到运动轨迹的偏差以及及时做出驱动的调整，这就对机器人感知单元的精度、控制算法的有效性、驱动单元的响应速度提出了更高的要求。

5.1.2 研究进展

常用的行走运动控制方法可分为轨迹跟踪控制、动态性调节控制和柔顺控制。轨迹跟踪控制方法是一种较早提出的运动控制方法，其基本思想是根据仿人机器人的动力学特性设计跟踪控制器，使仿人机器人的运动轨迹尽量跟随规划的轨迹。其中比较典型的方法是基于 ZMP 轨迹的跟踪控制方法，通过施加控制，使实际的 ZMP 轨迹接近期望的 ZMP 轨迹，或使实际的 ZMP 位置接近支撑面中心，增大稳定性裕度，满足机器人的稳定行走条件。日本本田公司研制的仿人机器人 ASIMO 在行走控制方面采用了 ZMP 跟踪控制和足部接触力控制，前者通过实时修改机器人上身轨迹，使机器人的实际 ZMP 能够跟随规划的 ZMP 轨迹，属于轨迹跟踪控制；后者则通过关节位置量调节的方式控制机器人足部受力，以此实现在不平整地面上的稳定行走，属于足部柔顺控制。北京理工大学仿人机器人研究团队提出了一种根据传感信息产生快速响应的传感反射控制方法，由上体姿态反射控制、ZMP 轨迹反射控制和落地时间反射控制三部分组成。该方法应用在仿人机器人行走中，可以实现有扰动环境下的稳定运动。之后北京理工大学的研究人员在此方法的基础上进行改进，针对仿人机器人抗扰动的运动性质进行了进一步的研究。

另一类运动控制方法是动态性调节控制方法，该方法充分利用仿人机器人质心的动力学性质对机器人运动进行控制。一些研究表明，仿人机器人质心的动力学可以分为稳定和不稳定的两部分，动态性调节控制方法就是基于这种特征设计的。Pratt 等将与动力学不稳定部分相关的变量称作捕获点，并在此基础上提出了相应的控制方法。Takenaka 等将与不稳定部分相关的变量称作运动发散分量（DCM）并提出相应的控制方法。DCM 与捕获点的不同之处在于它是三维空间中的一个点，没有限制在地面上。Hof 等提出了外推质心的概念，并基于此提出了一种控制方法。这些控制方法都是根据质心的运动状态，对关节轨迹施加控制，得到稳定的行走步态。

第三类常见的控制方法是柔顺控制。这种控制方法通过给机器人一定的柔性来提高机器人的稳定性及环境适应能力。人类可以轻松地在各种复杂地面上稳定行走，在应对外界冲击时也不会显得像刚性机器人一样"僵硬"，这是因为人类的肌肉骨骼以及各种软组织相互作用，表现出一定的柔性性质，能够自主适应地面形状并吸收大部分冲击作用。仿人机器人运动中的柔顺控制也是希望达到类似的效果。根据柔顺控制的作用部位，可分为上身柔顺控制和足部柔顺控制。在上身柔顺控制中，Trunk Position Compliance Control 是一种典型的控制方法，能够根据 ZMP 偏差调整机器人质心轨迹，使机器人上身呈现柔性，吸收行走时的扰动作用。在足部柔顺控制中，最常见的是阻抗控制方法（Impedance Control），通过给机器人足部加入柔性帮助机器人实现在复杂地面上的稳定行走。

除了以上提到的这些控制方法之外，还有一些其他常用的仿人机器人行走控制方法，例如 Westervelt 等提出的针对欠驱动机器人的混合零动态方法（Hybrid Zero Dynamics，HZD），Stephens 和 Atkeson 提出的针对步长调整的模型预测控制方法（Model Predictive Control，MPC），这些方法针对特定的仿人机器人或运动任务，施加运动控制，实现稳定运动。

本章在前面提到的三种运动控制方法中分别选取有代表性的方法进行介绍，5.2节介绍轨迹跟踪控制中的传感反射控制方法，5.3节介绍动态性调节控制中的基于捕获性（Capturability）的控制方法，5.4节介绍柔顺控制的方法，5.5节对前面介绍的各种运动控制方法进行比较和总结，5.6节讲述一个仿人机器人运动控制的应用实例。

5.2　传感反射控制方法

本节介绍基于ZMP轨迹控制改进的传感反射控制方法。仿人机器人的传感反射控制方法流程图如图5-1所示。其中机器人系统由环境传感器、环境知识库、行走知识库、识别处理单元和协调处理单元等约束模型组成。仿人机器人通过视觉等环境传感器获得周围环境的图像等信息，经过识别处理与环境知识库信息相融合，判断前方是否有障碍物、距离有多远、目标尺寸等相关信息，进而选择可行的行走参数，修正给定的行走参数，经过行走控制器最终完成行走控制。图5-2为行走控制器的控制结构，是本节重点介绍的内容。

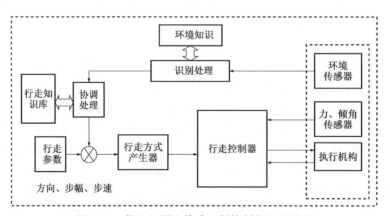

图5-1　仿人机器人传感反射控制方法流程图

人类通过重复学习、实践、发展和改善获得其固有的步态。如果没有这样的过程，仿人机器人就只能充分利用动力学模型生成行走动态步态。动态步态是一种固有的、周期的运动，是依据仿人机器人整体动力学产生的。由于约束条件的耦合性和动力学方程的复杂性，实时计算出行走步态几乎是不可能的。动态步态计算需要一个优化过程，目前还只能利用离线计算方法来实现。

传感反射是不需要确切模型的快速反应，适合处理不确定的突发事件。传感反射与离线行走步态的结合使仿人机器人有可能保持在已知固定环境下的周期的固有步态，同时适应未知变化的环境。然而，由于传感反射只是一种局部反馈，没有考虑仿人机器人的整体动力学，它可能导致仿人机器人运动与它自身的约束冲突，如关节限制、脚部碰撞和执行机构的制约。

本书作者提出了一种具有动态步态、传感反射和自身状态运动调节的控制方法（图 5-2）。此方法能使机器人在已知环境和小偏差未知环境中稳定行走。下面将分别介绍传感反射的原理和自身状态运动调节的方法。

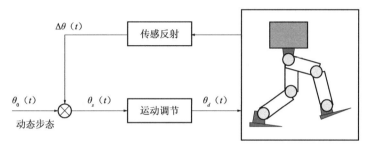

图 5-2　传感反射控制方法结构图

5.2.1　传感反射控制

传感反射是一种根据传感信息产生的快速运动。本方法中采用的传感反射控制由上体姿态反射控制、实际 ZMP 反射控制和落地时间反射控制三部分组成。身体姿态和实际 ZMP 控制如图 5-3 所示。

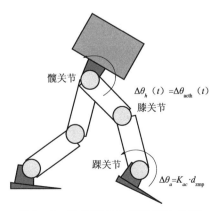

图 5-3　身体姿态和实际 ZMP 控制

1. 上体姿态反射控制

如果仿人机器人的身体比预定的姿态向前倾斜，则它很容易向前翻倒；反之，则容易向后翻倒。若要保持预期姿态，可以通过控制髋、膝、踝关节实现。当仿人机器人上体姿态发生变化时，与期望的姿态角度产生偏差。由于髋关节最靠近上体，调整髋关节最有效，所以通过调整髋关节来实现上体姿态调整。上体的实际姿态可以通过安装在机器人上体内的角速度传感器、加速度传感器来测量。

设 θ 表示姿态倾斜角，ω 表示角速度，则有

$$\Delta\theta = \theta_{act} - \theta_{ref}, \Delta\omega = \omega_{act} - \omega_{ref}$$

其中，θ_{act}、ω_{act} 表示实际测量值，θ_{ref}、ω_{ref} 表示期望值。实际髋关节姿态角 θ_{hip} 计算如下：

$$\theta_{hip} = \theta_{hip(ref)} + k_{hip\theta}\Delta\theta + k_{hip\omega}\Delta\omega$$

其中，$\theta_{hip(ref)}$ 为行走时期望的姿态角，$k_{hip\theta}$、$k_{hip\omega}$ 为控制比例系数。

姿态调整通过支撑腿的髋关节调整来实现。当单腿支撑时，调整支撑腿的髋关节；当双腿支撑时，同时调整双腿的髋关节。

上体姿态反射的髋关节实时改正量 $\Delta\theta_h(t)$ 按下式计算：

$$\Delta\theta_h(kT_s) = \sum_{j=1}^{j=k}\delta\theta_h(jT_s) \tag{5.1}$$

$$\delta\theta_h(jT_s) = \begin{cases} \Delta\theta_{actb}(jT_s), F_z > 0; \\ K_{hs}\Delta\theta_h[(j-1)T_s], F_z = 0 \end{cases} \tag{5.2}$$

其中，$\Delta\theta_{actb}(jT_s)$ 是实际与规划上体姿态之间偏差，T_s 是伺服采样周期。$\Delta\theta_{actb}(jT_s) > 0$ 表示上体的实际姿态比期望的姿态后倾。K_{hs} 是系数，$0 < K_{hs} < 1$。T_s 是伺服环采样周期。F_z 是力/力矩传感器测得的脚接触力。如果 $F_z > 0$，则该腿接触地面，这只脚的髋关节用来控制上体姿态；如果 $F_z = 0$，则该腿是摆动腿，髋关节逐渐恢复到原来的参考轨迹的值。

2. ZMP 反射控制

ZMP 反射控制就是根据力/力矩传感器数据，调整支撑脚姿态，改变实际地面反力中心，使实际 ZMP 达到合适的位置，与期望的 ZMP 重合。如果 ZMP 在稳定区内，则仿人机器人可以保持稳定步行。根据 ZMP 的稳定性裕度的原则，实际 ZMP 与稳定区边界应保持一定距离，使之在有效稳定区内。仿人机器人的实际 ZMP 可以通过安装在每只脚的六维力/力矩传感器实时测量和计算得到。

从测量原理看，六维力/力矩传感器的最佳安装位置应在踝关节以下，越接近地面越好。本方法设计的仿人机器人将传感器安装在脚的内部（图 5 - 4），

数学模型如图 5-5 所示。S 为六维力/力矩传感器，P 为实际的 ZMP 点，根据达朗伯原理，运动方程为

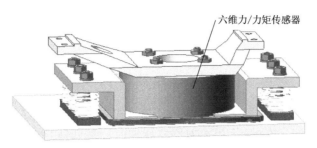

图 5-4　力/力矩传感器安装示意图

$$\overline{PS} \times F + M + \overline{PA} \times m(G+a) + M_p = 0 \tag{5.3}$$

在 P 点满足 $M_{px} = M_{py} = 0$，写出坐标分量方程，经推导得出 P 点坐标，其水平方向的两个分量为

$$\begin{cases} X_{\mathrm{ZMP}} = \dfrac{x_a m(\ddot{z}_a + g) - m\ddot{x}_a z_a + x_s F_z - z_s F_x - M_y}{m(\ddot{z}_a + g) + F_z}; \\[3mm] Y_{\mathrm{ZMP}} = \dfrac{y_a m(\ddot{z}_a + g) - m\ddot{y}_a z_a + y_s F_z - z_s F_y + M_x}{m(\ddot{z}_a + g) + F_z} \end{cases} \tag{5.4}$$

其中，m 为六维力/力矩传感器以下的部分的质量，$G = (0,0,g)$ 表示重力加速度，$F = (F_x, F_y, F_z)$ 为六维力/力矩传感器检测的力值，$M = (M_x, M_y, M_z)$ 为六维力/力矩传感器检测的力矩值，$A = (x_a, y_a, z_a)$ 为六维力/力矩传感器以下部分的重心的坐标，$S = (x_s, y_s, z_s)$ 为六维力/力矩传感器检测中心的坐标。

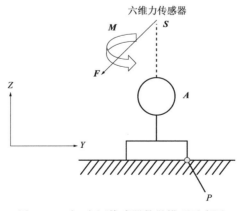

图 5-5　力/力矩传感器数学模型示意图

　　根据图 5-4 所示的安装图可看出，六维力/力矩传感器的安装位置已接近地面，其以下部分重量与机器人整体重量相比非常小，可忽略不计，因此计算公式可简化为

$$\begin{cases} X_{\text{ZMP}} = \dfrac{-z_s F_x - M_y}{F_z} + x_s; \\[2mm] Y_{\text{ZMP}} = \dfrac{-z_s F_y + M_x}{F_z} + y_s \end{cases} \tag{5.5}$$

上式为单脚支撑期的实际 ZMP 位置的计算公式。在仿人机器人的行走过程中，还有双脚支撑期。当机器人处于双脚支撑期时，每只脚的实际 ZMP 仍然用以上公式计算，整个机器人系统的实际 ZMP 可按下式计算：

$$\begin{cases} X_P = \dfrac{F_{z1} X_1 + F_{z2} X_2}{F_{z1} + F_{z2}}; \\[2mm] Y_P = \dfrac{F_{z1} Y_1 + F_{z2} Y_2}{F_{z1} + F_{z2}} \end{cases} \tag{5.6}$$

推导过程如图 5-6 所示。

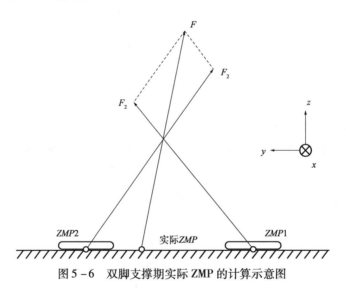

图 5-6　双脚支撑期实际 ZMP 的计算示意图

　　一种保持实际 ZMP 在有效稳定区内的有效方法就是控制支撑脚的踝关节。仿人机器人实际的脚的位置是由分别绕 X 轴和 Y 轴的角度表示，即 $\theta_{\text{ankle\_}x}$、$\theta_{\text{ankle\_}y}$。则

$$\begin{cases} \theta_{\text{ankle\_}x} = \theta_{\text{body\_}x} + J_{\text{hip\_}x} + J_{\text{knee\_}x} + J_{\text{foot\_}x}; \\[2mm] \theta_{\text{ankle\_}y} = \theta_{\text{body\_}y} + J_{\text{hip\_}y} + J_{\text{foot\_}y} \end{cases} \tag{5.7}$$

其中，θ_{body} 表示上体的姿态角度，J_{hip}、J_{knee}、$J_{\text{foot\_}x}$ 分别表示髋关节、膝关节和踝关节的角度位置。实际 ZMP 的反射控制的踝关节 $\Delta\theta_a(kT_s)$ 按下式计算：

$$\Delta\theta_a(kT_s) = \sum_{j=1}^{j=k} K_{ac} \cdot d_{\text{zmp}}(jT_s) \tag{5.8}$$

式中，$d_{\text{zmp}}(jT_s)$ 为实际 ZMP 点到稳定区边界的距离，K_{ac} 为系数。

实际 ZMP 的调整主要通过调节踝关节的角度实现，需要根据机器人的不同状态进行相应的调整。由于仿人机器人的行走分为单脚支撑期和双脚支撑期，所以对于 ZMP 调整也必须分别处理。当机器人单脚支撑时，调整支撑脚的踝关节。当双脚支撑时，则同时调整两只脚的踝关节。

3. 落地时间反射控制

对于凹凸不平的地面，仿人机器人的脚可能未按规划的步态在恰当的时间落地。如果落地太早，则发生瞬间后倾，机器人将向后翻到；相反，如果落地太迟，则发生瞬间前倾，机器人将向前翻到。落地时间反射控制就是通过调整期望的机器人脚部落地时间，使之与实际的落地时间吻合（图 5-7）。

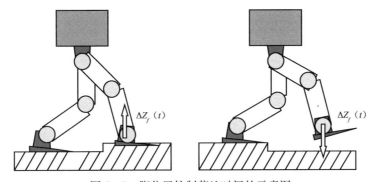

图 5-7　脚位置控制落地时间的示意图

仿人机器人脚位置沿垂直方向的落地反射改变 $\Delta Z_f(kT_s)$ 计算如下：

$$\Delta Z_f(kT_s) = \sum_{j=1}^{j=k} \delta Z_f(jT_s) \tag{5.9}$$

$$\delta Z_f(jT_s) = \begin{cases} K_{fc} \cdot F_z, jT_s \leqslant T_{\text{land}}, F_z > 0; \\ -h, jT_s > T_{\text{land}}, F_z = 0 \end{cases} \tag{5.10}$$

其中，K_{fc} 为系数，h 为常数，T_{land} 为规划动力学模型指定的落地时间，F_z 为脚与地面的接触力。

如果脚落地太早，机器人依据脚接触力的大小成比例地提起该脚；相反，则机器人适当地把脚放低，其程度取决于实际接触面与预期的接触面之间的高度差。如果是单脚支撑阶段，则支撑脚的位置恢复到规划动力学模型要求的值。当进行落地时间控制时，需要根据各关节的位置传感器获得的机器人自身状态确定最终控制。

机器人在脚落地时间超过规划的时间时，根据各关节位置计算当前规划方式下支撑腿和摆动腿可能允许下降的最大高度 H_{max} 和实际下降高度 h，规划下降高度为 H_{land}，结果如下：

$$h_{land} = \begin{cases} h - H_{land}, h < H_{max}, jT_s > T_{land}; \\ H_{max} - H_{land}, h \geqslant H_{max}, jT_s > T_{land} \end{cases} \quad (5.11)$$

当摆动腿下降到 H_{max} 仍未达到支撑面时，则保持该值。通过对机器人几何结构分析可以知道，其摆动腿下降高度实际上等于两条腿的踝关节此刻在竖直方向上的高度差（图 5-8）。

仿人机器人在行走过程中，其摆动腿可能会出现落地时间迟于规划的行走落地时间。这时摆动腿实际下落高度 h 和支撑腿与摆动腿允许下降的最大高度 H_{max} 可以计算如下：

$$\begin{cases} L_L = legL = \sqrt{l_{th}^2 + l_{sh}^2 - 2l_{th} \cdot l_{sh} \cdot \cos(\pi - \theta_{4L})} \\ L_R = legR = \sqrt{l_{th}^2 + l_{sh}^2 - 2l_{th} \cdot l_{sh} \cdot \cos(\pi - \theta_{4R})} \\ \dfrac{L_L}{\sin(\pi - \theta_{4L})} = \dfrac{l_{sh}}{\sin\alpha_{3L}} \\ h_L = L_L \cdot \cos(\theta_{3L} - \alpha_{3L}) \\ h_R = L_R \cdot \cos(\theta_{3R} - \alpha_{3R}) \\ h = |h_L - h_R| \\ H_{max} = |l_{th} + l_{sh} - L_{Rmin} \cdot \cos\theta_{max}| \\ \quad\quad = |l_{th} + l_{sh} - L_{Lmin} \cdot \cos\theta_{max}| \\ L_{Rmin} = \min\limits_{\theta_{4R}}\{L_R\} \\ L_{Lmin} = \min\limits_{\theta_{4L}}\{L_L\} \\ \theta_{max} = \max\{\theta_{3R} - \alpha_{3R}\} \\ \quad\quad = \max\{\theta_{3L} - \alpha_{3L}\} \end{cases} \quad (5.12)$$

其中，θ_{3L}、θ_{4L} 为左腿 3、4 关节；θ_{3R}、θ_{4R} 为右腿 3、4 关节、关节顺序定义见 5.2.2 节 "1. 约束条件" 部分。

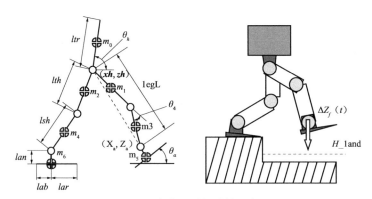

图 5 - 8　脚落地时间计算示意图

5.2.2　动态步态与传感反射的协调

如前所述，虽然传感反射增加了仿人机器人对未知环境的适应性，但是由于它是局部反馈，一方面有可能与仿人机器人自身约束发生冲突；另一方面，动态步态可以认为是已知典型环境中的优化运动，不希望改变典型环境中的动态步态。通过协调动态步态和传感反射可以避免这种情况发生。本节讨论动态步态与传感反射的协调。

1. 约束条件

如前面的分析，传感反射是一种局部反馈，没有考虑仿人机器人完整的动力学，它有可能与仿人机器人的约束条件冲突，特别是关节位置限制、肢体碰撞和运动学约束。

令 q_i 是第 i 个关节的关节变量，关节约束向量为 $\boldsymbol{\theta} = [\, q_1, \; q_2, \; \cdots, \; q_n \,]^{\mathrm{T}}$，则约束如下：

$$q_{i\min} \leqslant q_{0i}(t) + \Delta q_{0i}(t) \leqslant q_{i\max} \qquad (5.13)$$

其中，$q_{i\min}$ 和 $q_{i\max}$ 分别为第 i 个关节范围的最小值和最大值，$q_{i0}(t)$ 和 $\Delta q_{i0}(t)$ 为动态步态和传感反射的数值。

两只脚的位置需要根据传感反射在线调整，它可能引起与运动约束的冲突。例如，脚高度的改变量 $\Delta Z_f(t)$ 由落地时间反射确定，如果 $\Delta Z_f(t)$ 是一个很小的负值，则由于腿长度限制，规划的动态步态和传感反射总和 $Z_0(t) + \Delta Z_f(t)$ 就无法达到。设 r 表示脚的位置向量，运动约束可以表示如下：

$$r = f_r(\boldsymbol{\theta}) \qquad (5.14)$$

式中，f_r 为运动的函数。

因为两只脚边缘之间的距离在两条腿内侧间距中是最小的，所以腿部碰撞容易出现在脚部内侧。令（x_{rp}, y_{rp}, z_{rp}）和（x_{lp}, y_{lp}, z_{lp}）分别表示右脚内边缘和左脚内边缘上的任意点（图5-9），避免脚部碰撞的约束条件表示如下：

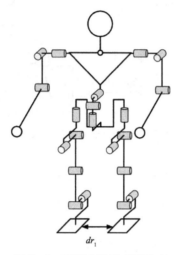

图5-9　两脚内边缘碰撞约束

$$\begin{cases} d_{rl} \neq 0 \\ d_{rl} = \min\left\{ \left[(x_{rp} - x_{lp})^2 + (y_{rp} - y_{lp})^2 + (z_{rp} - z_{lp})^2 \right]^{\frac{1}{2}} \right\} \end{cases} \tag{5.15}$$

式中，d_{rl}为右脚和左脚内边缘距离最小点。

仿人机器人下肢各关节在各自 x-y 平面内绕 z 轴转动，规定沿 x 轴逆时针旋转角为正，反之为负。各关节角定义如下：

髋关节有3个自由度：θ_1——LEG_JOINT［1］　水平转动

θ_2——LEG_JOINT［2］　左右转动

θ_3——LEG_JOINT［3］　前后转动

膝关节有1个自由度：θ_4——LEG_JOINT［4］　前后转动

踝关节有2个自由度：θ_5——LEG_JOINT［5］　前后转动

θ_6——LEG_JOINT［6］　左右转动

对于右下肢表示为 θ_iR(i = 1, 2, 3, 4, 5, 6)，左下肢表示为 θ_iL(i = 1, 2, 3, 4, 5, 6)，各关节角在机械零位的初始值都定义为零。本方法应用的 BHR-5 的腿部各关节旋转约束范围如下：

$$-40° \leq \theta_1 \leq +40°, \quad -30° \leq \theta_2 \leq +30°$$

$$-30° \leq \theta_3 \leq +90°, \quad -150° \leq \theta_4 \leq +30°$$

$$-55° \leq \theta_5 \leq +60°, \quad -30° \leq \theta_6 \leq +80°$$

2. 运动调节

运动调节主要有两个作用：①修改动态步态和传感反射的合成运动，满足仿人机器人的约束条件；②协调动态步态和传感反射。

令 $R(\theta)$ 表示满足仿人机器人自身约束和稳定约束的已知的运动状态向量空间，它可以通过离线规划获得。$R'(\theta)$ 代表与动态步态和传感反射合成有关的运动状态向量空间，调节的轨迹运动状态向量 θ_d 可用下式表示：

$$\theta_d = \theta_m | \theta_m \in \min \left\{ \sum \left[\theta_m(i) - \theta_s(i) \right]^2 \right\} \tag{5.16}$$

其中，$\theta_m(i)$ 表示 θ_m 运动状态向量的第 i 个分量，$\theta_m \in R(\theta)$。$\theta_s(i)$ 表示 θ_s 运动状态向量的第 i 个分量，$\theta_s \in R'(\theta)$。此式的物理意义如下：当动态步态和传感反射结合产生的步态满足机器人各种约束时，直接使用该步态实现控制。当动态步态和传感反射结合产生的步态不满足机器人某种约束时，即该步态是不能实现的，则选用与该步态最接近的稳定步态代替，作为过渡步态实现控制。当调整结果满足约束条件时，接续原来的步态。

另一方面，动态步态被认为是在已知典型环境中的优化步态，当意外事件发生时，希望只激发传感反射而保持已知典型环境的动态步态。因此，当没有不确定事件存在时，仿人机器人的运动应该返回到规划的动态步态。这个过程用下式给出：

$$\begin{cases} \Delta\theta(kT_s) = \sum_{j=1}^{j=k} \delta\theta(jT_s) \\ \delta\theta(jT_s) = -K_{as}\Delta\theta\left[(j-1)T_s\right] \end{cases} \tag{5.17}$$

式中，K_{as} 为系数，$0 < K_{as} < 1$。

综上所述，运动调节主要包括以下三项内容：

（1）如果动态步态和传感反射相结合的结果不满足前面的约束条件，那么该运动是无法实现的。为了满足仿人机器人约束条件和稳定性的要求，需要根据仿人机器人自身状态进行协调处理，即选择与规划的步态最接近的过渡步态代替，调整正常后接续原来的步态控制。

（2）对于 ZMP 控制，当实际 ZMP 在稳定区内时，根据 5.2.1 节的方法可以保持 ZMP 在有效稳定区内。当实际 ZMP 在稳定区外时，若仍使用该方法进行控制，不但不能使 ZMP 恢复到有效稳定区内，反而会使不稳定趋势加大。因此，需要使用协调控制，即当实际 ZMP 在稳定区外时，保持踝关节位置不变，使用适当的过渡步态调节自身姿态，从而使 ZMP 恢复到有效稳定区，然后接续原来的步态控制。

（3）对于落地时间控制，如果摆动腿完全伸直时脚底仍然无法接触地面，则需要调整支撑腿的姿态使其到达地面，以保持机器人本体的平衡，例如支撑腿增大弯曲,使机器人上体高度下降。

5.3 基于捕获性的控制方法

5.3.1 捕获性相关概念

捕获点(Capture Point)和捕获性(Capturability)的概念由 Pratt 和 Koolen 等提出。相关的概念包括:

N 步可捕获(N-step capturable):一个系统称为 N 步可捕获的,如果该系统在给定其动力学和驱动能力的情况下,能够在 N 步之内(包括 N 步)达到停止的状态并避免跌倒。

N 步捕获点(N-step capture point):一个点称作 N 步捕获点,当且仅当至少存在一个以该点为接触参考点的解,在一步中不会跌倒,并且能达到 $N-1$ 步可捕获的状态。

N 步可捕获区域(The N-step capture region):所有 N 步捕获点的集合称为 N 步可捕获区域。

在仿人机器人行走中应用的基于捕获点的稳定性判断方法是着地点位置估算(Foot Placement Estimator)和生存理论(Viability Theory)的结合。该方法相比于传统的基于 ZMP 和基于庞加莱映射的稳定性判据具有更广泛的适用性,可以应用于不平地面上的运动、非周期运动等复杂情况。

图 5-10 显示了用捕获性方法描述的运动系统的状态集合及其关系。其中不稳定状态指的是即将跌倒的状态,是在运动过程中应该尽力避免的状态。可行核指的是从该集合中的状态出发,可以避免达到不移动状态。在可行核以外的状态最终必然会引起跌倒。可行核中包含各种可捕获域。其中 N 步可捕获域指的是所有 N 步可捕获状态的集合,即所有在 N 步之内(包括 N 步)能够达到停止的状态集合。当机器人从 N 步可捕获域中的状态开始进行一步行走之后,就会进入 $N-1$ 步可捕获域。无穷步可捕获域一般来说是可行核的一个严格子空间,指的是最终可以达到停止的状态集合。在无穷步可捕获域外而在可行核内的区域指的是那些最终无法达到停止,但是也不会跌倒的状态集合。

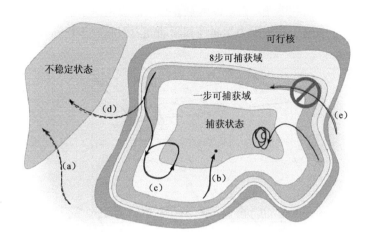

图 5 – 10　基于捕获性概念的运动系统的各种状态集合及其关系
（根据参考文献［14］的图片修改）（见彩插）

5.3.2　三维线性倒立摆模型的捕获性分析

Koolen 等将可捕获性的概念应用于三维倒立摆模型中（图 5 – 11）。该模型的腿假定是无质量、可伸缩的杆。在质点 m 处施加了一个力 f 以保证 m 保持恒定的高度 z_0。该质点的动力学方程为

$$m\ddot{\boldsymbol{r}} = \boldsymbol{f} + m\boldsymbol{g} \tag{5.18}$$

其中，$\boldsymbol{r}$ 为质心的位置向量。同时，还满足以下方程：

$$-(\boldsymbol{r} - \boldsymbol{r}_{\text{ankle}}) \times \boldsymbol{f} = 0 \tag{5.19}$$

其中，$\boldsymbol{r}_{\text{ankle}}$ 为脚部的位置向量。

该方程在水平面的分量可以写为

$$\ddot{\boldsymbol{r}} = \omega_0^2 (\boldsymbol{Pr} - \boldsymbol{r}_{\text{ankle}}) \tag{5.20}$$

其中，$\omega_0 = \sqrt{g / z_0}$，$g$ 为重力加速度。$\boldsymbol{Pr}$ 是质点 m 在水平面上的投影。将长度和时间都进行一定的归一化（长度变量除以 z_0，时间变量乘以 ω_0），得到新的质点位置向量 $\boldsymbol{r}$ 和新的时间变量 ι'，满足以下关系：

$$\ddot{\boldsymbol{r}} = \boldsymbol{Pr'} - \boldsymbol{r}'_{\text{ankle}} \tag{5.21}$$

即质点的加速度和质点与脚在水平方向上的距离成正比，并且由脚指向质点在水平面上的投影。

在此基础上，Koolen 等提出了瞬时捕获点（Instantaneous Capture Point）

的概念。瞬时捕获点是地面上的一点，如果将脚瞬时移动到该点并保持在该位置，则运动系统会达到停止状态。瞬时捕获点不需要是一个捕获点，而且不需要考虑在一步运动中由于系统动力学属性和驱动能力引起的步长和时间上的限制。

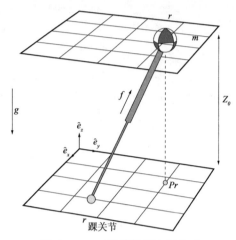

图 5-11　三维线性倒立摆模型

通过对系统能量的分析，可以得到瞬时捕获点的表达式：

$$\boldsymbol{r}_{ic}' = \boldsymbol{P}\boldsymbol{r}' + \dot{\boldsymbol{r}}' \qquad (5.22)$$

在非归一化的情况下，其表达式为

$$\boldsymbol{r}_{ic} = \boldsymbol{P}\boldsymbol{r} + \frac{\dot{\boldsymbol{r}}}{\omega_0} \qquad (5.23)$$

此变量也称为外推质心，是与仿人机器人平衡有关的重要变量。

通过计算，可以瞬时捕获点对时间的一阶导数的表达式为

$$\dot{\boldsymbol{r}}_{ic}' = \boldsymbol{r}_{ic}' - \boldsymbol{r}_{ankle}' \qquad (5.24)$$

式（5.24）说明，瞬时捕获点的运动趋势是远离踝关节，且离踝关节越远，远离的速度越大。进一步，在脚的位置不变的情况下，可以得到瞬时捕获点的表达式如下：

$$\boldsymbol{r}_{ic}'(\Delta t') = \left[\boldsymbol{r}_{ic}'(0) - \boldsymbol{r}_{ankle}' \right] e^{\Delta t'} + \boldsymbol{r}_{ankle}' \qquad (5.25)$$

应用瞬时捕获点的概念，可以对该双足机器人的捕获性进行分析。0 步可捕获等价于当前脚的位置就在瞬时捕获点。对于 N 步捕获性来说，需要在一步内到达 $N-1$ 步可捕获的状态。将可以保证 N 步可捕获的脚和地面的接触点与瞬时捕获点的最大距离（归一化的）记为 $d_{N'}$，模型能实现的最大无量纲步长为 $L_{max'}$，最早的完成一步的时间为 Δt_s，则如果要满足 N 步可捕获性，应该

满足下式：

$$\|\boldsymbol{r}'_{ic}(\Delta t'_s) - \boldsymbol{r}'_{ankle}\| \leq d'_{N-1} + l'_{max} \tag{5.26}$$

将瞬时捕获点的表达式代入，则可以得到

$$d'_N = d'_{N-1} + l'_{max} e^{\Delta t'_s}, d'_0 = 0 \tag{5.27}$$

这样便得到了 N 步可捕获域的范围。

　　以上是对具有点脚的倒立摆模型应用的捕获性分析，所研究的模型比较简化。对于考虑脚掌大小的、较复杂的模型，也可以应用类似的分析。

5.3.3　基于捕获性的行走控制

　　Pratt 等基于捕获性的概念提出了一个控制器，并应用于仿人机器人 M2V2 上。该控制器的目标包括机器人的行走和平衡两部分。以期望的瞬时捕获点路径作为基础，通过给定合适的脚底压力中心的位置来让瞬时捕获点按照期望的路径运动。对于平衡控制来说，当瞬时捕获点离开支撑面时，机器人进行一步运动则是必需的。行走控制和平衡控制都将期望的落脚点选在一步捕获区域中。此方法中使用了低阻抗反馈控制器，主要控制落脚点、身体的高度、方向和速度等，而不是直接严格地控制各个关节角度。该控制器使用的是力矩控制的方式，控制器的输入是各个关节的角度和角速度，以及上身的方向和角速度，输出是各个关节的力矩。

　　控制器的流程如图 5 – 12 所示。该控制器根据机器人每条腿的摆动、支撑

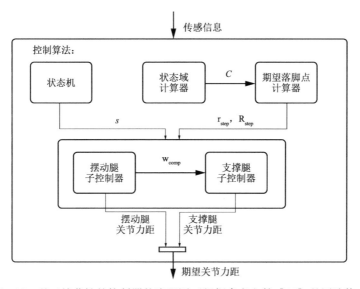

图 5 – 12　基于捕获性的控制器的流程图（根据参考文献［15］的图片修改）

阶段，将机器人一步的运动分为若干状态，通过状态机判断机器人当前的状态。状态域计算器用于计算捕获区域 C，并以此为依据，通过期望落脚点计算器计算下一步期望的脚的位置和方向，以此作为轨迹规划的基础。摆动腿子控制器根据期望的脚的位姿，生成摆腿阶段的轨迹，并结合逆运动学、逆动力学、PD 控制等方式计算出所需的关节力矩。支撑腿子控制器根据期望的脚的位姿、上身的运动状态、传感器数据等信息，计算出瞬时捕获点的位置，并进一步得到支撑腿各个关节所需的力矩。

仿人机器人 M2V2 实验结果表明，在该控制方法下，仿人机器人可以在站立状态下抵抗一定外力的扰动（图 5 - 13），并可以实现稳定的行走（图 5 - 14），步长为 0.35m，步宽为 0.20m，平均行走速度为 0.21m/s。

图 5 - 13 应用基于捕获性控制方法的仿人机器人 M2V2 在受到扰动时的运动
（图片来自参考文献 [15]）

图 5 - 14　应用基于捕获性控制方法的仿人机器人 M2V2 的行走序列图
（图片来自参考文献 [15]）

5.4　仿人机器人柔顺控制

　　柔顺控制对机器人的稳定性、安全性、误差容忍度等方面的性能都有重要作用。对仿人机器人来说，柔顺控制能让机器人更好地抵抗外界冲击，适应更加复杂的环境，同时极大地增强机器人与环境交互的能力（图 5 - 15）。

　　由于上身和足部的柔顺控制效果，使机器人可以抵抗一定的外界扰动。与工业机器人不同，仿人机器人自由度多，浮动基动力学复杂，并且执行的任务和动作纷繁多样。针对不同的应用环境，仿人机器人的柔顺控制也会按照身体部位、控制方式的不同进行针对性的设计。

图 5 - 15　仿人机器人柔顺控制示意图（见彩插）

5.4.1　上身柔顺控制

机器人的上身柔顺控制可以让机器人在受到外部力的作用时，上身具有一定的柔性，从而消减外界对其的冲击作用。此外，上身柔顺控制也能通过改变机器人的质心位置，调整机器人的平衡，使机器人在行动时更加稳定。上身柔顺控制增加了机器人动力学模型和真实机器人模型之间的误差容许度。

1. 躯干位置柔顺控制

躯干位置控制（Torso Position Compliance Control, TPC）由 Nagasaka 提出，被广泛应用于仿人机器人的柔顺控制中，它的作用是让机器人对外力和足部作用力误差做出反应，产生相应的柔顺效果，于是我们需要寻找外力、足部作用力与躯干位置控制量的关系来实现闭环控制。作用于机器人身上的外力是无法直接测量的，但是 ZMP 能反映外力和足部作用力的综合作用效果。根据实际 ZMP 与规划 ZMP 的误差，就能够对外力和足部作用力的误差作用做出柔顺响应。由于矢状面控制和冠状面控制不耦合，可将两个方向的控制分开处理，下面以矢状面（x 方向）的控制为例。

使用倒立摆模型为机器人建模：

$$^{B}p_{x,\mathrm{cal}} = x - \frac{z_c}{g}\ddot{x} \tag{5.28}$$

其中，$^{B}p_{x,\mathrm{cal}}$ 为机器人本体坐标系下的 ZMP 位置，z_c 为机器人质心高度。考虑机器人系统响应的滞后，ZMP 测量值在时间上将会落后于真实值，用一阶惯性环节模拟滞后效果：

$$
{}^B p_{x,\text{rel}} = \frac{1}{1 + Ts} {}^B p_{x,\text{cal}} \tag{5.29}
$$

其中，${}^B p_{x,\text{cal}}$ 为滞后的 ZMP，即 ZMP 测量值。写出状态空间表达式：

$$
\frac{\mathrm{d}}{\mathrm{d}t}
\begin{bmatrix} {}^B p_{x,\text{rel}} \\ x \\ \dot{x} \end{bmatrix}
=
\begin{bmatrix} -\dfrac{1}{T} & \dfrac{1}{T} & 0 \\ 0 & 0 & 1 \\ 0 & 0 & 0 \end{bmatrix}
\begin{bmatrix} {}^B p_{x,\text{rel}} \\ x \\ \dot{x} \end{bmatrix}
+
\begin{bmatrix} -\dfrac{z_c}{gT} \\ 0 \\ 1 \end{bmatrix}
\ddot{x}
$$

$$
{}^B p_{x,\text{rel}} = \begin{bmatrix} 1 & 0 & 0 \end{bmatrix}
\begin{bmatrix} {}^B p_{x,\text{rel}} \\ x \\ \dot{x} \end{bmatrix} \tag{5.30}
$$

根据状态空间表达式设计状态反馈控制器：

$$
\ddot{x} = -k_1 p_{x,\text{rel}} - k_2 x - k_3 \dot{x} \tag{5.31}
$$

即

$$
\dot{x} = Ax + Bu \tag{5.32}
$$

$$
\boldsymbol{u} = -\boldsymbol{Kx} \tag{5.33}
$$

随后需要确定反馈控制器的反馈增益系数。本书中使用线性二次型调节器（LQR）确定最优的反馈增益阵。二次型性能指标形如

$$
J = \int_0^\infty (x^T Q x + u^\mathsf{T} R u)\,\mathrm{d}t \tag{5.34}
$$

为了使性能指标取最小值，需要求解卡提方程。在求解过程中为了运算简便，令 $\boldsymbol{K} = \boldsymbol{R}^{-1} \boldsymbol{B}^T \boldsymbol{P}$，得到方程：

$$
\boldsymbol{A}^T \boldsymbol{P} + \boldsymbol{P} \boldsymbol{A} - \boldsymbol{P} \boldsymbol{B} \boldsymbol{R}^{-1} \boldsymbol{B}^T \boldsymbol{P} + \boldsymbol{Q} = 0 \tag{5.35}
$$

在 Matlab 中有用于求解卡提方程的函数：care、dare、dlqr、dlqry 等，可根据需求选择相应函数并快速求解反馈增益阵 $\boldsymbol{K}$。

在计算中需要设置权重 $\boldsymbol{Q}$ 和 $\boldsymbol{R}$。$\boldsymbol{R}$ 选择单位对角阵 $\boldsymbol{I}$，一般来说，$\boldsymbol{R}$ 的对角线元素越小，控制器的调节效果越大。

这个控制器的核心控制律为式（5.31），即根据 ZMP 误差以及质心位置和质心调节量的位置和速度，来产生质心加速度的控制量。从本质上讲，这类似一种导纳控制（以力作为输入，输出位置控制量），此处的 ZMP 输入即反映了机器人受到的外力和足部受力误差的综合效果。导纳控制的特性能使机器人体现出顺应外力和吸收扰动的运动方式，实现了柔顺控制的效果。

2. 抵抗性躯干柔顺控制

针对在有小扰动的平地上进行慢速行走的抗扰动以及柔顺控制问题，TPC 的

调节效果即可满足要求。但当机器人持续受到外力的作用，或是由于地面存在微小坡度导致机器人持续向一侧调节时，单纯使用 TPC 的柔顺控制可能会导致机器人向一侧偏离，从而影响机器人的稳定性。所以需要带有抵抗性的躯干柔顺弥补这个缺点。抵抗性柔顺是指让机器人模拟人受到推力后先顺应推力做柔顺运动、再抵抗推力做反向拮抗运动的过程，通过虚拟力控制和虚拟模型控制的方法实现。

抵抗性柔顺控制的基本思路是使用虚拟质心模型，并将控制以虚拟力的方式同外力的作用一同加入到这个虚拟的质心模型上，通过阻抗控制方法生成躯干的位置调节量。该方法的具体操作步骤如下：

先根据 ZMP 输入估计作用于质心的外力大小。建立线性倒立摆模型，如图 5-16 所示。图中 m 为机器人质量，x^{pg} 为机器人质心位置，F_{ext} 是机器人质心处受到的外力，P^{pg} 为期望的 ZMP，P^{rel} 为真实 ZMP。根据施加外力和不施加外力的线性倒立摆动力学可得到方程组：

$$\begin{cases} F_{ext}Z_c + mg(x^{pg} - p^{rel}) = m\ddot{x}^{pg}Z_c \\ mg(x^{pg} - P^{pg}) = m\ddot{x}^{pg}Z_c \end{cases} \tag{5.36}$$

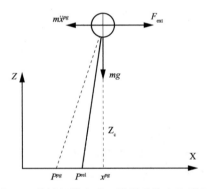

图 5-16　通过 ZMP 估计机器人质心处所受外力的倒立摆模型示意图

于是外力为

$$F_{ext} = \frac{mg(P^{rel} - P^{pg})}{Z_c} \tag{5.37}$$

下面用阻抗控制，将输入外力体现为输出位置的调节量。建立弹簧-阻尼-质量块虚拟模型描述阻抗控制的动力学：

$$F_{ext} = K_p e + K_d \dot{e} + K_m \ddot{e} \tag{5.38}$$

式中，K_p 为劲度系数，K_d 为阻尼系数，K_m 为模型质量。为了使机器人动态效果更接近真实情况，我们将 K_m 大小设置为机器人质量大小 m。将式（5.37）

计算得到的外力代入式（5.38）描述的系统中，可得到状态空间表达式：

$$\begin{cases} \dot{x} = Ax + Bu \\ A = \begin{bmatrix} 0 & 1 \\ -\dfrac{K_p}{m} & -\dfrac{K_d}{m} \end{bmatrix}, B = \begin{bmatrix} 0 \\ \dfrac{1}{m} \end{bmatrix}, u = F_{\text{ext}} \end{cases} \tag{5.39}$$

下面在虚拟模型的基础上，设计带有抵抗性的虚拟力控制器。虚拟力控制器由两部分并联组成，分别是虚拟抗力控制和模型预测控制（MPC）。虚拟抗力控制主要用于自然地体现拮抗的运动效果；MPC 则用于使机器人在行走时，保证柔顺的基础上能够使实际 ZMP 准确地跟随规划的 ZMP，从而保证稳定地行走。

抵抗性虚拟力控制以外力为输入，输出的抵抗性虚拟力作为控制量。控制器可表示为

$$F_{\text{resi}} = K_1 F_{\text{ext}} + K_2 e \tag{5.40}$$

式中，K_1 为负系数，由于抵抗性虚拟力应略大于外力，故 K_1 建议设置为 $-1.1 \sim -1.4$，K_2 的设置应保证原系统为临界阻尼系统。

由于抵抗效果应在柔顺效果后产生，抵抗力应滞后于外力作用，故采用一阶惯性环节实现滞后效果：

$$F_{\text{vir}}(s) = \frac{1}{1 + T_{\text{lag}}s} F_{\text{resi}}(s) \tag{5.41}$$

仅仅使用以上的控制，即可实现带抵抗的站立柔顺效果但是当机器人在行走时，柔顺效果带来的不稳定因素会导致 ZMP 偏离原规划值，必须在虚拟力控制的基础上引入 ZMP 跟随控制。虚拟力控制量引起的加速度需要经过两次积分才能体现为质心位置，所以机器人的质心位置对于虚拟力控制量有滞后性，而 ZMP 同时受控于质心的位置和加速度，所以用虚拟力控制 ZMP 时，应提前考虑未来的 ZMP 轨迹，并提前做出响应，以此来克服滞后性。利用模型预测控制（Model Prective Control，MPC）可以很好地解决这个问题。

将控制器扩充为

$$F_{\text{vir}} = \frac{1}{1 + T_{\text{tag}}s} F_{\text{resi}} + F^{\text{mpc}} \tag{5.42}$$

式中，F^{mpc} 为 MPC 输出的虚拟力控制量，由其产生的 ZMP 偏差量之间的动力学关系可描述为

$$\begin{cases} F^{\text{mpc}} = K_p e + K_d \dot{e} + K_m \ddot{e} \\ F^{\text{mpc}} Z_c + mg(e - p) = m \ddot{e} Z_c \end{cases} \tag{5.43}$$

由于 $K_m = m$，上式的状态空间表达式为

$$\begin{cases} \dot{\overline{x}} = \overline{A}\,\overline{x} + \overline{B}F^{\mathrm{mpc}} \\[2mm] p = \overline{C}\,\overline{x} \\[2mm] \overline{A} = \begin{bmatrix} 0 & 1 \\[1mm] -\dfrac{K_p}{K_m} & -\dfrac{K_d}{K_m} \end{bmatrix}, \overline{B} = \begin{bmatrix} 0 \\ 1 \end{bmatrix} \\[5mm] \overline{C} = \left[\dfrac{K_p Z_c + mg}{K_m mg}, \dfrac{K_d Z_c}{K_m mg} \right] \end{cases} \qquad (5.44)$$

对式（5.44）所示系统进行 N 步的预测，可得到第 N 步输出 ZMP 为

$$p_{k+N} = \overline{C}\,\overline{A}^N x_k + \overline{C} \sum_{j=1}^{N-1} \overline{A}^{N-j} \overline{B} F_{k+j-1}^{\mathrm{mpc}} + \overline{C}\,\overline{B} F_{k+n-1}^{\mathrm{mpc}} \qquad (5.45)$$

用 P^* 表示未来 N 步内的 ZMP 预测值，控制向量 F^* 表示未来 N 步能够使 ZMP 跟随规划值的虚拟力控制量，定义评价函数为

$$J^* = \sum_{j=k+1}^{k+N} \frac{w_1}{2} \| p^{pg} - p^* \|^2 + \frac{w_2}{2} \| F^* \|^2 \qquad (5.46)$$

其中，w_1 和 w_2 为权重系数。求解上述最优化问题，即可得到控制向量 F^*。在单个控制周期中，只使用控制向量 F^* 的第一个控制量 $F(1)$，下一个控制周期里重新优化并计算控制向量。

最终，观察式（5.42），我们可将此类控制器的右侧分为两部分，公式第一项为反馈控制项，根据式（5.40）、式（5.41）可得到关于 ZMP 的闭环反馈控制；公式第二项为预观项，根据式（5.46）优化得到 MPC 输出量，实现预测控制。

5.4.2　足部柔顺控制

躯干柔顺控制能提高机器人行走时的稳定性和适应性，但面对较为崎岖的路面，仅仅靠躯干柔顺控制是不够的。与地面直接接触的足部需要自主地适应崎岖的地面，从而使机器人上身保持原有的姿态，能够最直接地实现这一点的就是足部柔顺控制。足部柔顺控制让机器人足部体现出类似肌肉的柔性，能吸收大部分足部着地时的冲击，提高机器人对较崎岖的不平整地面的适应性。

对于控制关节轨迹的机器人来说，实现足部柔顺控制的基本方法是阻抗控制。但仅仅让机器人足部呈现柔性，而不对其施加额外的控制，会使机器人由于外力的作用偏离原来的轨迹，所以在足部柔顺控制的基础上实现平衡控制与轨迹跟踪控制是必要的。Kajita 等提出的基于足部阻抗控制的 ZMP 跟随控制方法，以足部柔顺控制为基础实现 ZMP 的跟随，再通过在线调整 ZMP 的轨迹，

控制机器人质心的运动状态，使机器人能够在不平整的地面以及柔软的地面上稳定行走。本节中介绍的足部柔顺控制使用类似的方法，先建立阻抗控制模型实现简单的足部柔顺，在此基础上计算机器人稳定行走的足部期望受力和力矩，并用阻抗控制实现跟随。

1. 简单足部柔顺的实现

简单足部柔顺的控制流程如图 5 - 17 所示，其中 F_d 为执行器末端期望受力，ΔF 为执行器末端实际受力和期望受力的差值，x 为导纳控制输出的位置调节量，F 为执行器末端实际受力。将末端力输入导纳控制器，输出位置控制量，再输入阻抗系统，阻抗系统会得到与外界接触的力。这种阻抗控制器适用于控制关节轨迹的机器人。

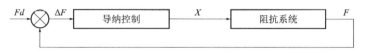

图 5 - 17　阻抗控制流程

为机器人足部建模（如图 5 - 18 所示），在其 z 方向、俯仰方向和滚转方向上使用双弹簧阻尼模型，其中 D_1、D_2 分别为两个弹簧阻尼系统的阻尼系数，K_1、K_2 为弹性系数，e_1、e_2 为各自的位移，e 为总位移，F 为外力输入。

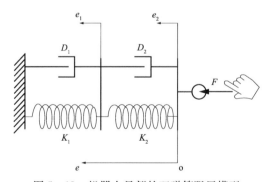

图 5 - 18　机器人足部的双弹簧阻尼模型

该模型的动力学系统的状态空间表达式为

$$
\frac{\mathrm{d}}{\mathrm{d}t}\begin{bmatrix} F \\ e \\ \dot{e} \end{bmatrix} = \begin{bmatrix} -\dfrac{K_1+K_2}{D_1+D_2} & \dfrac{K_1 K_2}{D_1+D_2} & \dfrac{K_1 D_2+K_2 D_1}{D_1+D_2} \\ 0 & 0 & 1 \\ 0 & 0 & 0 \end{bmatrix}\begin{bmatrix} F \\ e \\ \dot{e} \end{bmatrix} + \begin{bmatrix} \dfrac{D_1 D_2}{D_1+D_2} \\ 0 \\ 1 \end{bmatrix}\ddot{e}
$$

$$(5.47)$$

对该系统设计状态反馈控制器，控制器表达式为

$$\Delta \ddot{e}(k) = -k_1 \left[F(k)_{\text{real}} - F(k)_{\text{desired}} \right] - \Delta k_2 e(k) - k_3 \Delta \dot{e}(k) \qquad (5.48)$$

通过以上控制器，就可以实现简单的足部柔顺控制。表现出来的效果是给机器人足部施加外力后，机器人足部能顺应外力的作用模拟出类似弹簧的效果。但由于机器人系统硬件和通信的延迟，简单柔顺控制的实现往往存在滞后，其实际位置可由期望位置加上一个一阶惯性环节来表示：

$$e_{\text{real}} = \frac{1}{1 + T_d s} e_{\text{desired}} \qquad (5.49)$$

为了减弱惯性环节带来的影响，在期望的控制量前加一个超前矫正网络，得到控制量的修正计算值：

$$e_{\text{calculated}} = \frac{1 + \alpha T_d s}{1 + T_d s} e_{\text{desired}} \qquad (5.50)$$

加上超前网络后的位置实际值表示为

$$e_{\text{real}} = \frac{1 + \alpha T_d s}{(1 + T_d s)^2} e_{\text{desired}} = \frac{1 + \alpha T_d s}{1 + 2 T_d s + T_d^2 - s^2} e_{\text{desired}} \qquad (5.51)$$

实验经验表明 T_d 可取 0.2s 左右。在前面的二阶系统中，二阶成分相比一阶成分很小，在实际控制应用时可以忽略。对比零极点，若要使位置实际值等于位置期望值，可以看出 α 应当取 2。

在实际应用中，由于传感器数据可能会出现高频抖动，因而应用柔顺控制可能会产生振动，极大地影响控制的稳定性。对此可使用导纳阻抗转化方法，对读回的力/力矩传感器数据进行处理。其中，导纳系统是指输入力，即输出位置的系统，阻抗系统是指输入位置，即输出力的系统。导纳阻抗转换过程如图 5 - 19 所示。

图 5 - 19　导纳阻抗转化

记导纳系统和阻抗系统模型的弹性系数、阻尼系数以及质量分别为 k_{p1}、k_{p2}、k_{d1}、k_{d2}、m_1、m_2。把这两个系统串联后，得到了导纳阻抗转化的表达式：

$$F_1(s) = \frac{k_{p1} + k_{d1} s + m_1 s^2}{k_{p2} + k_{d2} s + m_2 s^2} F_2(s) \qquad (5.52)$$

这个表达式的形式是一个滤波器，滤波器传函的分子阶数低于分母，故 $m_1 = 0$。在进行几组数值仿真后，可得出几个参数对滤波效果的影响。输入信号频率为 2Hz，幅度为 50 的正弦信号，加上幅度为 10 的噪声，针对此信号找

出一组比较理想的参数，该参数下的滤波器对输入信号的滤波效果如图 5 – 20 所示。

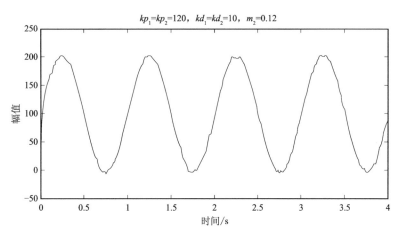

图 5 – 20　通过导纳阻抗滤波处理的理想幅值曲线

通过以上处理，即可得到比较理想的简单足部柔顺控制效果，为之后实现足部期望受力跟随的柔顺控制奠定了基础。

综合以上的方法，利用式（5.48）所示控制器，结合式（5.50）所示超前网络调节，通过式（5.52）所示滤波器将输入外力的高频抖动滤去，即可实现相应较快、效果平滑的柔顺效果。

2. 足部期望力跟随柔顺控制

仅仅使用足部简单柔顺控制无法使机器人稳定行走。由于机器人的步态规划方法使用的动力学模型存在误差，无法保证足部的压力中心处于脚踝正下方，所以机器人足部会受到力矩的作用足部简单柔顺控制会顺应力矩进行柔顺调节，这会导致机器人失衡。为了使机器人按照给定的轨迹稳定运动，其足部应提供相应的力和力矩，所以足部期望力跟随柔顺控制的输入应当为外力减去期望受力的形式。这种形式既可以理解为足部期望受力的跟随，也可以理解为类似于力控机器人的力前馈。

计算足部期望受力和力矩的方法很多，Kajita 等使用了期望 ZMP 分配的方法，Stephen 等使用了角动量守恒的方法。本章使用机器人全身动力学的方法，通过机器人关节位置、速度以及加速度计算机器人足部应当受到的力和力矩。

机器人全身动力学公式可表示为

$$D(q)\ddot{q} + C(q, \dot{q}) + G(q) = \tau \tag{5.53}$$

建立机器人的多连杆模型，确定动力学参数矩阵 D、C 和 G，本书通过拉格朗日动力学方法计算动力学参数矩阵：

$$\frac{\mathrm{d}}{\mathrm{d}t}\left(\frac{\partial L}{\partial \dot{q}}\right) - \frac{\partial L}{\partial q} = \tau \tag{5.54}$$

将关节轨迹 q 代入式（5.53）即可得到各个关节的期望力矩，我们只需要踝关节的两个自由度的力矩。足部俯仰和滚转方向的力矩和踝关节两个自由度的力矩耦合，但由于踝关节的角度变化较小，可将足部两个方向的力矩解耦，并将踝关节两个关节的期望力矩近似地当作足部俯仰和滚转方向的期望力矩 k。

在竖直方向上利用牛顿第二定律，即可求出足部应受到的竖直方向的期望力。得到机器人踝关节期望力矩以及竖直方向期望受力后，代入控制器（5.48），即可得到能够实现期望力、期望力矩跟随效果的足部柔顺控制器。

5.5　各种运动控制方法的比较

本章重点介绍了基于传感反射的控制、基于捕获性的控制、柔顺控制三种控制方法。表 5-1 展示了对这几种方法的比较。需要注意的是，轨迹跟踪方法和柔顺控制方法中都包含以 ZMP 偏差为输入、调节上身运动的控制方式，但它们的控制思想不同。轨迹跟踪的目的是使实际 ZMP 跟踪规划 ZMP，是通过上身轨迹的调整来做 ZMP 轨迹的跟踪器；柔顺控制的目的是顺应外力和扰动，从而吸收其带来的冲击，稳定机器人的行走。例如，柔顺控制中 TPC 方法的思想就是当实际 ZMP 产生偏差时，调节上身轨迹使质心运动能够适应实际 ZMP 的位置，并非将 ZMP 调节回规划值。

对于仿人机器人行走的控制，从控制方式来说，可以分为对关节轨迹的控制和直接对驱动力矩的控制；从控制依据来说，包括使 ZMP 或 CoP 和期望的轨迹相一致，修正机器人在运动过程中肢体位姿或步态特征与期望值之间的误差，脚在合适的位置着地，使机器人的驱动方式或肢体轨迹与人类运动接近等。目前越来越多的控制方法强调多种控制系统的结合，例如基于 ZMP 的控制方法与传感反射控制的结合、轨迹控制与力矩控制的结合等。让仿人机器人实现稳定、自然流畅、高效的运动是该研究领域的长期目标。

表 5 – 1　仿人机器人常用运动控制方法的比较

方法 属性	传感反射控制 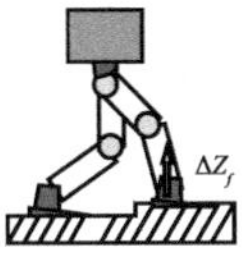	基于捕获性的控制 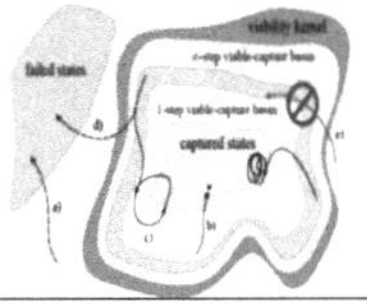	上身/足部柔顺控制 
控制的对象	关节角度	关节力矩	上身/足部位姿
控制的目标	ZMP 的位置； 肢体位姿； 步态特征	脚落地点的位置	使上身/足部表现出一定柔性； 足部受力跟踪期望值
需要的检测 信息	脚底压力、肢体位姿	肢体角度、脚与地面 接触状态、质心运动	脚底压力、肢体位姿
方法的优点	稳定性较好、适应不 平地面	适应复杂环境	稳定性较好、人机交互安全
代表件的 机器人	BHR – 5	M2V2	BHR – 6

（其中基于捕获性的控制的示意图来自文献［14］）

5.6　仿人机器人运动控制应用实例

本实例以北京理工大学最新研制的 BHR-6 仿人机器人为平台，说明传感反射控制方法在仿人机器人不平整地面行走中的应用。该方法不需要已知不平整地面的高度变化，仅需检测机器人足底压力即可实时调整腿部运动，适应复杂地形。

1. 实验环境

仿人机器人的实验环境如图 5 – 21 所示，在机器人前进方向上放置长 110cm、宽 100cm、高 6cm 的长方体来模拟不平整地面。在 BHR-6 仿人机器人踝关节与脚底板连接处安装六维力/力矩传感器。机器人在无扰动的情况下行走步长为 0.4m，行走周期为 0.8s，运动步态使用本书 4.5 节描述的基于稳定性裕度的规划方法得到。踝关节和腰部的轨迹表达式可以参考 4.5 节的相关内容。

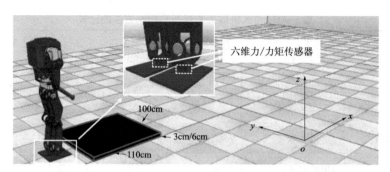

图 5 -21   BHR-6 仿人机器人不平整地面行走的实验场景

2. 控制方法

在机器人运动控制中，应用 5.2.1 节提出的传感反射控制中的落地时间控制，即当检测到摆动腿早于预定时间与地面接触时，机器人会根据检测到的足底压力调整抬脚高度，如式（5.9）、式（5.10）所示。其中控制参数 K_{fe} 取为 1.29×10^{-3} cm/N。

3. 实验结果

在通过 6cm 高的长方体的行走中，仿真模型中计算得到的机器人足底压力变化如图 5 -22 所示，可以看出，在 $t=1.268$s 时，左脚踩到台阶上，摆动腿早于预定时间与地面接触，检测到足底压力相对于参考值的变化，最大变化幅度达到 2088.6N，应用落地时间控制对摆动脚位置进行调节，左脚抬高，以适应地面高度变化，轨迹在竖直方向的最大变化达到 2.70cm。$t=3.82$s 时，检测到机器人右腿晚于预定时间落地，根据落地时间控制，右脚下降，从而快速接触地面保持稳定。机器人脚部轨迹的变化如图 5 -23 所示。机器人通过台阶的整个过程如图 5 -24 所示。

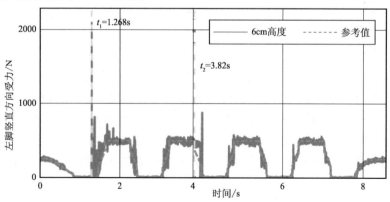

图 5 -22   BHR-6 仿人机器人不平整地面行走的足底压力变化（见彩插）

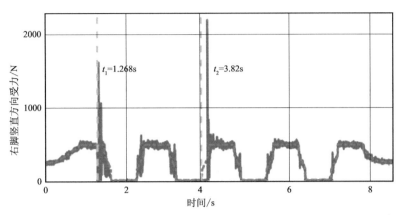

图 5－22　BHR-6 仿人机器人不平整地面行走的足底压力变化（见彩插）（续）

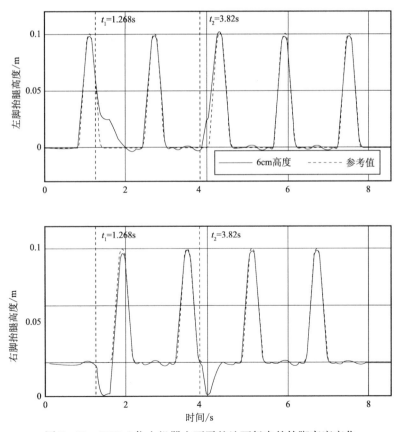

图 5－23　BHR-6 仿人机器人不平整地面行走的抬脚高度变化

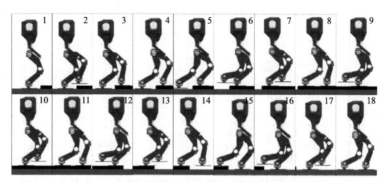

图 5 - 24　BHR-6 仿人机器人不平整地面行走序列图（见彩插）

参 考 文 献

[1] Hirai K, Hirose M, Haikawa Y, et al. The development of Honda humanoid robot[C]//IEEE International Conference on Robotics and Automation, IEEE, 1998, 2: 1321 – 1326.

[2] Huang Q, Nakamura Y. Sensory reflex control for humanoid walking[J]. IEEE Transactions on Robotics, 2005, 21(5): 977 – 984.

[3] 汪光. 基于传感反馈的仿人机器人动态行走控制[D]. 北京: 北京理工大学, 2003.

[4] 陈学超. 仿人机器人抗扰动的步行规划与控制[D]. 北京: 北京理工大学, 2013.

[5] Chen Xuechao, Yu Zhangguo, Zhang Weimin, et al. Bio-inspired Control of Walking with Toe-off, Heel-strike and Disturbance Rejection for a Biped Robot[J]. IEEE Transactions on Industrial Electronics, 2017, 64(10): 7962 – 7971.

[6] Meng Fei, Chen Xiaopeng, Yu Zhangguo, et al. Impact motion control of humanoid robot BHR-5 based on the energy integral method[J]. Advances in Mechanical Engineering, 2016, 8 (1): 1 – 10.

[7] Yu Zhangguo, Zheng Maoxing, Zhou Qinqin, et al. Disturbance Rejection Controller for Biped Walking Using Real-Time ZMP Regulation[C].//Romansy 21-Robot Design, Dynamics and Control. Proceedings of the 21st CISM-IFToMM Symposium. June 20 – 23, 2016: 179 – 188.

[8] Chen Xuechao, Huang Qiang, Yu Zhangguo, et al. Robust push recovery by whole-body dynamics control with extremal accelerations[J]. Robotica, 2014, 32(3): 467 – 476.

[9] Yu Zhangguo, Huang Qiang, Li Jianxi, et al. Computer control system and walking pattern control for a humanoid robot[C]//IEEE/ASME International Conference on Advanced Intelligent Mechatronics. Piscataway, NJ, USA: IEEE, 2008: 1018 – 1023.

[10] Yu Zhangguo, Huang Qiang, Li Jianxi, et al. Distributed control system for a humanoid robot [C]//International Conference on Mechatronics & Automation, IEEE, Harbin, China, 2007: 1166 – 1171.

[11] Li Tongtong, Yu Zhangguo, Chen Juan, et al. Stability Control for Biped Walking Based on Phase Modification During Double Support Period[C]//2014 IEEE International Conference on Robotics and Biomimetics (ROBIO 2014), IEEE, 2015: 1290 – 1295.

[12] Hof A. L. The "extrapolated center of mass" concept suggests a simple control of balance in walking[J]. Hum Mov, 2008, 27(1): 112 – 125.

[13] Pratt J, Carff J, Drakunov S, et al. Capture point: A step toward humanoid push recovery [C]//Accepted for podium presentation in Humanoids. 2006: 200 – 207.

[14] Koolen T, Boer T. D, Rebula J, et al. Capturability-based analysis and control of legged locomotion, Part 1: Theory and application to three simple gait models[J]. The International Journal of Robotics Research, 2012, 31(9): 1094 – 1113.

[15] Pratt J, Koolen T, De Boer T, et al. Capturability-based analysis and control of legged locomotion, Part 2: Application to M2V2, a lower-body humanoid[J]. International Journal of Robotics Research, 2012, 31(10): 1117 – 1133.

[16] Toru Takenaka, Takashi Matsumoto, Takahide Yoshiike, et al. Real time motion generation and control for biped robot-2nd report: Running gait pattern generation [C]//IEEE/RSJ International Conference on Intelligent Robots & Systems. 2009: 1084 – 1091.

[17] Kim J Y, Park I W, Oh J H. Walking Control Algorithm of Biped Humanoid Robot on Uneven and Inclined Floor[J]. Journal of Intelligent & Robotic Systems, 2007, 48(4): 457 – 484.

[18] Rack P M, Ross H F, Thilmann A F, et al. Reflex responses at the human ankle: the importance of tendon compliance[J]. The Journal of Physiology, 1983, 344(1): 503 – 524.

[19] Nagasaka K, Inaba M, Inoue H. Stabilization of Dynamic Walk on a Humanoid Using Torso Position Compliance Control[C]//The 17nd Annual Conference of The Robotics Society of Japan. 1999: 1193 – 1194.

[20] Kajita S, Morisawa M, Miura K, et al. Biped Walking Stabilization based on Linear Inverted Pendulum Tracking[C]//Proceedings of the IEEE/RSJ International Conference on Intelligent Robots and Systems. 2010: 4489 – 4496.

[21] Westervelt E. R, Grizzle J. W, Koditschek D. E. Hybrid zero dynamics of planar biped walkers[J]. IEEE Transactions on Automatic Control, 2003, 48(1): 42 – 56.

[22] Stephens B, Atkeson C. Push Recovery by stepping for humanoid robots with force controlled joints[C]//IEEE-RAS International Conference on Humanoid Robots. IEEE, 2010: 52 – 59.

[23] Inman V T, Ralston H J, Todd F. Human Walking [M]. Baltimore: Williams & Wilkins, 1981.

[24] Kawaji S, Ogasawara K, Arao M. Rhythm-based control of biped locomotion robot[C]//1998 5th International Workshop on Advanced Motion Control. 1998: 93 – 98.

[25] Yamaguchi J, Kinoshita N, Takanishi A, et al. Development of a dynamic biped walking system for humanoid development of a biped walking robot adapting to the humans' living floor[C]// 1996 IEEE International Conference on Robotics and Automation, IEEE, 1996: 232 – 239.

[26] Hu J, Pratt J, Pratt G. Adaptive dynamic control of a bipedal walking robot with radial basis function neural networks[C]//IEEE/RSJ International Conference on Intelligent Robots & Systems, IEEE, 1998: 400 – 405.

[27] Kun A, Miller W T. Adaptive dynamic balance of a biped robot using neural networks[C]// IEEE International Conference on Robotics and Automation, IEEE, 1996: 240 – 245.

[28] Boone G N, Hodgins J K. Slipping and Tripping Reflexes for Bipedal Robots[J]. Autonomous Robots, 1997, 4(3): 259 – 271.

第6章

基于人体运动规律的仿人机器人运动设计

6.1 概 述

6.1.1 问题的提出

人体的运动具有较高的能效、较好的稳定性和对环境的适应能力，且步态灵活、协调性好。仿人机器人是模仿人体特征设计制造的，理想的仿人机器人的步态应该像人体的步行运动一样，具有自主性、机动性、实时性、稳定性、高能效性与协调性等特征。由于仿人机器人的复杂运动难以规划，相应的运动方程难以建立和求解，因此，在仿人机器人的步态规划中，参考人类运动步态的特征，就显得十分重要。另一方面，人类如果在运动中失去平衡，一般可以通过身体的运动来调整姿态和着地部位，减少落地时的冲击力，从而保护身体不受或少受损伤。目前大多数仿人机器人摔倒后无法继续工作，极大地限制了仿人机器人的实际应用，因此学习人类的摔倒保护能力对提高仿人机器人的实用性就具有重要的意义。此外，现有仿人机器人的环境适应能力还比较差，仅能应对比较简单的环境。对于沟壑、垂直壁障等自然界常见的环境还难以适应，制约了仿人机器人的到达范围和实用化进程。参考人类适应复杂环境的运动特点，改进仿人机器人翻滚、爬行等复杂动作的设计以及跳跃等下肢关节协同爆发式动作的设计，可以进一步提高仿人机器人的运动能力与适用范围。综上所述，研究人体运动规律，对仿人机器人的步态规划、复杂动作设计与高动态运动设计都具有重要意义，对提高仿人机器人的环境适应能力和能量效率也有所帮助。

图6-1展示了通过分析人体运动规律设计仿人机器人运动的一般思路。通过人体运动采集设备，对要研究的特定运动进行数据采集，之后通过数据处理与分析，得到人体在运动学/动力学方面的规律。这些规律可以作为仿人机器人步态/动作规划和运动控制的依据，在机器人的运动任务/目标、机器人运动状态反馈的共同作用下，生成机器人的参考轨迹和驱动模式，从而得到和人类运动类似的仿人机器人运动。

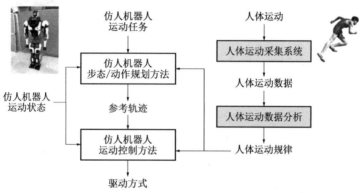

图6-1　基于人体运动规律的仿人机器人运动设计思路图

6.1.2　研究进展

在通过分析人体运动规律来指导仿人机器人的步态规划与运动控制方面，国内外研究者们进行了一系列工作，取得了一定的成果。Miura 等基于人体运动数据得到压力中心的轨迹，进而计算出可行的质心轨迹并通过逆运动学计算出关节轨迹。Yamane 等通过优化方法，将采集的人体运动数据转换为仿人机器人的全身运动，实现了对机器人的运动控制。Nakaoka 等记录下了一段专业人员完成的日本传统舞蹈动作，并将该动作在仿人机器人 HRP-2 上实现。北京理工大学仿人机器人研究团队采集人体行走运动信息并分析运动规律，在此基础上设计仿人机器人步态规划方法，并借鉴人体运动中刚柔可变特性及肢体配合规律分析了仿人机器人变速运动。尽管仿人机器人借鉴人体运动规律方面取得了一系列成果，但目前仿人机器人的行走运动能力还是与人类具有较大差距。

自从 DARPA 机器人挑战赛开办以来，仿人机器人的摔倒问题越来越受到重视，成为仿人机器人领域的研究热点。研究者们提出了一系列仿人机器人的摔倒保护策略，但其中大部分方法只停留在仿真验证或者小型仿人机器人实验验证阶段，只有少数进行了大型仿人机器人实验验证，且大多数方法难以应用于关节刚度较大的电机驱动机器人。

Fujiwara 等根据日本柔道运动中运动员摔倒动作得到启发，提出一种基于屈膝－伸腿的摔倒保护策略，将机器人摔倒分为若干个阶段，在不同的阶段分别执行屈膝或伸腿的策略，并在仿人机器人 HRP-2 上进行了验证，之后又通过轨迹优化的方式进行了仿人机器人摔倒保护运动的研究。

Samy 等通过改变摔倒时机器人手臂各关节的 PD 参数，使手臂在与地面发生碰撞时具有一定的柔顺性，能够吸收摔倒碰撞的一部分冲击能量，在仿人机器人 HRP-4C 上进行了实验验证（图 6-2）。这种方法也有一定的缺点，即大型仿人机器人的关节一般使用谐波减速器作为传动部件，具有很大的减速比，即使降低了关节 PD 控制参数，关节刚度依然会比较大，这种摔倒保护方式可能会对机器人手臂关节造成较大的损坏。

图 6-2　仿人机器人 HRP-4C 的摔倒实验（图片来自文献 [11]）

2016 年，美国波士顿动力公司发布了一个 ATLAS 仿人机器人的视频，在该视频中，ATLAS 机器人可以通过室内和野外复杂地形，利用手臂完成搬运物品、开门等作业任务。在视频的最后，研究人员在机器人背后施加一个突然的推力，ATLAS 受到扰动之后向前摔倒，并能够恢复至站立状态（图 6-3）。虽然在视频中可以看出，ATLAS 机器人摔倒的地面有一层缓冲材料，但也足以展示出该款机器人硬件设计的可靠性。除了摔倒视频以外，波士顿动力公司并没有公布更多技术细节。从机器人的结构分析，ATLAS 机器人拥有一套液压伺服驱动系统，相比电机驱动的位置控制机器人，结构本身具有更强的抗冲击能力。

北京理工大学的研究者采集了人体摔倒的运动数据，分析了人体摔倒的规律，并模仿人体运动提出了基于多阶段轨迹优化和上肢柔性控制的仿人机器人向前摔倒保护策略。此外，针对仿人机器人向后摔倒保护策略进行研究，从能量变化的角度规划机器人的摔倒运动，通过做负功来降低机器人的能量，从而减少机器人的冲击速度。之后，北京理工大学仿人机器人团队又建立了基于三阶倒立摆的仿人机器人摔倒模型，建立分阶段的摔倒运动状态方程，提出仿人机器人摔倒保护运动优化方法，并在仿人机器人 BHR-6 上进行了验证（图 6 - 4）。

图 6 - 3　仿人机器人 ATLAS 的摔倒实验（图片来自美国波士顿动力公司发布的视频）

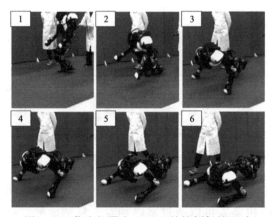

图 6 - 4　仿人机器人 BHR-6 的摔倒保护运动

　　综上所述，研究者们在仿人机器人步态规划和摔倒保护等方面都应用了模拟人体运动规律的方法，对提高仿人机器人的运动性能起到了一定效果。但目前仿人机器人的运动性能和人类相比还是有较大差距，主要体现在复杂环境适应能力、能量效率、运动的协调性、运动功能多样性等方面。如何进一步挖掘人体生理构造的特点和人体运动的规律，提高机器人在各种场景和任务下的运动能力，是今后需要重点研究的课题。

　　本章将从基于人体运动规律的仿人机器人步态规划、复杂动作设计、摔倒保护策略等方面进行介绍。6.2 节介绍常用的人体运动检测与分析平台，6.3 节介绍基于人体运动规律的仿人机器人行走步态规划，6.4 节介绍基于人体运动规律的复杂动作设计，6.5 节介绍基于人体运动规律的仿人机器人摔倒保护策略。

6.2　人体运动检测与分析平台

6.2.1　人体运动检测与分析平台概述

人体运动检测与分析平台指的是由人体运动采集设备和数据处理与分析系统集成的平台，可以采集人体运动的运动学、动力学、生理学等信息，并通过一定的数据处理和计算，得到被试者在某些方面的运动指标或规律。人体运动检测与分析的基本流程图如图 6 – 5 所示。

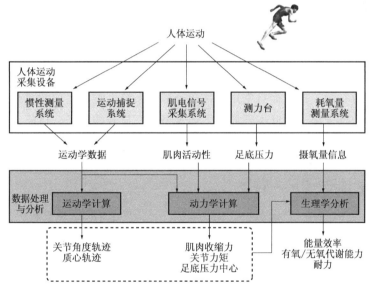

图 6 – 5　人体运动检测与分析平台结构图

人体运动采集设备一般包括测量运动学数据、测量动力学数据和测量生理学数据的设备。常用的运动学数据采集设备有运动捕获系统和惯性测量（IMU）系统，常用的动力学数据采集设备有肌电信号采集系统和测力台，常用的生理学数据采集设备有耗氧量测量系统、血乳酸测量仪等。本节后续内容会对这些设备仪器进行介绍。

采集得到的运动学数据主要包括关键部位的三维空间位置轨迹或关键肢体的三维空间角度变化轨迹，采集得到的运动学数据一般包括运动主要参与肌肉的活动性变化、足底压力中心的位置变化轨迹等；采集得到的生理学数据一般包括摄氧量、血乳酸含量等信息。将这些采集到的数据进行相应的数据处理与分析，可以得到人体运动的主要关节的角度轨迹、各肢体和全身的质心轨迹、肌肉收缩力变化、主要关节的力矩变化、能量效率、有氧呼吸/无氧呼吸的代谢能力等信息，并可以在此基础上进一步分析得到人体运动的相关规律。

需要注意的是，人体运动检测与分析平台没有统一的标准，也不需要包括所有前面提到的采集设备和数据，一般会根据要分析的运动任务有针对性地建立，但是基本流程大多是一致的。

一般在人体运动检测与分析中，都会用到人体运动模型，作为运动学和动力学分析的参考对象。本节后续部分将介绍一种常用的人体运动模型以及常用的运动采集设备。对运动数据的处理以及人体运动规律的分析将在后面几节中伴随步态规划和运动设计进行相应的介绍。

6.2.2 人体运动简化模型

如图6-6（a）所示，一个普通成年人一般具有206块骨骼和将近230个关节，构成由630块肌肉控制的244个自由度。如果对人体进行精确建模，将会是极其复杂的工作，而且常用人体运动捕获系统也难以对如此复杂的模型进行有效的数据采集，因此构建简化人体模型具有显著的意义。目前，常用的人体简化模型之一是由Hanavan提出，如图6-6（b）所示。该模型将人体简化

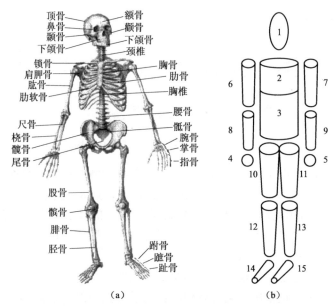

图6-6　基于人体骨骼模型的人体简化模型

（a）人体骨骼模型；（b）Hanavan提出的人体简化模型

为 15 个部分，分别对应人体的头部、胸部、腹部、大臂、小臂、手、大腿、小腿以及脚部，每个部分通过铰链互相连接。该模型的分类方法与典型的仿人机器人自由度配置相似，因此，本章将参考 Havavan 的人体简化模型，构建适合于人体运动分析的人体简化模型，并以此人体简化模型为基础，为构建人体运动捕获时的标志点选取和配置提供理论依据。

6.2.3 运动采集的常用手段

人体运动分析设备一般包含检测运动学信息的运动捕获系统、检测人体与地面之间作用力的测力台、测量人体肌肉活动性的肌电信号检测系统、测量人体肢体方向的惯导系统、测量人体能量代谢的耗氧量测量系统等。

1. 运动捕获系统

运动捕获（Motion Capture）系统主要分为光学式、电磁式和机械式等，可以实时检测和记录人体在三维空间中的运动轨迹。目前运动捕获技术已经成功地应用于虚拟现实、游戏、人体工程学、模拟训练、生物力学研究等许多领域。

光学式运动捕获系统是较常见的一种类型，通过对目标上特定光点的监视和跟踪完成运动捕获的任务。光学式运动捕获的优点是运动者活动范围大，无电缆、机械装置的限制，运动者可以自由地运动，使用很方便。其采样速率较高，可以满足多数高速运动测量的需要。目前常见的光学式运动捕获大多基于计算机视觉原理。从理论上说，对于空间中的一个点，就只要它能同时为两部相机所见，则根据同一时刻两部相机所拍摄的图像和相机参数，可以确定这一时刻该点在空间中的位置。当相机以足够高的速率连续拍摄时，从图像序列中就可以得到该点的运动轨迹。典型的光学式运动捕获系统通常使用 6 ~ 18 个相机环绕场地排列，这些相机的视野重叠区域就是运动者的运动范围。为了便于识别，通常要求运动者穿上单色的服装，在身体的关键部位，如髋部、肘、腕等位置贴上一些特制的标志或发光点，称为"Marker"。视觉系统将识别和处理这些标志。系统标定后，相机连续拍摄运动者的动作，并将图像序列保存下来，然后再进行分析和处理，识别其中的标志点，并计算其在每一瞬间的空间位置，进而得到其运动轨迹。为了得到准确的运动轨迹，相机应有较高的拍摄速率，一般要达到每秒 60 帧以上。有些光学运动捕获系统不依靠 Marker 作为识别标志，而是利用目标的侧影来提取其运动信息，或者利用有网格的背景来简化处理过程等。目前研究人员正在研究不依靠 Marker，而应用图像识别、深度学习等技术，由视觉系统直接识别运动者身体关键部位并测量其运动轨迹的技术。

下面以美国 Motion Analysis 公司的光学跟踪运动捕获系统为例说明运动捕获系统的构建和原理。该光学运动捕获系统由主控计算机、集线器和若干台红外照相机组成。每台红外照相机都拥有独自的 IP 地址，有 3 个自由度可调节，通过数据传输线连接到集线器，然后和主控计算机连接。每台红外照相机可以接收主控计算机发出的具体指令并进行相关操作，并可将拍摄捕捉到的图像数据传送给主控计算机进行整体分析。该系统的基本原理是在运动物体的关键部位设置标识点（Marker），标识点由具有很强反射红外光性能的材料制成，光学镜头跟踪反射红外光的标识点，光学捕捉系统就可以准确地计算出标识点的三维空间坐标。运动捕获过程中，需要在运动者主要的关节和肢体末端粘贴标识点，并与预设的人体模型进行匹配，从而识别人体的运动。一般来说，人体模型的标志点数量越多，越能精确地代表人体的特征。然而，过多的标志点会使模型更加复杂，并且会增加计算量和数据后续处理工作。这里展示了一种基于上一小节的 Hanavan 人体简化模型的标志点设置方法（图 6-7），其中手臂有 6 个标志点，躯干有 3 个标志点，腿部有 6 个标志点，共计 15 个标志点。

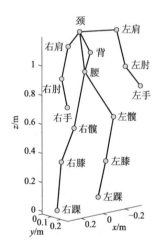 

（a）Motion Analysis 中的标志点配置结构图　（b）运动被试者的标志点配置

图 6-7　运动捕获系统 Motion Analysis 中基于 Hanavan 人体简化模型的标志点配置

2. 测力台

运动捕获系统只提供了人体运动时的运动学信息，而对于人体运动动力学的分析，地面反作用力的信息非常重要，这就要依赖于一系列的硬件设备对地面作用力进行检测和分析。常用的测量设备包括测力台、压力板、压力鞋垫等。本节以测力台为例进行介绍。测力台是运动生物力学研究的重要实验工具，它能实测运动中各项力值的指标。常用的一种六维测力台由踏板、传感器和底座三部分组成。踏板和底座之间由安放在四角的传感器支撑，当被试的脚踏在平台上时，通过每个传感器相正交的 3 个方向的力值可以测得垂直力、横向力、前后向力。

　　一个完整的步态过程包括以下阶段：脚底对测力台的冲击、承受重力、中间状态和离开。当人体站在测力台台面进行运动时，人与测力台之间的相互作用可由 4 个对称分布的三维力/力矩传感器进行检测，经过放大器放大和 A/D 转换后，就可以得到竖直、前后、左右 3 个方向上力的大小。如果以一定频率在时间轴上连续采集，就可以获得一系列随时间变化的作用力的值。在知道台面尺寸后，还可以求得 3 个方向的力矩以及人体运动重心的坐标等。如果测力台与其他设备相结合，还可以得到其他各种更加丰富的数据。根据传感器的不同，测力台可以分为压电晶体传感器测力平台和电阻应变片传感器测力台。本节介绍的研究中使用的是基于 TMS320C6000 系列 DSP 的电阻应变片传感器的测力平台。该套装置由 PC 机、4 个测力平台和信号采集仪组成（图 6 – 8）。每个测力台的测力平面均是边长为 1m 的正方形，在每个测力台的 4 个端点分别安装 4 个电阻应变片传感器。4 个测力台可以单独使用，也可以以任意布局方式组合使用，增加了测力区域的灵活性。

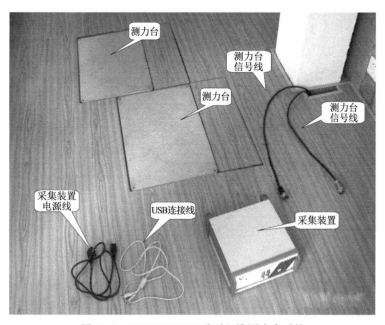

图 6 – 8　TMS320C6000 系列六维测力台系统

3. 其他常用的人体运动采集手段

除运动捕获系统和测力台外，人体运动检测平台一般还包括测量人体肌肉活动性的肌电信号采集系统、测量人体肢体方向的惯性测量系统、测量人体能量代谢的耗氧量测量系统。肌电信号（EMG）是肌纤维中运动单元动作电位在时间和空间上的叠加，能够反映肌肉在运动中的活动性，是计算肌肉收缩力的重要依据，对人体运动的动力学分析具有重要意义。人体运动分析中比较常用的是表面肌电信号（SEMG），采集的是浅层肌肉的电信号，在测量上具有非侵入性、无创伤、操作简单等优点。惯性测量单元（IMU）可以记录人体运动过程中关键部位加速度的变化，进而通过积分得到速度和位置的变化。耗氧量测量系统可以测量人体在运动中吸入和呼出的气体中二氧化碳和氧气的浓度，进而计算人体的新陈代谢强度，是计算人体运动能量消耗和能量效率的重要手段。

在人体运动检测平台中，一般同时应用多种上述介绍的测量系统，再结合数据集成、同步设备，采集人体运动学、动力学等数据。通过数据处理和分析，得到人体运动规律。图 6-9 显示了常见的人体运动检测平台的场景。

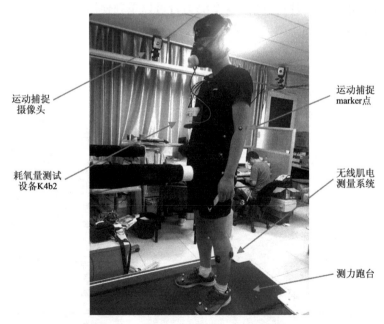

运动捕捉
摄像头

运动捕捉
marker点

耗氧量测试
设备K4b2

无线肌电
测量系统

测力跑台

图 6-9　人体运动检测平台实验场景图。实验中用到的人体运动采集设备包括光学三维运动捕获系统、测力跑台、无线肌电测量系统、耗氧量测量系统。

6.3　基于人体运动规律的步态规划方法

本节以北京理工大学在仿人机器人步态规划中应用的研究方法为例，说明如何通过人体运动规律指导机器人的运动设计。在研究中采集的人体运动数据主要包括腰部运动轨迹和腿部主要关节角度轨迹等运动学数据，以及足底压力中心轨迹等动力学数据。研究目标是通过分析人体运动规律，得到更协调、更拟人的仿人机器人行走步态。

6.3.1　人体行走运动数据采集及分析

本项研究对不同身高、性别、年龄的 3 名被试（被试信息如表 6 – 1 所示）在正常的行走速度下（4km/h）进行了运动数据采集与分析。采集的运动数据包括腰部中心和腿部关键部位的三维空间位置轨迹，以及足底压力中心轨迹。对采集到的数据进行处理，可以得到下肢主要关节的角度轨迹。实验用到的设备主要有光学三维运动捕获系统和测力台。实验的场景如图 6 – 10 所示。图 6 – 11 显示了根据运动捕获系统的标志点配置得到的模型结构图，在此基础上进行运动学计算。以下分别说明对腰部轨迹、腿部关节轨迹和足底压力中心轨迹的数据采集与计算过程。

表 6 – 1　人体运动采集实验的三个被试者的信息

项目	性别	身高	体重	年龄
被试者 1	女	160cm	55kg	22
被试者 2	男	175cm	72kg	30
被试者 3	男	178cm	75kg	20

图 6 – 10　针对仿人机器人步态规划的人体运动数据采集实验场景图

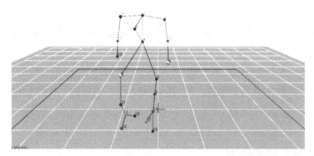

图6-11　由人体运动捕获数据构建的人体模型结构图

（此图是基于美国 Mation Analysis 公司的运动捕捉软件得到的）

1. 腰部轨迹

由于在被试者身上难以标记人体腰部几何中心的确切位置，为了保证测量的准确性，实际采集的腰部中心点是被试者左、右髋关节连线的中点位置。图6-12显示了被试者2在自然步行速度（5.5km/h）下，腰部中心点在3个方向上的轨迹曲线。

结合运动实验视频对腰部轨迹曲线进行分析，可以发现，在双脚支撑期腰部向前移动速度较快，单脚支撑期腰部向前移动速度相对较慢［图6-12（a）］。腰部横向位移在单脚支撑期中期偏移量达到最大。腰部横向位移的幅值随着步行速度的提高而变小［图6-12（b）］。腰部竖直方向运动按照步态频率呈上下起伏波动。步长越长，腰部竖直方向运动位移幅度越大［图6-12（c）］。三个被试者的运动都表现出了上述特征。

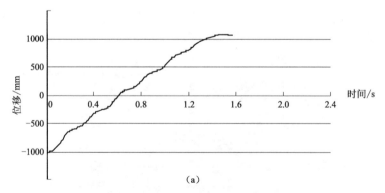

图6-12　被试者2腰部运动轨迹曲线，行走速度为5.5km/h。

（a）人体腰部在前进方向的运动曲线；（b）人体腰部在左右方向的运动曲线；

（c）人体腰部在竖直方向的运动曲线

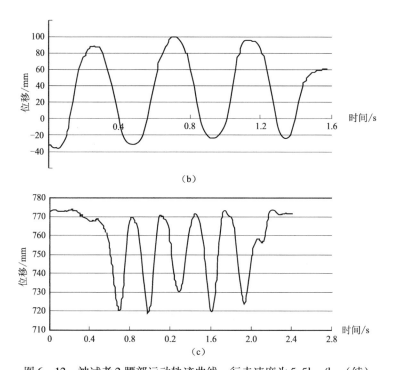

图 6 - 12　被试者 2 腰部运动轨迹曲线，行走速度为 5.5km/h。(续)
(a) 人体腰部在前进方向的运动曲线；(b) 人体腰部在左右方向的运动曲线；
(c) 人体腰部在竖直方向的运动曲线

2. 腿部关节角度

图 6 - 13 给出了三个被试者在自然步行速度 (4km/h) 下，腿部髋关节、膝关节和踝关节俯仰角度曲线。该角度是通过对运动捕获系统采集的腿部标志点坐标进行运动学求解得到的。

髋关节：在一个步态周期的髋关节角度曲线近似正弦曲线。支撑期绝大部分时间内，髋部是伸展运动；摆动期内，髋部是弯曲运动 [图 6 - 13 (a)]。

膝关节：在支撑初期，膝关节快速地弯曲以减小脚跟触地的冲击，摆动期间膝关节有大的弯曲 [图 6 - 13 (b)]。

踝关节：在步态周期的 60% 左右，脚趾离地。支撑阶段的前半段踝关节吸收能量，抬脚过程中释放能量 [图 6 - 13 (c)]。

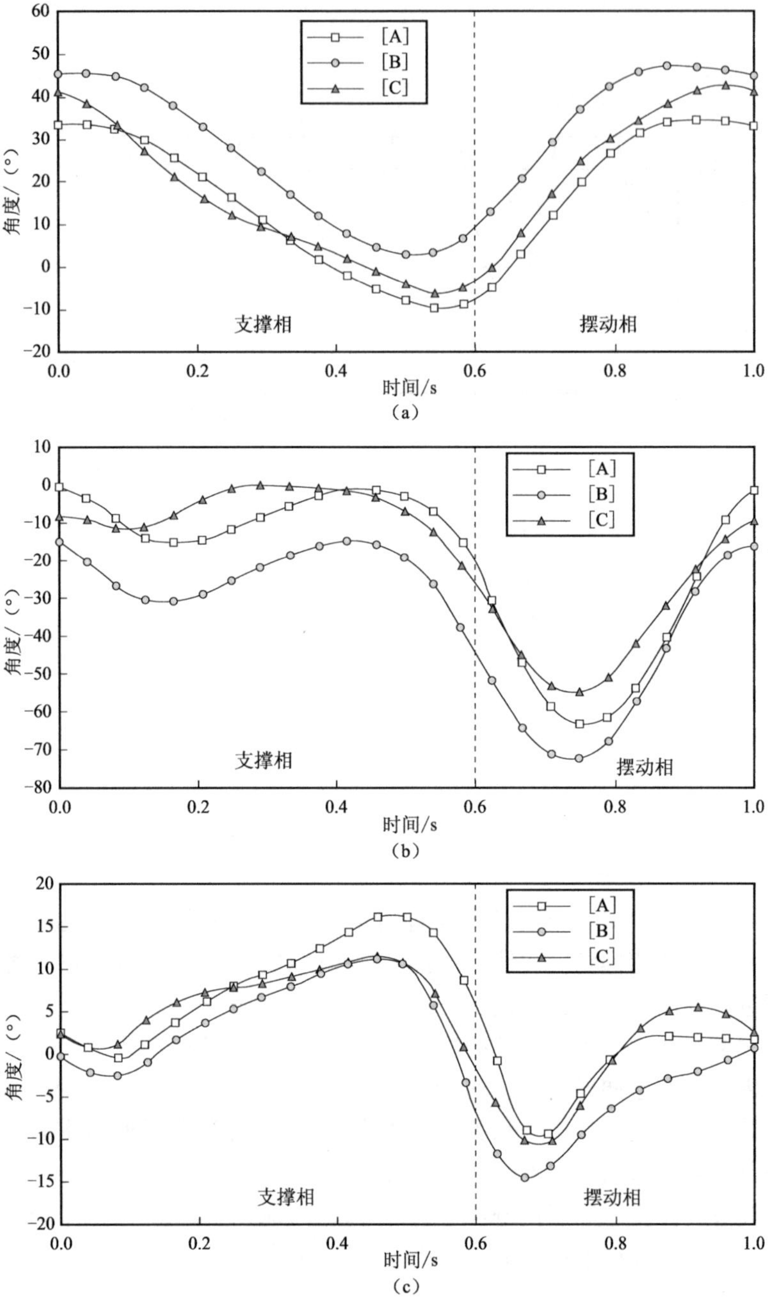

图 6-13 人体在行走速度 4km/h 下的腿部关节角度曲线。

A，B，C 分别代表被试者 1，被试者 2，被试者 3

（a）髋关节角度曲线；（b）膝关节角度曲线；（c）踝关节角度曲线

3. 足底压力中心轨迹

　　人体在步行过程中，来自地面的反作用力主要包括摩擦力和支撑力。地面反作用力的合力作用点称为足底压力中心（CoP）。它反映了人体足底与地面作用的特征，是分析人体运动的重要指标之一。本实验中，让每个被试者分别以 4km/h、5km/h 和 6km/h 的速度在测力台上行走，并通过六维测力平台实时采集压力信息、计算 CoP 轨迹。图 6 – 14 为被试者 1 在不同速度下的 CoP 轨迹曲线。另外两个被试者的 CoP 曲线也具有相似的特点。

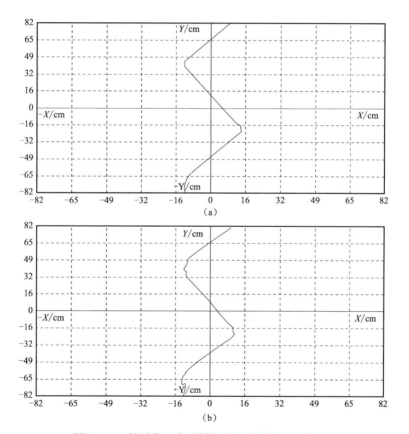

图 6 – 14　被试者 1 在不同行走速度下的 CoP 轨迹。

其中 X 轴为侧向，Y 轴为前进方向

（a）4km/h 运动的 CoP 轨迹；（b）5km/h 运动的 CoP 轨迹；

（c）6km/h 运动的 CoP 轨迹

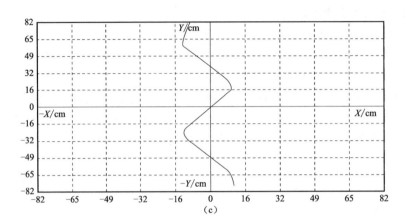

图 6-14　被试者 1 在不同行走速度下的 CoP 轨迹。

其中 X 轴为侧向，Y 轴为前进方向（续）

（a）4km/h 运动的 CoP 轨迹；（b）5km/h 运动的 CoP 轨迹；

（c）6km/h 运动的 CoP 轨迹

　　从曲线分析可知，人体在不同的行走速度下，地面反作用力合力点的轨迹在整个步行阶段都呈现类似三角波的形状。在单脚支撑期，CoP 不断向前移动，并且从脚后跟过渡到脚前掌；在双脚支撑期，CoP 迅速从一只脚的前脚掌移动至另一只脚的脚后跟。另外可以看出，CoP 轨迹的变化趋势与步长和周期的关系不大。

6.3.2　基于人体运动规律的步态规划

　　本节介绍根据前面得到的人体运动规律，改进仿人机器人步态规划方法。此处采用的初始方法是 4.3 节介绍的基于稳定性裕度的方法。应用该方法，虽然能得到具有高度稳定性、平滑的步态，但是依然存在着一些缺点：机器人在单脚支撑期移动距离短、速度慢；由于腰部高度一直保持不变，导致膝关节角度变化范围很大，增加了膝关节驱动的难度；足底面在整个步行过程中始终与地面保持平行状态，限制了步长和腰部运动的范围。

　　另外，该方法虽然在任何时刻 ZMP 始终都位于稳定区域之内，并且具有很大的稳定性裕度，但是这样求得的 ZMP 轨迹存在一些缺点：由于 ZMP 轨迹只在双脚支撑期内向前移动，并且双脚支撑期的时间一般小于单脚支撑期的时间，于是造成机器人在双脚支撑期时身体向前移动的距离大、速度快，而在单脚支撑期，身体向前移动的距离小、速度慢，使得机器人向前运动显得不协调，特别是当机器人的步行速度加快时，会造成躯干部分在单脚支撑期和双脚支撑期的向前速度差别过大，难以求出最优的躯干运动轨迹；另外，由于躯干在单脚支撑期的运动位移较小，很容易导致摆动腿关节特别是膝关节的运动范围超界，甚至无解。

为了解决基于稳定性裕度的步态规划方法的上述问题，得到步内速度均匀，协调性好，速度步长变化范围更大的运动步态，并降低对驱动的要求和对关节运动范围的限制，我们参考前面得到的人体运动在腰部轨迹、腿部关节轨迹、足底压力中心轨迹方面的规律，对原有的步态规划方法进行改进。需要注意的是，根据人体运动规律来规划仿人机器人的步态，并不是简单地把人体行走的步态特征直接加到机器人的步态规划里。机器人在肢体结构、运动学性质、关节运动范围等方面都与人体不同，所以需要将人体运动规律进行一些针对性调整再应用到机器人步态规划中。基于人体运动规律的仿人机器人步态规划，既要考虑机器人本身的动力学特性，又要考虑人体运动规律，一般是以人体运动的某些特征为依据，对已有的机器人步态规划方法进行修正，实现机器人更好的运动效果。

新的步态规划方法的流程图如图 6 - 15 所示。根据人体运动规律得到的结果，为脚部轨迹规划的关键参数和腰部轨迹规划的关键参数的设定加入了新的依据，并且按照移动的稳定区域为 ZMP 稳定性裕度的计算设定了新的标准。

（1）根据人体运动中腰部运动轨迹的规律设定仿人机器人腰部轨迹参数。腰部在行走过程中不再一直保持同一高度，而是像人类运动那样随着步态有一定上下起伏。设定腰部在单脚支撑期 60% 的时刻运动到最高位置，在双脚支撑期 50% 的时刻运动到最低位置。

（2）根据人体运动中腿部关节角度轨迹设定仿人机器人踝关节角度。通过人体运动中腿部关节角度的变化规律可以看出，在脚离地过程中脚和地面之间具有一定的倾角，这样可以使抬脚动作更加平缓，并提前收起摆动腿膝关节为迈步做准备；在脚掌落地过程中脚和地面之间也具有一定的倾角，这样可以有效地减小落地时脚面与地面间的冲击作用。因此，在仿人机器人的足部轨迹规划中加入脚掌倾角的变化，脚掌不再是一直保持水平姿态的，而是具有俯仰角度的变化。

（3）根据人体运动中足底压力中心运动轨迹的变化规律，在仿人机器人的单脚支撑期设定一个移动的稳定区域来代替传统的固定区域，从而在单脚支撑期产生一条向前移动的 ZMP 轨迹。在原始的基于稳定性裕度的步态规划方法中，单脚支撑期的稳定区域设定在支撑脚脚底区域，双脚支撑期的稳定区域设定在双脚与地面形成的凸多边形区域。这样设定的结果使得 ZMP 在单脚支撑期处于脚底中心附近，在双脚支撑期迅速移动至前腿支撑脚的中心。一般来

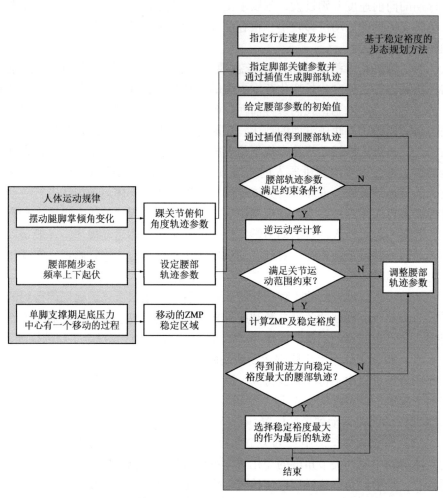

图 6 – 15　基于人体运动规律改进的仿人机器人步态规划方法流程图

说，在机器人的步行速度比较小时（小于 1km/h），应用原始的步态规划方法可以得到满足步态稳定需求的 ZMP 曲线；当步行速度逐渐提高时，在单脚支撑期间如果依然要求机器人的 ZMP 时刻都处于脚底中心，机器人腰部的运动将受到很大限制，给求解出合理的腰部关键参数增加难度，也会影响机器人运动的协调性。由前面得到的人体运动的足底压力中心变化规律可知，在单脚支撑期，足底压力中心不是一直位于脚底面中心的，而是有一个从脚后跟向脚前掌移动的过程。于是在改进的机器人步态规划方法中，在单脚支撑期设定一个移动的稳定区域来代替传统的固定区域，从而产生一条向前移动的 ZMP 轨迹。新的 ZMP 轨迹虽然不像传统的 ZMP 轨迹一样，在单脚支撑期间始终具有最大

的稳定性裕度，但是它减少了单脚支撑期对 ZMP 位置的过多限制条件，能够
保证躯干在单脚支撑期间获得更大的移动范围，同时也可以获得更大的步幅，
提升仿人机器人的步行速度。图 6 - 16 展示了这种移动的稳定区域。在单脚支
撑期（假定左脚为支撑脚），稳定区域从图中的深色区域Ⅰ匀速移动到深色区
域Ⅱ；在双脚支撑期，稳定区域是由区域Ⅱ和区域Ⅲ形成的凸多边形区域。

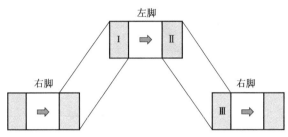

图 6 - 16　仿人机器人 ZMP 稳定区域移动的示意图

　　图 6 - 17 比较了仿人机器人原始的步态轨迹［图 6 - 17（a）］和基于人体
运动规律改进后的步态轨迹［图 6 - 17（b）］。从图中可以看出，经过基于人
体运动规律的改进后，机器人躯干的向前速度变化更小，足部加入了离地与落
地倾角的变化，腰部在不同的步态阶段表现出上下起伏变化，膝关节的运动范
围减小。机器人在不损失稳定性的前提下，步行过程动作更加协调、自然。

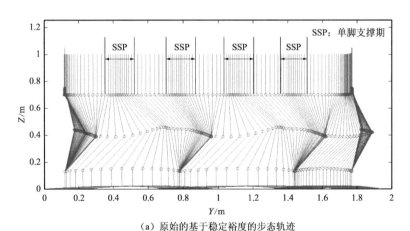

（a）原始的基于稳定裕度的步态轨迹

图 6 - 17　仿人机器人未经人体运动规律修正和经过人体运动规律修正的
步态轨迹的比较

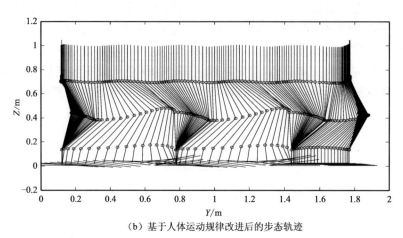

（b）基于人体运动规律改进后的步态轨迹

图6-17　仿人机器人未经人体运动规律修正和经过人体运动规律修正的
步态轨迹的比较（续）

6.4　基于人体运动规律的复杂运动设计

除了行走运动之外，仿人机器人在日常生活中协助人类完成任务时，还需要执行各种复杂的动作。借鉴人体运动的规律可以帮助仿人机器人生成全身平衡协调的复杂运动。本节介绍根据人体运动规律得到仿人机器人复杂运动的方法。

6.4.1　人－机器人运动相似性计算

由于仿人机器人在质量分布、肢体尺寸等方面与人体是不同的，所以采集到的人体运动数据不能直接应用于仿人机器人，需要通过运动学/动力学匹配将获取的人体运动数据转化为满足运动学约束的仿人机器人运动数据。针对此问题，北京理工大学的研究人员提出了一种评价仿人机器人运动和人体运动相似性的方法。该方法的主要步骤如下：

（1）由于人体的自由度多于仿人机器人的自由度，所以先从人体自由度中选出和仿人机器人对应的部分，作为分析对象。记选取的关节自由度数目为 n。

（2）分别选取人体和仿人机器人一个步态周期的运动作为分析对象，步态周期的起始和结束标志应一致（例如都以某条腿和地面接触作为一步运动的开始，以同一条腿再次和地面接触作为这一个步态周期的结束）。人体运动一个步态周期的时间记为t^h，仿人机器人运动一个步态周期的时间记为t^r。

（3）根据人体运动和仿人机器人运动的各关节角度轨迹和角速度轨迹计算人体和仿人机器人的运动匹配度，数学表达式如下：

$$S = \alpha \frac{1}{1 + \sum_{i=1}^{n} A_i \beta_i} + (1 - \alpha) \frac{1}{1 + \sum_{i=1}^{n} \beta_i^v} \tag{6.1}$$

$$\beta_i = \frac{\| \boldsymbol{Q}_i^r - \boldsymbol{Q}_i^h \|}{\mid \boldsymbol{Q}_{i,\max}^r - \boldsymbol{Q}_{i,\min}^r \mid} \tag{6.2}$$

$$\beta_i^v = \frac{\| \dot{\boldsymbol{Q}}_i^r - \dot{\boldsymbol{Q}}_i^h \|}{\mid \dot{\boldsymbol{Q}}_{i,\max}^r - \dot{\boldsymbol{Q}}_{i,\min}^r \mid} \tag{6.3}$$

其中，S 为人体和机器人运动的匹配度，S 的值在 $0 \sim 1$，值越大代表相似程度越高。等式右边第一项代表关节轨迹的匹配程度，等式右边第二项代表关节角速度的匹配程度，α 为调整权重的参数。A_i 为调整各关节权重的系数，$\boldsymbol{Q}_i^h$ 和 $\boldsymbol{Q}_i^r$ 分别为人体和机器人第 i 个关节在一步周期内 m 个采样时刻的角度值构成的向量，表达式分别为：$\boldsymbol{Q}_i^h = [q_i^h(t_1^h), q_i^h(t_2^h), \cdots, q_i^h(t_m^h)]'$，$\boldsymbol{Q}_i^r = [q_i^r(t_1^r), q_i^r(t_2^r), \cdots, q_i^r(t_m^r)]'$，其中 $q_i^h(t_j^h)$ 表示人体第 i 个关节在人体一步运动周期中的第 j 个采样时刻的角度值，$q_i^r(t_j^r)$ 表示机器人第 i 个关节在机器人一步运动周期中的第 j 个采样时刻的角度值，$t_j^h = (j/m)t^h$，$t_j^r = (j/m)t^r$。$\dot{\boldsymbol{Q}}_i^h$ 和 $\dot{\boldsymbol{Q}}_i^r$ 分别为 $\boldsymbol{Q}_i^h$ 和 $\boldsymbol{Q}_i^r$ 对时间的导数，$\boldsymbol{Q}_{i,\max}^r$ 和 $\boldsymbol{Q}_{i,\min}^r$ 分别为 $\boldsymbol{Q}_i^r$ 的最大分量和最小分量。

6.4.2　仿人机器人复杂动作的优化计算

得到人–机器人运动相似度计算方法后，可以此为基础计算仿人机器人的参考轨迹。将仿人机器人的运动学变量 $\boldsymbol{Q}_i^r$ 代入相似度计算公式中可以得到人–机器人运动匹配度 S。应用优化方法，得到使 S 最大的 $\boldsymbol{Q}_i^r$ 作为最终使用的仿人机器人轨迹。优化方法的数学形式为

$$\min_{\boldsymbol{Q}_i^r} \left(\alpha \frac{1}{1 + \sum_{i=1}^{n} A_i \beta_i} + (1 - \alpha) \frac{1}{1 + \sum_{i=1}^{n} \beta_i^v} \right) \tag{6.4}$$

在优化过程中，还需要满足一定约束条件，包括运动学约束和动力学约束。运动学约束包括机器人的关节角度范围、工作空间、肢体接触等约束。此外，由于仿人机器人脚与地面之间接触的约束条件是机器人稳定的关键因素，因此下肢的运动学约束条件还必须包括地面接触约束条件。除了运动学约束外，还应满足动力学约束，使机器人的运动符合动态稳定性要求。

图 6-18 展示了人 - 机器人运动相似性计算与优化在仿人机器人"刀术"运动中的应用。通过采集人体"刀术"动作并进行人 - 机器人运动相似性计算，得到仿人机器人执行这一系列复杂动作的运动轨迹。

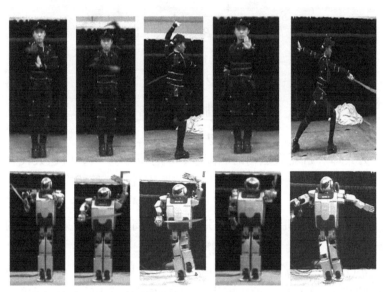

图 6-18   基于人体运动规律得到的仿人机器人演示"刀术"的复杂运动

6.5   基于人体运动规律的仿人机器人摔倒保护

在仿人机器人的稳定性判据研究中，以及仿人机器人的运动规划和运动控制设计中，保持稳定性都是一个重要目标。但是当仿人机器人的运动规划或运动控制算法不合理，或遇到较大的外界扰动时还是难免出现摔倒的情况。如何设计仿人机器人的摔倒保护策略，让机器人摔倒时尽量避免对硬件的损坏也是研究仿人机器人运动中的一个重要问题。人类在摔倒过程中，通过调整自身姿态特别是手臂的位姿，可以保护自身，减轻自身受到的伤害。本节介绍北京理工大学研究人员在基于人体运动规律的仿人机器人摔倒保护方面做的研究，通过采集和分析人体摔倒时的运动，设计仿人机器人的摔倒保护策略。

6.5.1   人体摔倒运动检测与分析

1. 人体摔倒运动实验设备与环境

在人体摔倒运动检测中，使用光学式三维运动捕获系统（Motion Analysis）、六维力/力矩传感器（NITTA）和 IMU 传感器（Xsens）这三种运动采集设备。其中三维运动捕获系统用于测量人体摔倒过程中的运动学信息，六维力/力矩传感器用来检测人体与接触面之间的作用力和力矩，IMU 传感器用来记录人体摔倒过程中的加速度变化。实验场景设置如图 6 – 19 所示。

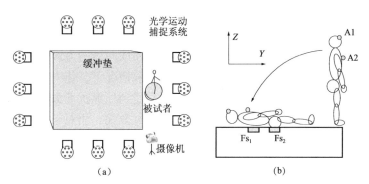

图 6 – 19　人体摔倒运动实验场景设置示意图

（a）运动采集系统，实验应用 12 个摄像头，分布在场地四周；

（b）传感器配置，Fs₁ 和 Fs₂ 为两个六维力/力矩传感器，A₁ 和 A₂ 为两个 IMU 传感器

147

　　运动捕获系统的标志点设置采用的是基于 Hanavan 人体简化模型的配置方法（图 6 – 7）。力/力矩传感器放置在摔倒后的接触面上，根据不同被试者的身高，调节每个力/力矩传感器相对于被试者站立时的位置，保证能够测量被试者摔倒时臀部和背部的受力情况。需要注意的是，布置在接触面上的力/力矩传感器并不是为了测量实际的碰撞力大小，而是为了分析人体在发生碰撞之后与地面的作用情况，通过两个力/力矩传感器记录的力/力矩信息分析人体躯干部分与地面的相互作用情况。由于人体与接触面碰撞的部位会发生变化，一般难以准确地测量摔倒时的碰撞力，为此通常将碰撞时的加速度大小作为评价摔倒碰撞程度的一个指标 。因此在实验中采用了能测量加速度的 IMU 传感器。对于摔倒来说，人体的头部是最重要的，在摔倒过程中要防止头部与地面发生严重碰撞。对于仿人机器人来说，胸腔是最重要的部位，各种传感器、控制器以及电池等部件都是固定在胸腔内的。因此，在实验中将两个 IMU 传感器分别布置在被试的头部和躯干中央，来记录这两个部位的加速度变化情况。

　　为保证不同传感器所记录数据的同步性，所有用于采集人体运动数据的传感器统一使用 CANopen 协议，通过 CAN 总线连接到同一台 PC 计算机，实现实时同步记录人体运动数据。在没有保护措施的情况下，摔倒可能会对人体造成意外的损伤，为避免被试者在进行摔倒测试时受到损伤，采用一个用于进行体操训练的缓冲垫，缓冲垫具有足够的弹性，可以保证被试者摔倒测试过程中的安全。

2. 人体摔倒运动实验

由于人类生活环境复杂多变，人在静止或者运动过程中都有可能发生摔倒，导致人体摔倒的方式也具有多种多样的形式，如摔倒之前的状态不同：站立、行走、跑步等，摔倒的方向不同：向前摔倒，向后摔倒，侧向摔倒，摔倒时脚部是否移动，摔倒过程中是否使用手臂支撑防护等。一般情况下，侧向摔倒给人体造成的损伤会更大。因此，当人预测到侧向摔倒时，通常会在摔倒的过程中改变摔倒的方向，调整身体姿态，以向前或向后的方式摔倒。

在仿人机器人中也存在类似的情况。在多数情况下，仿人机器人的支撑多边形前后方向的尺寸小于左右方向的尺寸。在受到外界扰动失去平衡时，仿人机器人的摔倒方式多为向前摔倒和向后摔倒两种方式。相对于侧向摔倒，向前或向后摔倒可以为仿人机器人提供更多的摔倒接触点，如手臂、膝盖、髋部。另外，机器人发生侧向摔倒时，下肢之间容易发生碰撞，造成机械结构的损坏，而向前和向后摔倒能够更大程度上避免机器人本体之间的碰撞。仿人机器人在发生摔倒时，可以通过身体的运动改变摔倒的方向，将侧向摔倒转变为向前摔倒或向后摔倒。为此，本节将主要进行人体向前摔倒和向后摔倒的运动实验，为仿人机器人的摔倒保护策略提供仿生学依据。

人体摔倒运动实验的流程如图 6-20 所示。主要步骤如下：

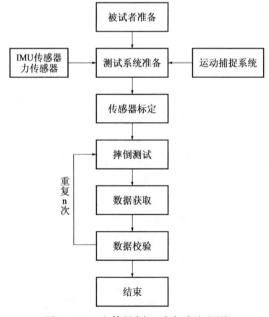

图 6-20　人体摔倒运动实验流程图

（1）在摔倒测试之前，由研究人员对被试者讲解所进行的摔倒测试的基本过程，被试者在摔倒平台上进行摔倒运动的尝试，通过身体动作尽量减少摔倒时受到的冲击力。

（2）研究人员将 IMU 传感器、力/力矩传感器布置完毕，将光学运动捕获系统所需要的标志点贴在被试者身体上，并将运动捕获系统的摄像头调试完毕，保证能够准确识别人体简化模型。

（3）被试者站立在测试平台前面，保持竖直站立的状态，研究人员将该姿态的传感器数据作为初始状态，对传感器进行初始化操作。

（4）被试者进行摔倒测试，摔倒过程中的各项数据通过传感器和运动捕获系统获取，每完成一次摔倒测试，由研究人员进行摔倒数据的校验，并重复摔倒实验，直到获取 5 次可用的摔倒数据。

图 6-21 和图 6-22 分别展示了一组完整的向前摔倒和向后摔倒的实验过程。被试者站立在缓冲垫之前，身体面向/背向缓冲垫，佩戴相关的测试传感器，等待传感器初始化完毕和光学运动捕获系统识别人体简化模型。研究人员在被试者背部/胸前施加一个朝向缓冲垫的作用力，模拟人体受到扰动的情况。被试者由于受到扰动，身体难以保持平衡而向缓冲垫方向发生向前或向后摔倒。被试者本能地通过躯干和四肢的运动，包括身体姿态的调整、屈膝、弯腰等动作，尽量降低与缓冲垫的碰撞作用，以减少身体受到的冲击。

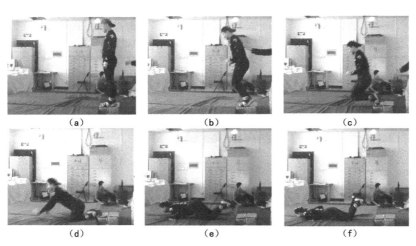

（a）　　　　　　　　　（b）　　　　　　　　　（c）

（d）　　　　　　　　　（e）　　　　　　　　　（f）

图 6-21　人体向前摔倒实验序列图。按时间顺序为（a）～（f）

向后摔倒测试与向前摔倒测试相比，大部分的过程是相同的。不同的是被试者只有臀部作为主要的碰撞点，身体在与缓冲垫碰撞之后，沿着臀部旋转，

149

逐渐增加背部与缓冲垫的接触面积，最终停止运动。

（5）所有被试者完成摔倒测试，整理所有数据，结束测试。

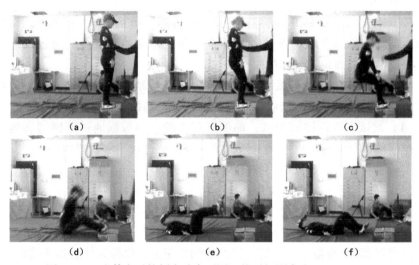

图6-22　人体向后摔倒实验序列图。按时间顺序为（a）～（f）

为得到具有统计性的人体摔倒运动规律，此处选择了具有不同性别、身高、年龄等特征的5名被试者进行摔倒测试，采集被试者发生摔倒时的身体运动数据。被试者的身高、年龄、性别等信息如表6-2所示。

表6-2　人体摔倒运动实验的被试信息

被试者编号 属性	被试者1	被试者2	被试者3	被试者4	被试者5
性别	男	男	男	女	女
年龄	23	25	28	24	26
身高/cm	168	170	173	160	165
体重/kg	60	65	63	48	55

6.5.2　人体摔倒运动的基本规律

下面根据人体摔倒运动实验得到的数据，分析人体摔倒运动的基本规律，作为设计仿人机器人摔倒保护策略的依据。

人体摔倒运动从受到扰动开始，到停止运动，是一个连续的过程。图6-23和图6-24显示了光学运动捕获系统记录的人体向前摔倒和向后摔倒的运动轨迹，其中粗实线条表示固定在人体躯干上的标志点的运动轨迹。为与仿人机器人的规划和控制一致，此处采用 x 轴为向右，y 轴为向前，z 轴为向上的

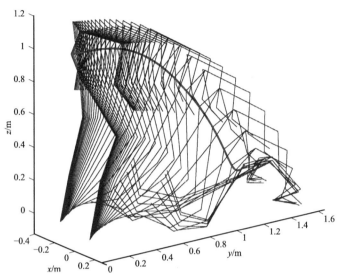

图 6-23　光学运动捕获系统记录的人体向前摔倒的运动轨迹

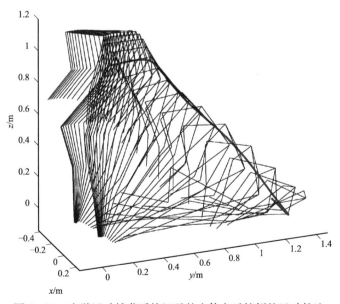

图 6-24　光学运动捕获系统记录的人体向后摔倒的运动轨迹

坐标系。从图中可以看出被试者从受到扰动开始，到身体在缓冲垫上停止运动结束，整个过程中身体与缓冲垫产生了明显的碰撞和反弹。对于人体的向前摔倒运动和向后摔倒运动，以发生干扰和碰撞为分界点，可以将摔倒过程分为四个阶段：初始阶段，下落阶段，碰撞及调整阶段，摔倒结束阶段（图 6 – 25，图 6 – 26）。下面分不同阶段来描述运动规律。

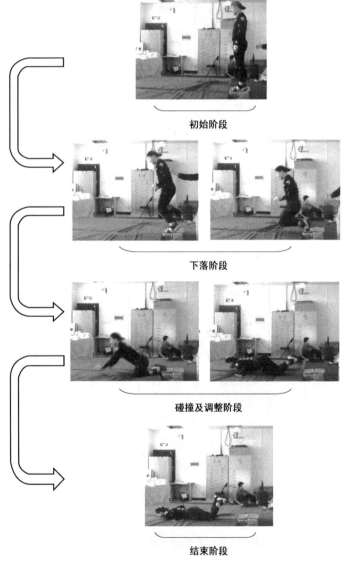

图 6 – 25　人体向前摔倒运动阶段划分示意图

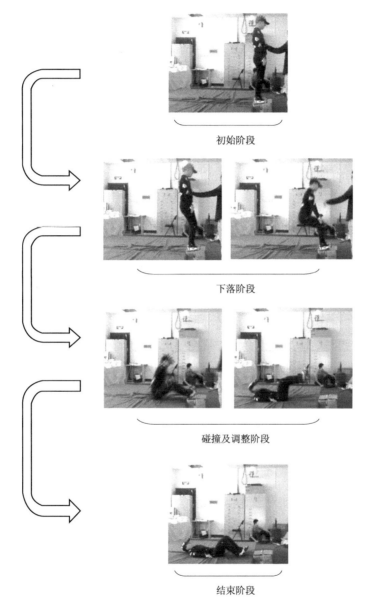

初始阶段

下落阶段

碰撞及调整阶段

结束阶段

图 6-26　人体向后摔倒运动阶段划分示意图

1. 初始阶段

一般情况下，人在正常站立时，如果不受到外界的干扰，或者所受到的外界干扰比较小，可以保持身体的稳定。在此处的实验中，将被试者站立在缓冲垫之前、身体面向或者背向缓冲垫，保持稳定的状态称为初始阶段。对于处于初始阶段的仿人机器人，可以通过自身的稳定控制器来抵抗所受到的较小的外界干扰，维持正常运动的平衡。

2. 下落阶段

人受到的外界扰动逐渐增加时，稳定状态会发生变化，当外界的扰动超过了人体可以抵抗的程度，就会导致摔倒的发生。如图 6-25 以及图 6-26 中的"下落阶段"所示，被试者由于受到一个面向缓冲垫的干扰，发生了向前或者向后摔倒，身体姿态开始发生变化。被试者本能地开始进行摔倒运动，整个身体绕着脚部做自由旋转运动，在空中完成屈膝、弯腰等可以降低重心的动作，这些降低重心的动作可以降低人体发生碰撞时的冲击作用。空中调整阶段是摔倒保护动作整体过程中最重要的一个组成部分，将会影响最终的摔倒保护效果。

由于向前摔倒和向后摔倒都发生在矢状面内，因此本节只讨论人体在矢状面内的运动。如图 6-27 所示，4 条曲线分别代表人体脚踝、膝盖、髋部以及背部在矢状面内的运动轨迹。可以看出，人体摔倒时，脚踝的运动方式为从低向高运动。膝盖的运动是人体向前摔倒和向后摔倒差别最大的部位。向前摔倒时，人体膝盖与缓冲垫发生碰撞，从图中可以看到有一个明显的碰撞发生，由于缓冲垫的弹性很大，所以膝盖在竖直方向的坐标会出现负数的情况；而向后摔倒时，人体与缓冲垫主要的碰撞部位是臀部和背部，因此背部有一个碰撞反弹出现。髋部的运动轨迹在两种摔倒方式中也有不同，后摔时臀部是一个主要的碰撞部位，因此后摔时髋部的运动轨迹要比前摔时的反弹现象更加明显。

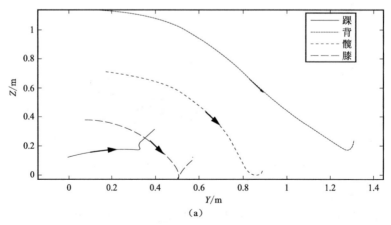

图 6-27　人体摔倒过程中关键标志点的运动轨迹
(a) 向前摔倒；(b) 向后摔倒

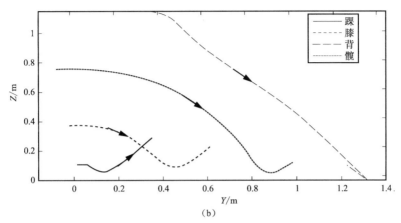

图 6 - 27　人体摔倒过程中关键标志点的运动轨迹（续）

（a）向前摔倒；（b）向后摔倒

　　根据脚踝、膝盖、髋部以及背部在矢状面内的运动轨迹，通过逆运动学计算，可以得到膝关节和髋关节的角度变化。图 6 - 28 显示了人体在摔倒过程中膝关节和髋关节的角度变化。可以看出，膝关节和髋关节在人体摔倒过程中的角度变化情况都比较简单。不论是向前摔倒还是向后摔倒，膝关节和髋关节在人体与缓冲垫发生碰撞之前的角度变化方向基本不变，膝关节角度一直在减小，髋关节的角度一直在增大，说明膝关节在人体发生碰撞之前一直在做屈膝的动作，髋关节在发生碰撞之前一直在做弯腰的动作。因此，可以将人体摔倒过程中的空中运动阶段简化为通过膝关节和髋关节同时实现的屈膝和弯腰的组合运动。

　　通过对多组被试者的摔倒数据进行分析，可以得到人体在向前摔倒时身体的姿态一般保持在 −20°～0°，在向后摔倒时身体姿态一般保持在 0°～25°。因此，人体在摔倒过程的下落阶段身体姿态变化较小，基本上保持竖直的状态。如果身体的姿态变化过大，会导致人体在矢状面内的角动量过大，使得人体在发生碰撞之后难以迅速调整，无法在短时间内使人体稳定下来，并有可能造成翻滚现象。

　　3. 碰撞及调整阶段

　　当人体经历下落阶段，将身体姿态调整为适合与缓冲垫发生碰撞的状态，摔倒运动将进入到下一个阶段：碰撞及调整阶段。此过程主要包括两个部分，分别是选择合适的碰撞点使人体与缓冲垫发生碰撞，以及发生碰撞之后让人体迅速稳定下来，避免二次碰撞的发生。对于向前摔倒，膝盖通常作为第一碰撞

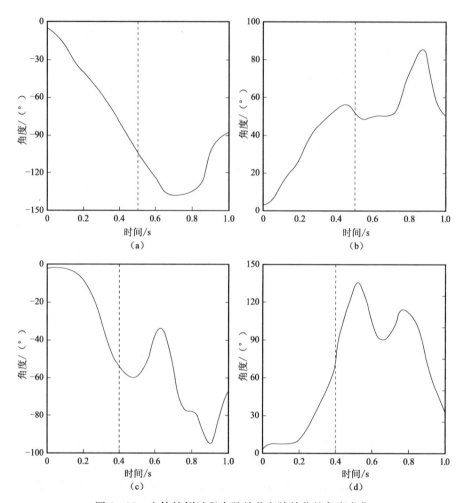

图6-28　人体摔倒过程中髋关节和膝关节的角度变化
（a）向前摔倒过程中膝关节的角度变化；（b）向前摔倒过程中髋关节的角度变化；
（c）向后摔倒过程中膝关节的角度变化；（d）向后摔倒过程中髋关节的角度变化

部位，首先与缓冲垫发生碰撞，减缓下落的速度，完成摔倒保护的第一级缓冲保护。随着摔倒过程的继续，被试者的身体开始绕着膝关节转动，当重心降低到一定高度时，手部接触缓冲垫，通过手臂的肌肉收缩实现摔倒的第二级缓冲。对于向后摔倒，臀部作为第一碰撞部位，在吸收碰撞冲击之后，人体将整个背部作为第二级缓冲的接触面。通过具有两级缓冲的摔倒保护动作，人体可以最大限度地降低向前摔倒和向后摔倒产生的冲击，减小或消除摔倒危害。

图6-29展示了放置于缓冲垫上的两个六维力/力矩传感器记录的受力信

息。其中 Fs_1 记录的是躯干上侧对缓冲垫产生的作用力，Fs_2 记录的是躯干下侧对缓冲垫产生的作用力。力/力矩传感器记录的 x 和 y 方向的数据都比较小，说明在摔倒之后没有发生侧向翻滚和侧向翻转。在竖直方向的受力方面，人体向前摔倒的力/力矩传感器记录的数据明显低于向后摔倒的力/力矩传感器记录的数据。主要原因是人体向前摔倒时，手臂起到了支撑和减缓碰撞的作用，大大降低了躯干的受力程度。不论是向前摔倒还是向后摔倒，力/力矩传感器 Fs_1

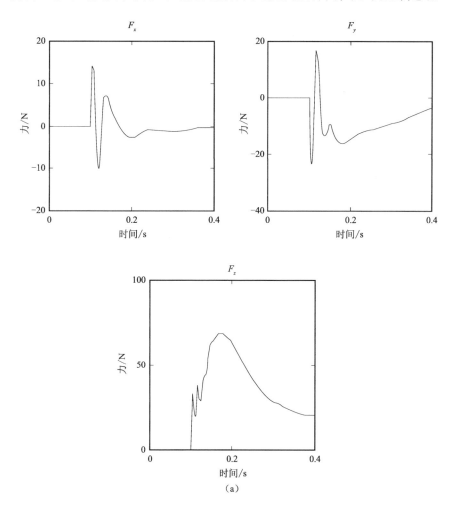

图 6-29　人体摔倒时力/力矩传感器记录的数据

（a）向前摔倒时传感器 Fs_1 的数据；（b）向前摔倒时传感器 Fs_2 的数据；

（c）向后摔倒时传感器 Fs_1 的数据；（d）向后摔倒时传感器 Fs_2 的数据

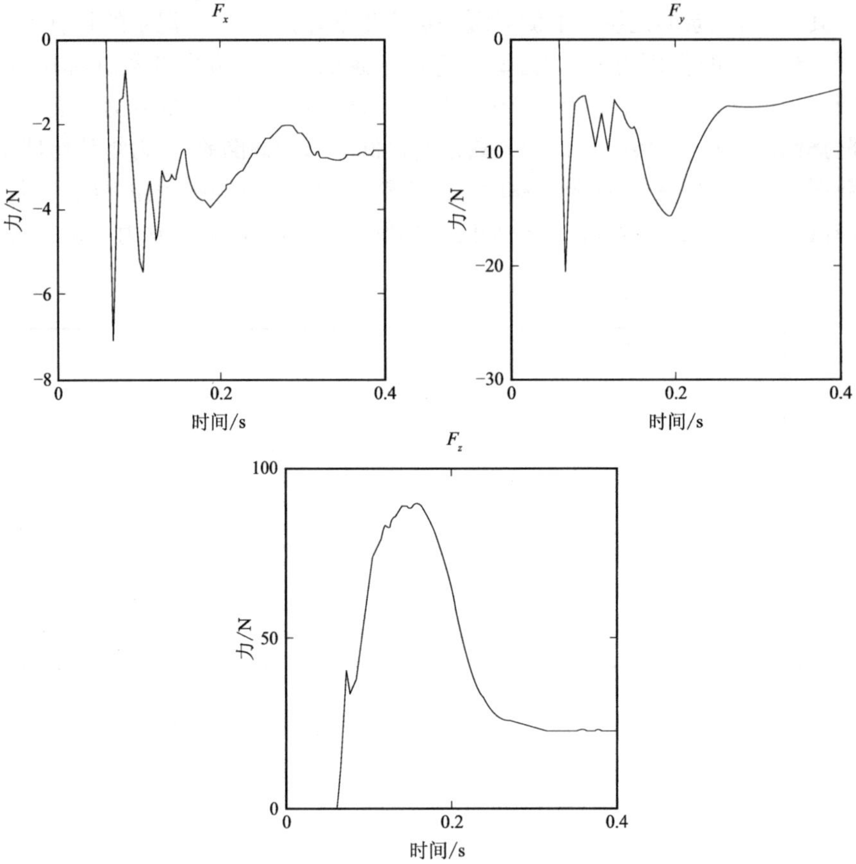

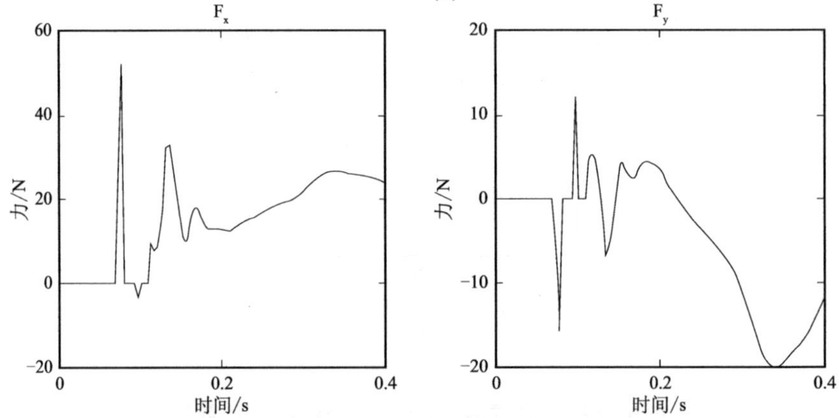

图 6 – 29　人体摔倒时力/力矩传感器记录的数据（续）

（a）向前摔倒时力传感器 Fs_1 的数据；（b）向前摔倒时力传感器 Fs_2 的数据；

（c）向后摔倒时力传感器 Fs_1 的数据；（d）向后摔倒时力传感器 Fs_2 的数据

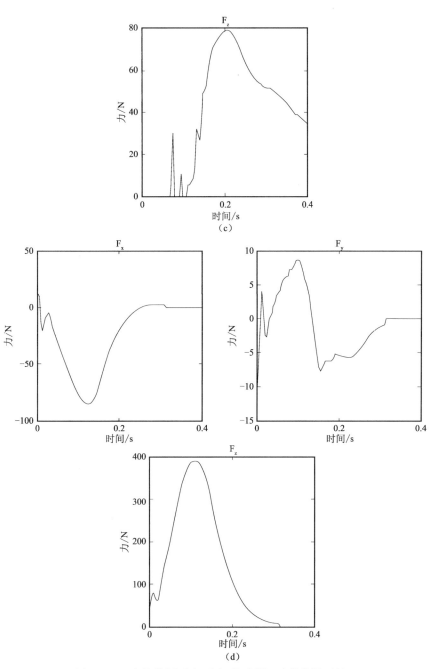

图 6-29　人体摔倒时力/力矩传感器记录的数据（续）

（a）向前摔倒时力传感器 Fs_1 的数据；（b）向前摔倒时力传感器 Fs_2 的数据；

（c）向后摔倒时力传感器 Fs_1 的数据；（d）向后摔倒时力传感器 Fs_2 的数据

记录到受力的时间都晚于力/力矩传感器 Fs_2，并且力/力矩传感器 Fs_1 所受到的压力也远小于 Fs_2 所受到的压力，说明躯干在人体摔倒时的碰撞是一个逐渐接触的过程。

图 6-30 显示了 IMU 传感器记录的加速度。向前摔倒时，躯干和头部分别有两个加速度尖峰出现，与发生了两次碰撞（膝盖碰撞和手臂碰撞）的现象相符。向后摔倒时，躯干和头部同样有两个加速度尖峰出现，说明臀部与背部分别与缓冲垫发生碰撞。但向后摔倒时，躯干和头部加速度变化尖峰出现的尖峰时间间隔 Δt 在向前摔倒时更小，因此人体在向前摔倒时的调整时间更多。

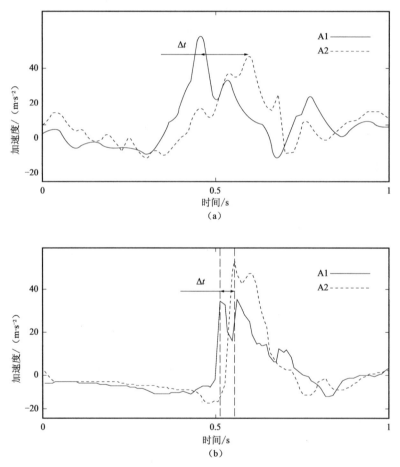

图 6-30　人体摔倒时 IMU 记录的加速度变化。
A1（实线）表示的是头部的 IMU 数据，A2（虚线）表示的是躯干的 IMU 数据
（a）向前摔倒时的记录数据；（b）向后摔倒时的记录数据

4. 摔倒结束阶段

人体在经过碰撞和调整运动之后，身体将逐渐停止运动，之后将慢慢调整身体的姿态，使其能够顺利地由摔倒姿势向站立姿势进行转变。对于仿人机器人来说，由摔倒状态调整到站立状态，并继续执行作业任务，同样是重要的功能。

6.5.3　基于人体运动规律的仿人机器人摔倒保护策略

通过对人体摔倒运动的分析可以得到，人体的向前摔倒与向后摔倒均发生了两次主要碰撞。根据碰撞的发生，可以将人体摔倒过程分为 4 个阶段。与人体摔倒过程类似，仿人机器人的摔倒也可以分为 4 个阶段，分别为稳定与初始阶段、受到扰动之后的下落阶段、第一次碰撞之后的调整阶段，以及第二次碰撞之后的摔倒结束阶段。

根据人体摔倒不同阶段的运动规律，结合仿人机器人自身结构的特点，本节将设计适用于仿人机器人的摔倒保护策略。

1. 仿人机器人摔倒保护运动设计准则

通过上一节对人体摔倒运动的分析，结合仿人机器人自身的结构和控制系统，为仿人机器人的摔倒保护提出如下设计准则：

（1）在仿人机器人向前摔倒与向后摔倒的下落阶段，尽量使上身的姿态保持接近竖直方向的状态，以降低第一次碰撞时髋关节承受的力矩，以及避免碰撞后发生翻滚现象，对机器人产生二次损坏。

（2）机器人在空中运动阶段应尽量减少运动关节的数量，仅使用髋关节和膝关节运动来降低身体重心，以减缓碰撞时的冲击。腿部其他关节保持原位置不变，以避免机器人腿部结构发生碰撞，给机器人带来不必要的伤害。

（3）机器人向前摔倒时，采用膝盖作为第一碰撞点，机器人向后摔倒时，采用髋部作为第一碰撞点，并应该在相应的碰撞部位安装缓冲装置，进一步降低碰撞的冲击作用。通常仿人机器人手臂的设计准则为轻量化以及灵巧化，以便进行抓取或其他方式的灵巧操作，不具备与人类手臂类似的抗冲击能力，因此在向前摔倒时，尽量不以手臂作为碰撞接触部位。

（4）机器人在发生碰撞之后，利用腿部的运动调节身体的平衡，使身体逐渐稳定并停止运动。在平稳着地之后，机器人可以通过模态转换的方式恢复至站立状态。

根据这些准则，为仿人机器人的摔倒保护设计了如图 6 − 31 所示的控制流程，主要包括机器人平衡检测、抗扰动控制、机器人摔倒保护运动控制。机器人的正常运动，包括站立与进行作业任务等状态，对应人体运动的准备/平衡阶段。机器人在此阶段所受到的外界干扰是随机的、未知的，如地面出现不规则变化或其他物体的接触。这些随机的外界干扰使机器人的实际状态偏离了期望的状态，使机器人的平衡状态发生了变化。这些状态的变化作为输入进入平衡检测中，经过分析获得机器人当前的平衡检测结果。

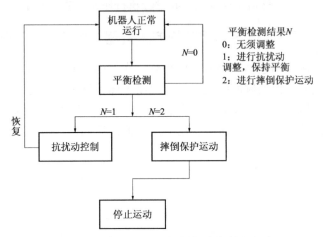

图 6-31 仿人机器人摔倒保护控制流程图

将机器人的稳定状态 N 分为三种，分别为：

$N=0$，外界干扰产生的影响比较微弱，机器人无须进行调整，机器人可以继续执行期望的运动轨迹。

$N=1$，外界干扰产生的影响难以忽视，机器人如果继续执行期望轨迹，会失去平衡。因此需要进行抗干扰运动调整，让机器人恢复到平衡状态，能够继续执行期望轨迹。

$N=2$，机器人无法通过调整运动恢复平衡，摔倒将不可避免地发生，机器人将停止执行期望轨迹并进入摔倒保护模式。对应人体摔倒运动的下落阶段和碰撞与调整阶段。

在完成摔倒保护动作之后，机器人将停止运行，检查是否有控制单元或者机械结构发生损坏，是否影响机器人的正常运行。排除机器人发生损坏的可能之后，机器人将通过运动模态转换，从摔倒结束状态转换至站立状态，继续执行期望运动和作业任务。

本书第5章的仿人机器人运动控制部分主要解决的是 $N=1$ 时，如何控制仿人机器人抵抗扰动的问题。本章解决的是 $N=2$ 时，如何设计控制策略，对仿人机器人进行摔倒保护的问题。所以本节重点介绍摔倒保护运动控制的方法。

2. 仿人机器人摔倒运动的动力学方程

与人体摔倒运动的分析类似，仿人机器人的摔倒运动也可以分阶段进行讨论。第一个阶段为从站立状态到第一次碰撞发生的运动阶段，仿人机器人绕着足部边沿运动，向前摔倒时转轴为脚尖，向后摔倒时转轴为脚跟。第二个阶段为从第一次碰撞到第二次碰撞发生的运动阶段，当机器人发生向前摔倒时，第一碰撞点为膝盖，假设该碰撞为瞬时的、完全非弹性的碰撞，并且碰撞之后不发生滑动现象，则机器人在碰撞之后的运动为绕膝盖的自由转动，此时机器人的驱动关节仅为膝关节和髋关节，向后摔倒的情况与向前摔倒类似，不同之处是机器人绕着髋关节做自由转动。

图 6 – 32 显示了仿人机器人摔倒运动的三阶倒立摆模型，将仿人机器人简化为一个三连杆模型，第一级连杆从足部到膝关节，长度为 L_1，质量为 M_1，该连杆与竖直方向的夹角为 θ_1，质心的位置距连杆下端长度为 l_1，相对于质心的转动惯量为 I_1；第二级连杆从膝关节到髋关节，长度为 L_2，质量为 M_2，该连杆与竖直方向的夹角为 θ_2，质心的位置距连杆下端长度为 l_2，相对于质心的转动惯量为 I_2；第三级连杆从髋关节到躯干，长度为 L_3，质量为 M_3，该连杆与竖直方向的夹角为 θ_3，质心的位置距连杆下端长度为 l_3，相对于质心的转动惯量为 I_3。该模型具有两个主动自由度，分别是膝关节的角度 q_1 和髋关节的角度 q_2，以及一个绕着地面转动的被动自由度。

163

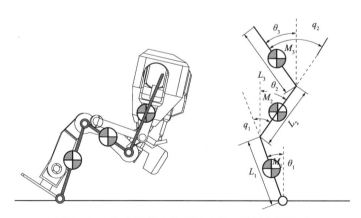

图 6 – 32　仿人机器人摔倒运动的三阶倒立摆模型

机器人在运动状态的动力学方程为

$$D(\theta)\ddot{\theta} + C(\theta, \dot{\theta}) + G(\theta) = B(\theta)u \tag{6.5}$$

其中，D 是各个杆件的惯性矩阵，G 是重力项，C 是科氏力与离心力的合力向量，矩阵 B 为从关节输入力矩到广义力的映射矩阵，u 为机器人膝关节和髋关

节的输入力矩 $[\tau_1, \tau_2]^{\mathrm{T}}$。

在摔倒的第二阶段，系数矩阵 $\boldsymbol{B}$ 不发生变化。但由于机器人与地面的作用点发生改变，导致机器人摔倒运动的第二阶段的构型与第一阶段的不同，因此方程左边的惯量矩阵 $\boldsymbol{G}$、科氏力矩阵 $\boldsymbol{C}$、重力矩阵 $\boldsymbol{G}$ 发生变化。机器人站立以及摔倒第一阶段时系数矩阵标记为 $\boldsymbol{D}_s$，$\boldsymbol{C}_s$，$\boldsymbol{G}_s$，将机器人向前摔倒时第二阶段系数矩阵标记为 $\boldsymbol{D}_f$，$\boldsymbol{C}_f$，$\boldsymbol{G}_f$，将机器人向后摔倒时第二阶段的系数矩阵标记为 $\boldsymbol{D}_b$，$\boldsymbol{C}_b$，$\boldsymbol{G}_b$。

假设机器人与地面的碰撞为完全非弹性碰撞，碰撞只会改变机器人的速度，而无法立刻改变机器人的构型，因此碰撞前后机器人各个连杆在世界坐标系的角度不发生变化。机器人在碰撞时受到的冲量为

$$F = -\boldsymbol{B}^{p-1}\boldsymbol{J}_{\mathrm{knee}}^{-1}(\theta)\boldsymbol{D}(\theta)\boldsymbol{J}_{Knee}(\theta)\,\dot{\theta}^{-1} \tag{6.6}$$

其中，$\boldsymbol{B}^p$ 为从接触力到广义力的映射矩阵，$\boldsymbol{J}_{\mathrm{Knee}}(\theta)$ 为从广义坐标到碰撞点位置向量的映射矩阵。可以通过控制仿人机器人在碰撞时刻的广义坐标和广义速度来调整碰撞冲击的大小。

3. 仿人机器人摔倒保护运动控制

仿人机器人摔倒保护运动的目的是通过机器人自身的运动降低摔倒时受到的冲击作用。由于机器人的硬件约束，如电机功率、关节运动范围等，机器人能够实现的运动有限。因此仿人机器人摔倒保护运动规划可以转换为给定约束条件、优化指标情况下的优化问题。为了加快优化的速度，本书将已经获取的人体摔倒运动规律作为约束条件，加入仿人机器人摔倒保护运动规划中。

对所求轨迹的优化变为建立不同阶段的约束条件和代价函数，并在给定的分段状态方程以及各种设定的约束下，使代价函数取得最低值。对于仿人机器人摔倒运动的轨迹优化问题、约束条件的建立参考前面得到的人体摔倒运动的规律，以及仿人机器人自身的驱动和机构限制。代价函数为机器人碰撞的最终状态，通过使代价函数最小化使得摔倒受到的冲击最低。

基于前面得到的人体运动规律和仿人机器人摔倒保护运动设计准则，并结合机器人的动力学方程，在仿人机器人摔倒过程中，设定如下约束：

（1）在摔倒的第一个阶段，为使机器人在摔倒过程中尽量保持上身接近竖直状态，使向前摔倒时机器人的身体姿态满足 $-25° < \theta_3 < 0°$，使向后摔倒时机器人的身体姿态满足 $0° < \theta_3 < 35°$。

（2）设 t 为机器人发生碰撞的时间，向前摔倒时应保证机器人的膝盖首先与地面发生碰撞，则有 $\theta_1(t) = 90°$，向后摔倒时应保证机器人的髋关节首先与地面发生碰撞，则有 $\theta_3(t) < 90°$。

（3）在进行仿人机器人摔倒保护规划时，需要考虑机器人的硬件条件约束，包括机器人关节的限位约束、机器人的运动部件在摔倒过程中不发生互相干涉，机器人的驱动电机对关节输出速度 n 和当前转速下的输出力矩 $\tau_{peak}(n)$ 的限制。因此仿人机器人摔倒时关节运动的约束条件为

$$\begin{cases} q_{min} < q < q_{max} \\ \dot{q} < \dot{q}_{max} \\ \tau < i \bigcirc \gamma \bigcirc \tau_{peak} \quad (n) \end{cases} \tag{6.7}$$

其中，q_{min} 和 q_{max} 是机器人的关节限位，$i = [i_{knee}, i_{hip}]^T$，$i_{knee}$，$i_{hip}$ 分别为膝关节和髋关节的减速比，$\gamma = [\gamma_{knee}, \gamma_{hip}]^T$，$\gamma_{knee}$，$\gamma_{hip}$ 分别为膝关节和髋关节的传动效率。$\bigcirc$ 为分素乘积运算符，表示矩阵对应元素相乘。

仿人机器人摔倒保护的最终目的是减少摔倒之后的碰撞中机器人所受到的冲击，从而保护机器人。基于上述原因，建立如下的代价函数

$$E = \sum_{k=1}^{2} E^{(k)} \tag{6.8}$$

其中，$E^{(p)}$ 为在摔倒运动的相应阶段的代价函数。在摔倒的第一阶段（$p=1$），摔倒保护的目标是使机器人在碰撞时受到的冲击尽量小，因此可以建立此阶段的代价函数为：

$$E^{(1)} = \begin{cases} [\boldsymbol{B}^{p-1} \boldsymbol{J}_{knee}^{-1}(q(t_i)) \boldsymbol{D}(q(t_i)) \dot{q}^{-1}]^2, & \text{向前摔倒} \\ [\boldsymbol{B}^{p-1} \boldsymbol{J}_{hip}^{-1}(q(t_i)) \boldsymbol{D}(q(t_i)) \dot{q}^{-1}]^2, & \text{向后摔倒} \end{cases} \tag{6.9}$$

在碰撞之后的第二阶段（$p=2$），机器人将绕着膝关节或者髋关节在地面做自由转动。摔倒保护的目标是使第二次碰撞的冲击尽量小。另外，为保证机器人最终与地面接触的平稳，还应该使机器人碰撞之后的角动量尽量小，因此可以建立此阶段的代价函数为

$$E^{(2)} = \begin{cases} K_1 [\sum_{i=1}^{3} (M_i r_i \times v_i + I_i \omega_i)]^2 + K_2 (\boldsymbol{B}^{p-1} \boldsymbol{J}_{arm}^{-1}(\theta(t_i)) \boldsymbol{D}(\theta(t_i)) \dot{\theta}^{-1}]^2, \\ \text{向前摔倒} \\ K_1 [\sum_{i=1}^{3} (M_i r_i \times v_i + I_i \omega_i)]^2 + K_2 (\boldsymbol{B}^{p-1} \boldsymbol{J}_{back}^{-1}(\theta(t_i)) \boldsymbol{D}(\theta(t_i)) \dot{\theta}^{-1}]^2, \\ \text{向后摔倒} \end{cases}$$

$$\tag{6.10}$$

其中，式子右边第一项为机器人的角动量，第二项为发生第二次碰撞时的冲量，$\boldsymbol{J}_{arm}(\theta)$、$\boldsymbol{J}_{back}(\theta)$ 分别为从广义坐标到手臂碰撞点位置向量、后背碰撞点位置向量的映射矩阵，K_1 和 K_2 为比例系数，用来调节代价函数的各项权重。

至此，已经建立了每个阶段的约束条件和代价函数，可以通过非线性系统的多阶段优化方法获得最优的机器人摔倒运动轨迹。

在下一节中，将通过一个仿真实例来验证提出的仿人机器人摔倒保护策略。

6.6　仿人机器人运动设计应用实例

本节以仿人机器人的摔倒保护为例，说明分析人体运动规律在设计仿人机器人运动中的应用。本实例根据检测到的仿人机器人的运动学状态（广义坐标、广义速度等）和 ZMP 信息，触发相应的控制策略，调整机器人摔倒时的运动轨迹，达到降低碰撞冲击作用的目的。本实例的介绍包括：①摔倒保护仿真计算平台；②摔倒保护仿真模型参数；③摔倒保护仿真计算结果。

1.　摔倒保护仿真计算平台

由于摔倒保护问题的特殊性，直接在实际的仿人机器人平台上对提出的摔倒保护方法进行验证可能会对机器人造成损坏。因此，进行仿真环境下机器人模型的摔倒保护测试是一种重要的验证方法，可以有效降低实际机器人的实验风险。

仿真计算流程如图 6 – 33 所示，在 V-rep 仿真软件中按照真实机器人的动

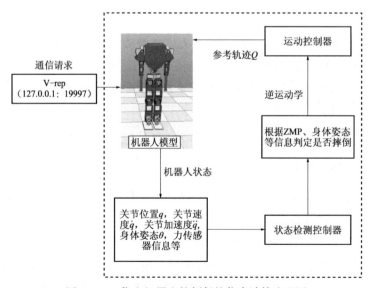

图 6 – 33　仿人机器人摔倒保护仿真计算流程图

力学参数（包括各个杆件的质量、转动惯量、质心位置等）构建一个机器人模型。在每个仿真周期里，控制器向 V-rep 发送关节控制参数（关节参考轨迹），V-rep 将机器人的实时状态（关节角度、速度、加速度、传感器信息、身体姿态等）反馈给状态检测控制器。状态检测控制器根据机器人的状态信息计算机器人当前的平衡检测结果，将计算结果发送给运动控制器，运动控制器将关节参考轨迹发送给仿真模型，完成一个仿真周期。每一个控制周期为4ms，与实际仿人机器人的控制周期相同。

2. 摔倒保护仿真模型参数

为使仿真环境中的计算结果能够尽量准确地反映实际机器人的实验结果，在仿真环境中建立机器人模型时使用真实机器人的相关参数。表 6 - 3 为机器人模型的连杆参数，表 6 - 4 为机器人膝关节和髋关节的运动范围。

机器人运动时关节能够输出的最大转速和力矩主要由该关节所使用的电机和减速器决定。在 BHR-6 仿人机器人中，下肢关节电机使用的是力矩电机，该款电机在供电电压为 120VDC 条件下的性能曲线如图 6 - 34 所示。其中蓝色曲线代表电机的峰值力矩 - 转速，红色曲线代表电机的持续力矩/转速。膝关节和髋关节均采用 Harmonic Drive 公司生产的谐波减速器，根据膝关节和髋关节在仿人机器人运动中的不同特点使用不同的减速比，选用膝关节的减速比为 $i_{knee} = 120$，髋关节的减速比为 $i_{hip} = 100$。根据机器人仿真模型的参数选择，可以确定摔倒运动轨迹优化过程中的具体约束条件。

表 6 - 3　机器人仿真模型连杆参数

属性　　　　连杆	长度/m	质心位置/m	质量/kg	转动惯量/（kg·m²）
连杆 1	0.40	0.23	5.21	0.354
连杆 2	0.33	0.165	3.42	0.286
连杆 3	0.54	0.30	20.84	1.028

表 6 - 4　机器人仿真模型关节运动范围

角度　　　　关节	初始角度/（°）	最大运动角度/（°）	最小运动角度/（°）
膝关节（q_1）	-20	5	-85
髋关节（q_2）	10	80	-67

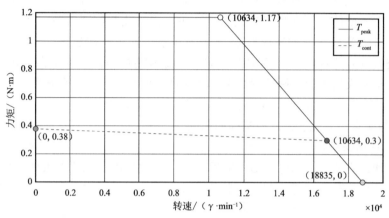

图6-34　下肢关节力矩电机的力矩-转速图（见彩插）

3. 摔倒保护仿真计算结果

为了验证本章提出的仿人机器人摔倒保护策略，在仿真环境进行机器人模型向前摔倒仿真和向后摔倒仿真，并且对比机器人直接摔倒和使用本章提出的摔倒保护策略时受到的冲击。仿真中以机器人模型站立在地面上作为初始状态，为模拟机器人受到较大干扰的情况，在机器人模型的躯干施加一个大小为200N的作用力，作用时间为0.2s。机器人向前摔倒测试时受到的作用力方向为向前，向后摔倒测试时受到的作用力方向为向后。

图6-35和图6-36展示了机器人向前摔倒的仿真动画截图，其中图6-35

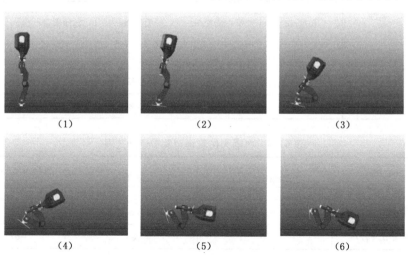

图6-35　BHR-6仿人机器人模型无摔倒保护时向前摔倒的序列图

为机器人直接向前摔倒的运动过程，图 6-36 是使用本章提出的摔倒保护策略的向前摔倒运动过程。从图中可以看出，机器人采用与人体摔倒运动类似的方式来进行摔倒保护。在向前摔倒开始阶段，机器人通过屈膝的方式降低重心高度，在运动过程中保持上身姿态接近竖直，并通过膝盖着地完成第一次碰撞。在第一次碰撞之后，机器人与地面的接触从脚尖变为膝盖，开始绕着膝关节转动，最后通过胸部与地面碰撞，结束向前摔倒的过程。

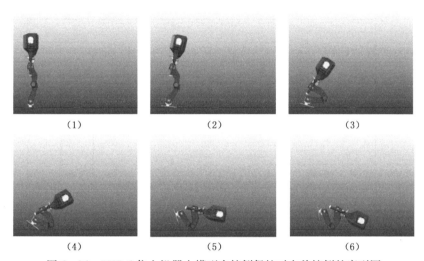

（1）　　　　　　　　（2）　　　　　　　　（3）

（4）　　　　　　　　（5）　　　　　　　　（6）

图 6-36　BHR-6 仿人机器人模型有摔倒保护时向前摔倒的序列图

与人体摔倒运动的研究类似，此处记录了机器人摔倒过程中躯干竖直方向加速度的绝对值，并将其作为摔倒时受到冲击的评价指标。图 6-37 和图 6-38

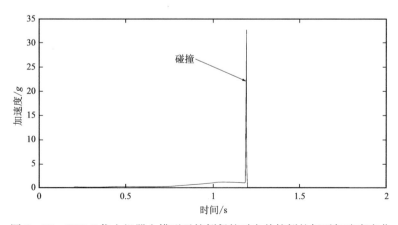

图 6-37　BHR-6 仿人机器人模型无摔倒保护时向前摔倒的躯干加速度变化

为仿真中得到的向前摔倒时躯干竖直方向加速度的变化情况，其中图 6–37 为机器人直接向前摔倒的加速度变化，图 6–38 为机器人采用摔倒保护策略时的加速度变化。从图中可以看出，机器人直接摔倒时，加速度最大值为 30G（重力加速度 G = 9.8m/s²），在采用向前摔倒保护策略时，在膝盖碰撞和躯干碰撞时，加速度均发生了较大的变化，分别达到 7g 和 11g 左右，加速度最大值与无摔倒保护时相比降低了 60% 左右。

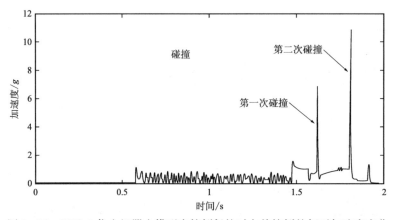

图 6–38　BHR-6 仿人机器人模型有摔倒保护时向前摔倒的躯干加速度变化

图 6–39 和图 6–40 展示了机器人向后摔倒的仿真动画截图，其中图 6–39 是机器人直接向后摔倒的运动过程，图 6–40 是使用本章提出的摔倒保护策略的向后摔倒运动过程。从图中可以看出，在采用摔倒保护策略的摔倒中，

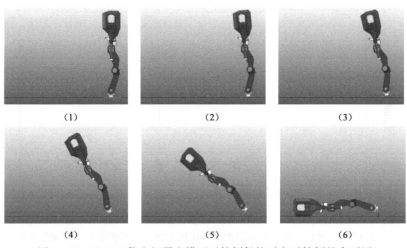

图 6–39　BHR-6 仿人机器人模型无摔倒保护时向后摔倒的序列图

机器人首先通过屈膝的方式降低重心，采用髋部作为第一碰撞点。在发生第一次碰撞之后，机器人绕着髋关节与地面的接触点转动，然后通过背部与地面接触，完成向后摔倒运动。

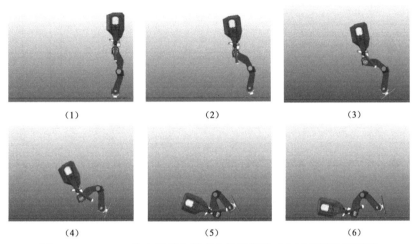

(1)	(2)	(3)
(4)	(5)	(6)

图 6−40　BHR-6 仿人机器人模型有摔倒保护时向后摔倒的序列图

图 6−41 展示了机器人直接向后摔倒时躯干竖直方向加速度的变化。从图中可以看出，机器人直接摔倒时加速度最大值为 30G 左右，与直接向前摔倒时的最大加速度相似。图 6−42 为机器人采用摔倒保护策略时向后摔倒的躯干最大竖直方向加速度。由于采用了和人体摔倒类似的方式，加速度在髋关节与地面碰撞、躯干与地面碰撞时发生了两次较大的变化，最大加速度约为 8G。可以看出，机器人在向后摔倒中，使用摔倒保护策略和直接摔倒相比，机器人的最大加速度减小 70% 左右。

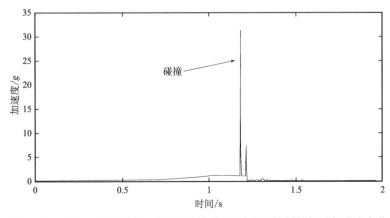

图 6−41　BHR-6 仿人机器人模型无摔倒保护时向后摔倒的躯干加速度变化

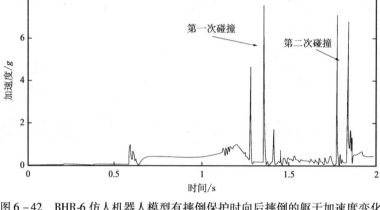

图 6-42　BHR-6 仿人机器人模型有摔倒保护时向后摔倒的躯干加速度变化

参 考 文 献

[1] Miura K, Morisawa M, Kanehiro F, et al. Human-like walking with toe supporting for humanoids[C]//2011 IEEE/RSJ International Conference on Intelligent Robots and Systems, IROS 2011, San Francisco, CA, USA, September 25 – 30, 2011, IEEE, 2011: 4428 – 4435.

[2] Yamane K, Anderson S O, Hodgins J K. Controlling humanoid robots with human motion data: Experimental validation[C]//IEEE-RAS International Conference on Humanoid Robots, IEEE, 2010: 504 – 510.

[3] Nakaoka S, Nakazawa A, Kanehiro F, et al. Task model of lower body motion for a biped humanoid robot to imitate human dances[C]//IEEE/RSJ International Conference on Intelligent Robots & Systems, IEEE, 2005: 2769 – 2774.

[4] 李敬, 黄强, 余张国, 等. 人体步行规律与仿人机器人步态规划[J]. 中国科学: 信息科学, 2012, 42(9) : 1067 – 1080.

[5] Huang Q, Yang J, Yu Z, et al. Measurement of human walking and generation of humanoid walking pattern [C]//IEEE International Conference on Robotics and Biomimetics, IEEE, 2007: 127 – 132.

[6] Yu Z, Chen X, Huang Q, et al. Humanoid walking pattern generation based on the ground reaction force features of human walking[C]//2012 International Conference on Information and Automation (ICIA) , IEEE, 2012: 753 – 758.

[7] Huang Y, Chen B, Meng L, et al. Exploiting human walking speed transitions using a dynamic bipedal walking robot with controllable stiffness and limb coordination [C]//IEEE-RAS International Conference on Humanoid Robots, IEEE, 2016: 509 – 514.

[8] Fujiwara K, Kanehiro F, Kajita S, et al. Safe knee landing of a human-size humanoid robot

while falling forward [C]//IEEE/RSJ International Conference on Intelligent Robots and Systems, IEEE, 2004: 503 – 508.

[9] Fujiwara K, Kajita S, Harada K, et al. Towards an Optimal Falling Motion for a Humanoid Robot [C]//IEEE-RAS International Conference on Humanoid Robots, IEEE, 2006: 524 – 529.

[10] Fujiwara K, Kajita S, Harada K, et al. An optimal planning of falling motions of a humanoid robot[C]//2007 IEEE/RSJ International Conference on Intelligent Robots and Systems, IEEE, 2007: 456 – 462.

[11] Samy V, Kheddar A. Falls control using posture reshaping and active compliance[C]//IEEE-RAS International Conference on Humanoid Robots, IEEE, 2015: 908 – 913.

[12] Meng L, Ceccarelli M, Yu Z, et al. An experimental characterization of human falling down [J]. Mechanical Sciences, 2017, 8(1) : 79 – 89.

[13] Li Q, Yu Z, Chen X, et al. A Falling Forwards Protection Strategy for Humanoid Robots [C]//ROMANSY 22 – Robot Design, Dynamics and Control, 2019: 314 – 322.

[14] Zhou Yuhang, Chen X, Liu H, et al. Falling protective method for humanoid robots using arm compliance to reduce damage[C]//2016 IEEE International Conference on Robotics and Biomimetics (ROBIO) , IEEE, 2016: 2008 – 2013.

[15] Ding W, Chen X, Yu Z, et al. Fall Protection of Humanoids Inspired by Human Fall Motion [C]//2018 IEEE-RAS 18th International Conference on Humanoid Robots, IEEE, 2018: 827 – 833.

[16] 丁文朋,仿人机器人拟人摔倒保护设计与运动控制[D]. 北京:北京理工大学,2020.

[17] Ma G, Huang Q, Yu Z, et al. Bio-inspired falling motion control for a biped humanoid robot [C]//In IEEE-RAS International Conference on Humanoid Robots, 2014: 850 – 855.

[18] Meng L, Yu Z, Chen X, et al. A falling motion control of humanoid robots based on biomechanical evaluation of falling down of humans[C]//In IEEE-RAS 15th International Conference on Humanoid Robots, IEEE, 2015: 441 – 446.

[19] Guo X, Zhang W, Liu H, et al. A torque limiter for safe joint applied to humanoid robots against falling damage[C]//2015 IEEE International Conference on Robotics and Biomimetics (ROBIO) , IEEE, 2015: 2454 – 2459.

[20] 孟立波,仿人机器人的摔倒保护策略及其运动规划[D]. 北京:北京理工大学,2018.

[21] Li Qingqing, Yu Zhangguo, Chen Xuechao, et al. A Compliance Control Method Based on Viscoelastic Model for Position-Controlled Humanoid Robots[C]//in Proc. IEEE/RSJ Int. Conf. Intell. Robot. Syst. (IROS) , Las Vegas, USA, Oct. 25 – 29, 2020.

[22] Zatsiorsky V M, Prilutsky B I. Biomechanics of Skeletal Muscles[M]. 2012. [J]. Medicine & Science in Sports & Exercise 2012, 45(5) : 1020.

[23] Hanavan Jr E P. A mathematical model of the human body [R]. 1964.

[24] Sugihara T, Nakamura Y. A Fast Online Gait Planning with Boundary Condition Relaxation for Humanoid Robots[C]//Proceedings of the 2005 IEEE International Conference on Robotics

and Automation, IEEE, 2005: 306 – 311.

[25] Harada K, Kajita S, Kanehiro F, et al. Real-Time Planning of Humanoid Robot's Gait for Force Controlled Manipulation[J]. Transactions of the Japan Society of Mechanical Engineers Series C, 2004: 616 – 622.

[26] Inoue H, Tachi S, et al. Overview of Humanoid Robotics Project of METI [C]//In Proceedings of the 32nd ISR, 2001: 1 – 5.

[27] Kajita S, Yamaura T. Dynamic walking control of a biped robot along a potential energy conserving orbit[J]. IEEE Transactions on Robotics and Automation, 1992, 8(4): 431 – 438.

[28] Playter R R, Raibert M H. Control of A Biped Somersault In 3D[C]//Proceedings of the IEEE/RSJ International Conference on Intelligent Robots and Systems, IEEE, 1992: 582 – 589.

[29] Kun A L, Miller W T I. Control of variable speed gaits for a biped robot[J]. IEEE Robotics and Automation Magazine, 1999, 6(3): 1919 – 1929.

[30] Yamaguchi J, Soga E, Inoue S, et al. Development of a bipedal humanoid robot-control method of whole body cooperative dynamic biped walking[C]//IEEE International Conference on Robotics and Automation, IEEE, 1999: 368 – 374.

[31] Furusho J, Sano A. Sensor-Based Control of a Nine-Link Biped[J]. International Journal of Robotics Research, 1990, 9(2): 83 – 98.

[32] Corporation M A. https://www.motionanalysis.com. Accessed August 30, 2017.

[33] Zhang Weimin, Huang Qiang, Yang Jie, et al. Similarity Evaluation and Humanoid Motion Design Based on Human Motion Capture[C]//Proceedings of 16th CISM-IFToMM Symposium on Robot Design, Dynamics, and Control, Tokyo, Japan, 2008.

[34] Huang Q, Yu Z, Zhang W, et al. Design and similarity evaluation on humanoid motion based on human motion capture[J]. Robotica, 2010, 28(5): 737 – 745.

[35] Kajita S, Cisneros R, Benallegue M, et al. Impact acceleration of falling humanoid robot with an airbag[C]//IEEE-RAS International Conference on Humanoid Robots, IEEE, 2017: 637 – 643.

[36] Moon Y, Sosnoff J J. Safe Landing Strategies During a Fall: Systematic Review and Meta-Analysis[J]. Archives of Physical Medicine and Rehabilitation, 2017, 98(4): 783 – 794.

[37] Nevitt M C, Cummings S R. Type of fall and risk of hip and wrist fractures: the study of osteoporotic fractures[J]. Journal of the American Geriatrics Society, 1993, 41(11): 1226 – 1234.

[38] Samy V, Kheddar A. Falls control using posture reshaping and active compliance[C]//In IEEE-RAS International Conference on Humanoid Robots, IEEE, 2015: 908 – 913.

[39] Robinovitch S N, Brumer R, Maurer J. Effect of the "squat protective response" on impact velocity during backward falls[J]. Journal of Biomechanics, 2004, 37(9): 1329 – 1337.

第7章

基于被动行走的仿人机器人

7.1 概　述

7.1.1 问题的提出

传统的仿人机器人理论认为电机和负载之间的接合越硬越好，因为完全的刚度可以提供高精度、增强关节稳定性、改进位置控制的带宽。然而使用完全刚性驱动器的机器人运动时与地面的碰撞剧烈，特别是在做奔跑、跳跃等运动时，容易对机器人造成损坏，在人机交互方面也缺乏安全性，且这种机器人对驱动器能提供的瞬时力矩的要求较高，机器人运动的能量效率较低。另一方面，人类运动由于具有灵巧、流畅、高效的步态，以及对于复杂环境的高度适应性，成为学者们研制仿人机器人时参考、模拟的重要对象。人类运动是通过肌肉、肌腱等组织来驱动的，而肌肉、肌腱组织的一大特性就是具有较大的柔性可变范围，该性质有助于精确、稳定的力控制、降低碰撞的冲击作用以及与外界接触时的风险、在运动过程中储存能量。另外，人类在运动的某些阶段肌肉会表现出接近于完全放松的状态，也就意味着不提供主动的驱动，而是让肢体在自身的惯性和动力学性质的作用下被动地运动。例如，通过测量肌肉的肌电信号发现人类在某些速度下行走时摆动腿的肌肉几乎没有任何活动性，这也就意味着当肌肉的驱动让摆动腿开始向前摆动后，摆动腿就在空中被动地运动。综上所述，如何突破传统的完全刚性驱动器的局限，在仿人机器人中加入柔性单元和欠驱动的控制方式，让机器人更好地模拟人类行走的特征，实现灵巧、高效的运动步态是仿人机器人研究中的重要问题。

学者们尝试通过加入柔性单元、使用欠驱动和力矩控制等方式研制基于被动行走的仿人机器人。与刚性驱动、主动控制轨迹的仿人机器人相比，基于被动行走的机器人往往具有更高的能量效率、更自然的步态、更强的抗扰动能力以及更安全的交互性。但这类机器人也具有控制难度大、运动模式单一、实用性不高的缺点。目前，基于被动行走的仿人机器人大多用于侧重提升仿人机器人某方面性能的研究，或用于促进对人体运动机理的理解，很少能够投入产业化应用。本章将介绍仿人机器人被动行走的主要理论与方法，包括动力学、驱动方式、控制方法、机构等方面的内容，并在最后给出一个应用实例。

7.1.2　研究进展

被动动态行走（Passive Dynamic Walking）的概念在1990年由加拿大学者McGeer提出，其主要思想是：不在双足运动系统上施加较多的主动控制和驱动力，更多地关注系统本身的动力学属性对运动的影响，通过合理动力学分析和结构设计来得到稳定、高效的周期步态。McGeer建立了纯被动双足行走的动力学模型，并进行了局部稳定性的分析，在此基础上制作了纯被动机器人，如图7-1所示。该机器人没有任何传感器、电机和控制，完全依靠重力的作用在下坡斜面上实现行走。该行走样机分为无膝关节和有膝关节两种，腿长分别为0.5m和0.8m，可以在倾角为0.025至0.05rad的斜坡上实现稳定行走。基于类似的原理，美国康奈尔大学研制了一款三维动态行走机器人，可以实现在斜面上的三维稳定行走，如图7-2所示。

图7-1　McGeer研制的纯被动
行走样机

图7-2　美国康奈尔大学研制的三维
被动动态行走样机

　　此后，研究者们在纯被动行走机器人的基础上进行改进，加入圆脚和平脚的结构，使机器人的结构与人类更接近，并加入了少量的驱动与控制，让这种基于被动行走的双足机器人能在平地上行走。

　　在理论模型分析方面，美国密歇根大学的 Kuo 建立了加入髋关节力矩驱动的双足行走模型，实现了在平地上的运动；荷兰德尔福特理工大学的 Wisse 等人研究了有上身的被动动态行走，分析了上身的质量、长度对运动性质的影响；同研究组的 Hobbelen 等人建立了有平脚和踝关节的双足行走模型，并在踝关节加入了驱动，研究了对踝关节驱动的控制在行走中的作用。北京大学的研究者提出了具有关节柔性和平脚结构的行走模型，研究了脚结构和关节柔性对运动性质的影响。浙江大学的研究人员研究了针对速度和步长的反馈控制方法。

　　在实体仿人机器人研制方面也产生了众多成果。美国麻省理工学院的 Pratt 等人在 1995 年研制了串联弹性驱动器（Serials Elastic Actuator，SEA），该驱动器将一个弹簧串联到一个电机上，从而形成了一个柔性驱动器。该研究组将这种驱动器应用在了他们研制的双足机器人 Spring Flamingo 上，如 7 - 3 所示。该机器人高 90cm，重 13.5kg，在髋关节、膝关节、踝关节处都施加了驱动，并在髋关节处连接了一个横梁进行约束，使得机器人只能在前行方向运动，保证了侧向稳定性。由于应用了串联弹性驱动器，在机器人上可以施加精确的力矩控制，且能增强抵抗冲击的能力。荷兰德尔福特理工大学将 McKibben 气动人工肌肉应用到动态行走机器人中，研制出了可在平地行走的双足机器人 Mike，如图 7 - 4 所示。该机器人重 6kg，采用内外两对腿的结构保证动态行走

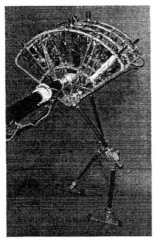 

图 7 - 3　美国麻省理工学院研制的双足　　　图 7 - 4　荷兰德尔福特理工大学研制的二
　　　机器人 Spring Flamingo　　　　　　　　　　维双足机器人 Mike

中的侧向稳定性。荷兰特温特大学研制了电机驱动的二维动态双足行走机器人Dribbel，如图7-5所示。该机器人髋关节采用直流电机驱动，膝关节处安装了弹簧和继电器。美国康奈尔大学研制了二维动态行走机器人Ranger，如图7-6所示。该机器人在髋关节和踝关节都施加了驱动，能够在平地上行走，且在2006年实现了持续行走1km的世界纪录。

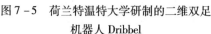

图7-5　荷兰特温特大学研制的二维双足　　图7-6　美国康奈尔大学研制的二维双足
　　　　机器人Dribbel　　　　　　　　　　　　　　机器人Ranger

　　以上基于被动行走的双足机器人都在二维空间中运动，需要用对称的结构来保持侧向稳定性，而且都没有躯干，结构相对简单。随后，学者们开始研究带有上身、能够实现三维运动的被动行走双足机器人。美国康奈尔大学研制的另一款双足行走机器人，腿长0.81m，重12.7kg，如图7-7所示。该机器人在两个踝关节处加入了弹簧和电机组成的驱动器，只在踝关节处施加驱动，可以实现速度为0.44m/s的三维稳定行走。荷兰德尔福特理工大学研制了电机驱动的被动行走双足机器人，比较有代表性的是Meta和Flame。Meta高1.1m，重12kg，在髋关节和膝关节处有主动驱动，如图7-8所示。该机器人采用内外腿的对称结构解决了侧向稳定性的问题，在关节驱动器上加入了弹簧，并对摆动阶段结束时摆动腿的角度进行控制，机器人可以实现在多种速度下的动态行走。Flame是电机驱动的可以实现三维行走的双足机器人，高1.3m，重15kg，如图7-9所示。Flame具有6个前进方向的关节（两个髋关节、两个膝关节、两个踝关节），还有一个侧向的髋关节，可以克服8mm地面高度变化的扰动。德国耶拿大学制作了一款电机驱动的被动行走双足机器人，高45cm，重2kg，如图7-10所示。该机器人中加入了弹簧等柔性结构，模拟人类行走时肌肉的驱动方式。实验测试表明，该机器人不但可以实现动态行走，也可以实现奔跑运动，最大速度可以达到 3.6m/s。清华大学研究了被动动态行走的动力学模型和仿真实验，并研制了一批基于被动行走的双足机器人。北京大学智能控制实验室从 2006 年开始进行基于被动行走的双足机器人研究，研制出有上身、柔性膝关节和踝关节的动态行走机器人，并分析了机器人在不同地面环境中的运动能力。

图 7-7　美国康奈尔大学研制的加入电机
驱动的三维动态行走机器人

图 7-8　荷兰德尔福特理工大学研制的
二维动态行走机器人 Meta

179

图 7-9　荷兰德尔福特理工大学研制的三维
动态行走机器人 Flame

图 7-10　德国耶拿大学制作的双足机器人
JenaWalker

以上这些机器人中，大部分都具有柔性单元（例如关节处有弹簧），机器人运动时只在部分关节、部分步态阶段施加驱动，强调靠机器人自身的结构特点和动力学属性实现稳定的周期运动。与传统的主动控制的仿人机器人相比，基于被动行走的仿人机器人步态更自然且能量效率较高。然而，由于施加的控制较少，这类机器人的实用性较差，大多只能以一种步态行走。因此，这类机器人主要用于提升某一方面运动性能的研究，以及以机器人为工具促进对人体运动规律的理解。

本章7.2节以具有髋、膝、踝关节的七杆仿人机器人模型为例，说明基于被动行走的仿人机器人的动力学方程和相关计算过程，7.3节介绍基于被动行走的仿人机器人中常用的可变刚度/柔性驱动器，7.4节介绍基于被动行走的实体机器人的机构设计、步态阶段划分、驱动方式、运动控制，7.5节介绍一个基于被动行走的仿人机器人变速运动的应用实例。

7.2 基于被动行走的仿人机器人的动力学

7.2.1 基于被动行走的双足模型

基于被动行走的仿人机器人一般不指定精确的关节轨迹，通过控制关节驱动力矩来实现机器人的运动。本节以一个七杆双足行走模型为例，说明被动行走仿人机器人动力学方程的建立。该七杆模型包括上身、大腿、小腿和脚。整个模型建立为多刚性杆结构，各个杆在关节处铰接，其结构如图7-11所示。

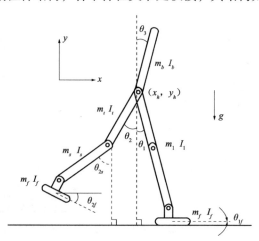

图 7-11　基于被动行走的仿人机器人七杆模型

为了保证运动的稳定性，在模型的髋关节处加了一个运动学约束，使得上身的方向始终保持在两条大腿的角平分线的反向延长线上。由于很多研究都表明，在人类行走中踝关节柔性表现得与弹簧机构类似，所以在本模型中，在膝关节和踝关节都加入了一个扭簧来模拟关节柔性。本模型中采用的扭簧为线性的，即回复力矩与角度偏移量成正比。为了减少摆动腿在自由摆动时脚部的振荡，还在摆动腿的踝关节处加了一个阻尼，这样可以降低摆动腿在与地面碰撞时脚的方向对扰动的敏感程度，增强行走的稳定性。该双足模型在髋关节处加入了力矩作为驱动，以补偿碰撞时损失的能量。膝关节和踝关节为被动关节。

为了简化运动分析，在模型中做了如下假设：

（1）身体各部分都是刚性杆，没有变形；

（2）除了摆动腿的踝关节处有阻尼以外，不考虑其他关节处的摩擦和阻尼；

（3）模型与地面之间的摩擦力足够大，即模型的支撑腿不会和地面之间产生滑动；

（4）运动中的碰撞都处理为瞬时的、完全非弹性的碰撞，碰撞时没有滑动和反弹。

在运动过程中，支撑腿始终与地面保持接触，摆动腿绕着髋关节摆动。由于本模型采用了平脚结构，所以当脚与地面接触时，一共会出现两次碰撞：脚后跟与地面的碰撞以及整个脚掌与地面的碰撞。支撑腿的膝关节在运动过程中始终处于锁死状态，即整个支撑腿可以处理为一根刚性杆。在摆动腿的整个脚面与地面碰撞之后，原支撑腿变为新的摆动腿，且膝关节处对小腿的约束消失，小腿将自由摆动。当摆动腿的小腿摆动到与大腿的夹角小于一定角度（通常取为一个很小的值）时，摆动腿的膝关节会锁死，小腿和大腿将约束在一条直线上。

当出现以下几种情况时，运动会被强制中止：跌倒、奔跑、摆动腿未合上。跌倒有向前跌倒和向后跌倒两种情况。在本节中，模型的跌倒通过大腿与竖直线的夹角来判断。当某条腿与竖直线的夹角超出一定的范围（此处取为 ±60°），则认为模型发生了跌倒，此时运动将被强制停止。模型是否奔跑是通过地面的反作用力的方向来判断的。正常情况下，地面施加在模型上的作用力的方向都应该是向上的。当地面给模型支撑脚的作用力为零，则表明模型的支撑腿有离开地面的趋势，如果此时摆动腿与地面没有任何接触，则认为模型进入了奔跑状态，运动将停止。摆动腿未合上是指，在摆动腿的脚后跟与地面发生碰撞时，摆动腿的小腿还处于弯曲状态，膝关节没有锁死。

下面介绍该模型的坐标表达。假设双足行走模型在水平地面上由左向右运动，x 轴沿水平方向向右，y 轴沿竖直方向向上（图 7－12）。模型的坐标可以通过直角坐标 r 描述，也可以通过广义坐标 q 描述。在直角坐标 r 下，该模型的位姿通过各个杆质心的位置和各个杆的方向描述：

$$r = [x_h, y_h, x_{c1}, y_{c1}, \theta_1, x_{c2t}, y_{c2t}, \theta_2, x_{c3}, y_{c3}, \theta_3$$
$$x_{c2s}, y_{c2s}, \theta_{2s}, x_{c1f}, y_{c1f}, \theta_{1f}, x_{c2f}, y_{c2f}, \theta_{2f}]' \qquad (7.1)$$

式中，上标"'"表示转置（下同），(x_h, y_h)，(x_{c1}, y_{c1})，(x_{c2t}, y_{c2t})，(x_{c3}, y_{c3})，(x_{c2s}, y_{c2s})，(x_{c1f}, y_{c1f})，(x_{c2f}, y_{c2f}) 分别是髋关节、腿 1 整体、腿 2 的大腿、上身、腿 2 的小腿、脚 1 和脚 2 质心的坐标，θ_1，θ_2，θ_3，θ_{2s}，θ_{1f}，θ_{2f} 分别是腿 1 的大腿、腿 2 的大腿、上身、腿 2 的小腿、脚 1 和脚 2 的角度（图 7－12）。其中，大腿、小腿、上身的角度都是相对竖直方向的，脚的角度是相对水平方向的，都是以逆时针为正方向。需要注意的是，此处给出的坐标对应的模型运动状态是腿 1 为支撑腿，腿 2 小腿弯曲自由摆动，所以将腿 1 整体处理为一根刚性杆，腿 2 的大腿和小腿分开考虑。如果腿 2 是支撑腿，腿 1 自由摆动，则两腿的情况要对调。如果腿 1 是支撑腿，腿 2 自由摆动但膝关节已锁死，则腿 2 的大腿和小腿也作为一个整体考虑，这种情况下模型的 r 坐标就会少 3 个分量。

另外，模型的位姿也可以通过广义坐标 q 描述。此处广义坐标取为髋关节的位置和各个杆的角度：

$$q = [x_h, y_h, \theta_1, \theta_2, \theta_3, \theta_{2s}, \theta_{1f}, \theta_{2f}]' \qquad (7.2)$$

此处各变量的含义与前面所述相同。需要说明的是，当摆动腿的膝关节锁死时，广义坐标 q 也会少一个变量。也就是说，在不同的运动状态下，模型的坐标 r 和 q 的分量的个数也是不同的，相应地，质量矩阵和广义力的维数也会有变化。

如前文所述，具有平脚结构的动态双足行走模型的特点是在一步运动中脚部会与地面发生两次碰撞，一次是脚后跟的碰撞，一次是整个脚掌的碰撞。当踝关节的扭簧的弹性系数比较大时，在前腿整个脚掌与地面碰撞之前，甚至在前腿的脚后跟与地面碰撞之前，后腿的脚后跟就会抬起。由于本章侧重分析具有平脚和柔性踝关节的双足模型的周期运动规律，所以没有考虑具有多种复杂步态的情况。因此，本章模型中选取的踝关节扭簧的弹性系数相对比较小，即只有在前腿的整个脚掌与地面碰撞后后腿的脚后跟才会抬起。关于多种运动步态的分析会在后面的章节中提到。

本章的运动分析中把动态双足行走的一个周期划分为七个阶段，如图 7－12 所示。模型的初始状态选取为双腿的整个脚掌都与地面接触的状态。之后进入图 7－12 中的状态 A，也就是抬脚状态（push-off phase）。在抬脚状态中，模型的后腿膝关节打开，后脚的脚后跟离开地面，脚尖与地面保持接触，前腿的整个脚掌与地面保持接触。模型在后腿的髋关节与踝关节的驱动下获得动力。当检测到后腿脚尖离开地面时，即地面在后腿脚尖的作用力在竖直方向的分量由向上变为向下时，运动进入状态 B。在状态 B 中，摆动腿完全离开地面，自由摆动，支撑腿脚掌与地面保持接触。当检测到摆动腿的小腿运动到与大腿方向很接近时（小腿与大腿的角度差小于某一很小的临界值时），运动进入状态 C。状态 C 是一个碰撞状态，摆动腿的小腿与大腿发生碰撞，之后摆动腿的膝关节锁死，摆动腿的大腿和小腿约束在同一方向上，整个摆动腿作为一个刚性杆处理。状态 D 也是摆动腿自由摆动的状态，与状态 B 的区别是摆动腿的膝关节变为锁死的。当检测到摆动腿的脚后跟与地面有接触时，运动进入状态 E。状态 E 也是一个碰撞状态，摆动腿的脚后跟与地面发生碰撞。由于本模型中的碰撞都建模为完全非弹性碰撞，所以碰撞之后摆动腿的脚后跟固定在地面上，运动进入状态 F。在状态 F 中，后腿的整个脚掌与地面保持接触，前腿的脚后跟与地面接触，整个脚掌绕着脚后跟转动，当检测到前腿的脚趾接触到地面时，运动进入状态 G。状态 G 是前腿的整个脚掌与地面的碰撞，碰撞之后，支撑腿和摆动腿交换，模型进入下一步的运动。

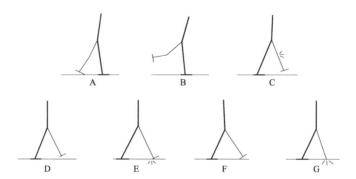

图 7 – 12　基于被动行走的双足模型的步态阶段
模型一步的运动可以划分为七个状态。初始状态为双脚脚掌与地面接触，
当摆动腿的整个脚掌与地面碰撞之后，一步运动结束

7.2.2　动力学方程

如前文所述，模型的坐标可以用直角坐标 r 和广义坐标 q 描述。将两个坐标之间的传递矩阵，即雅可比矩阵记为 J，则有

$$J = \mathrm{d}r/\mathrm{d}q \qquad (7.3)$$

将直角坐标 r 下的质量矩阵记为 M，则

$$\boldsymbol{M} = \mathrm{diag}(m_h, m_h, m_l, m_l, I_l, m_t, m_t, I_t, m_b, m_b, I_b$$

$$m_s, m_s, I_s, m_f, m_f, I_f, m_f, m_f, I_f) \tag{7.4}$$

式中，m_h，m_l，m_t，m_b，m_s 和 m_f 分别为髋关节、整条腿、大腿、上身、小腿和脚的质量，如图 7-11 所示。I 项是相应部分的转动惯量，例如 I_t 是大腿的转动惯量，I_b 是上身的转动惯量。如前文所述，在不同的状态下，质量矩阵的维数可能不同，此处列出的是摆动腿的小腿处于弯曲状态时质量矩阵的表达式。需要说明的是，由于本章的模型中各个部分的质量都是集中于质心位置的质点，所以直角坐标 r 中的某些角度和质量矩阵 M 中的某些转动惯量都可以去掉。但是为了方程的完整，以及方便以后研究有质量分布的模型，本章的方程中还是保留了这些项。

将直角坐标 r 下的主动外力记为 F。在本章的模型中，F 包括重力、髋关节处的驱动力矩、踝关节处弹簧提供的力矩。如前所述，由于在不同的运动状态下，模型坐标的数目可能不同，所以不同运动状态下 F 的表达式可能也不同。例如，图 7-12 的状态 B 中，F 为

$$F = [0, -m_h g, 0, -m_l g, -k_{\mathrm{ankle}}(\theta_1 - \theta_{1f}) + p_1$$

$$0, -m_t g, p_2, 0, -m_b g, 0, 0, -m_s g, -k_{\mathrm{ankle}}(\theta_{2s} - \theta_{2f})$$

$$0, -m_f g, k_{\mathrm{ankle}}(\theta_1 - \theta_{1f}), 0, -m_f g, k_{\mathrm{ankle}}(\theta_{2s} - \theta_{2f})]' \tag{7.5}$$

其中，g 为重力加速度，k_{ankle} 为踝关节处的扭簧的弹性系数。p_1 和 p_2 分别为施加在腿 1 和腿 2 上的髋关节处的驱动力矩，一般来说，p_1 和 p_2 大小相等、方向相反。

将约束函数记为 $\xi(q)$。约束函数用来保证运动过程中模型满足相应的约束条件，例如支撑腿与地面保持接触等。需要注意的是，由于模型在不同运动状态下的约束条件是不同的，所以 $\xi(q)$ 在不同状态下的表达式也不同。例如，在图 7-12 的状态 B 中，约束函数 $\xi(q)$ 的表达式为

$$\xi(q) = \begin{bmatrix} \theta_3 - \dfrac{1}{2}(\theta_1 + \theta_2) \\ x_h + l\sin(\theta_1) - x_{\mathrm{ankle}} \\ y_h - l\cos(\theta_1) - l_{fh}\sin(\theta_{1f}) \\ y_h - l\cos(\theta_1) + l_{ft}\sin(\theta_{1f}) \end{bmatrix} \tag{7.6}$$

式中，x_{ankle} 是腿 1 的踝关节的 x 坐标，l 是整个腿的长度，l_{fh} 和 l_{ft} 分别是脚后跟与脚踝关节之间的距离和脚踝关节与脚尖之间的距离。在运动过程中，$\xi(q)$ 的各个分量需要保持为 0，以满足约束条件。此处 $\xi(q)$ 的第一个分量是对上身方向的约束，第二到第四个分量是对支撑脚的约束。本书中将支撑脚与地面的约束建模为一个水平方向的地面反作用力和两个竖直方向且分别作用在脚的

两个端点的地面反作用力。如果在运动过程中，某个竖直方向的地面反作用力的方向由向上变为向下，则说明支撑脚对应的端点离开地面，支撑脚将绕着另一个端点转动。由于本章中不考虑复杂步态的情况，所以当出现这种情况时，运动会被强制中止。本书后面的章节中会分析多种步态的情形。

通过第一类拉格朗日运动方程，可以得到如下方程：

$$M_q \ddot{q} = F_q + \Phi' F_c \tag{7.7}$$

$$\xi(q) = 0 \tag{7.8}$$

其中，$\Phi = \dfrac{\partial \xi}{\partial q}$，$F_c$ 是约束力，M_q 是广义坐标 q 下的质量矩阵：

$$M_q = J'MJ \tag{7.9}$$

F_q 是广义坐标 q 下的主动外力：

$$F_q = J'F - J'M \frac{\partial J}{\partial q} \dot{q} \dot{q} \tag{7.10}$$

$\xi(q) = 0$ 可以转化为以下形式：

$$\Phi \ddot{q} = -\frac{\partial(\Phi \dot{q})}{\partial q} \dot{q} \tag{7.11}$$

由此可以得到如下矩阵形式的运动方程：

$$\begin{bmatrix} M_q & -\Phi' \\ \Phi & 0 \end{bmatrix} \begin{bmatrix} \ddot{q} \\ F_c \end{bmatrix} = \begin{bmatrix} F_q \\ -\dfrac{\partial(\Phi \dot{q})}{\partial q} \dot{q} \end{bmatrix} \tag{7.12}$$

以上得到的是运动状态的方程，碰撞时刻的方程可以通过对运动状态方程的积分得到：

$$M_q \dot{q}^+ = M_q \dot{q}^- + \Phi' I_c \tag{7.13}$$

其中，$\dot{q}^+$ 和 $\dot{q}^-$ 分别为碰撞前一时刻和碰撞后一时刻的广义速度，I_c 为对约束力 F_c 积分得到的冲量：

$$I_c = \lim_{t \to t^+} \int_{t^-}^{t^+} F_c \mathrm{d}t \tag{7.14}$$

由于本书中将碰撞处理为完全非弹性的，所以碰撞后模型满足相应状态的约束条件，即碰撞后满足

$$\frac{\partial \xi}{\partial q} \dot{q}^+ = 0 \tag{7.15}$$

则可以得到矩阵形式的碰撞状态方程：

$$\begin{bmatrix} M_q & -\varPhi' \\ \varPhi & 0 \end{bmatrix} \begin{bmatrix} \dot{q}^+ \\ I_c \end{bmatrix} = \begin{bmatrix} M_q \dot{q}^- \\ 0 \end{bmatrix} \tag{7.16}$$

7.3 具有可变刚度/柔性的驱动器

7.3.1 可变刚度/柔性驱动器简介

对于基于被动行走的仿人机器人来说，在运动控制中，一般不对关节的运动轨迹进行精确的规划，而是通过力矩控制，直接施加较简单的驱动即可实现行走。由于力矩控制的特性，往往在运动系统中加入柔性单元，在运动中储存、释放能量，更好地适应崎岖地面等复杂环境。

对于这类机器人来说，通过控制机器人在不同步态阶段的关节力矩，可以让机器人实现周期行走运动。对于具有可变刚度、可变阻尼的仿人机器人，还可以通过调整其刚度、阻尼来调整驱动，实现稳定的运动。Park 提出了一种根据步态状态调整阻抗参数的控制方法，结果表明该方法比传统的位置控制方法在脚掌落地时的碰撞调节和适应不规则地面上表现得更好。

由于可变刚度对于基于被动行走的仿人机器人来说具有越来越重要的意义，具有可控刚度/柔性的驱动器的设计与研制成为这类仿人机器人研究中的一个重要部分。与完全刚性的驱动器相比，柔性驱动器允许控制对象在受到一定外界作用的情况下偏离平衡位置，可以减轻碰撞带来的冲击作用，降低物体在高速运动下的危险，提高人机交互的安全性，减少对设备的损耗。

研究者们设计了一系列柔性驱动器。Pratt 等人提出了一种由弹簧和传统的刚性驱动器串联而成的柔性驱动器（Series Elastic Actuator），这种驱动器的柔性由弹簧的弹性系数决定且在运行中无法改变。Migliore 等人基于人类肌肉驱动的原理设计了一种对抗可控柔性驱动器（Antagonistic-Controlled Stiffness），该驱动器由两个电机和两个弹簧组成，可以实现对关节柔性的控制。基于类似的原理，Hurst 等人设计了可以通过机械方式调整柔性的驱动器，该驱动器的机构相对复杂，优点是只需要一个驱动器来控制柔性或平衡位置。

以上这些驱动器在不同的应用中都有各自的优点。对具有可控柔性的仿人机器人来说，理想的柔性驱动器应具有以下性质：

（1）机械结构比较简单；

（2）重量相对较轻；

（3）关节柔性具有较好的可控性，柔性的变化范围较大；

（4）关节能够储存和释放能量。

7.3.2　可变刚度/柔性驱动器的工作原理

MACCEPA（the Mechanically Adjustable Compliance and Controllable Equilibrium Position Actuator）是布鲁塞尔自由大学研制的一款可以实时调整柔性和平衡位置的驱动器，适用于基于被动行走的仿人机器人。本节以这种驱动器为例，介绍可变刚度/柔性驱动器的工作原理。

图 7-13 显示了 MACCEPA 的工作原理。在一个关节处连接着三个杆，左边的杆可以看作参考端，右边的杆在驱动器的作用下绕着参考端旋转，中间的短杆也可以绕着连接轴转动。该驱动器中有一个弹簧作为弹性单元。弹簧的一端固定在短杆的 c 点，另一端和一个绳子相连，绳子绕过右杆上的 b 点与一个预紧机构相连。

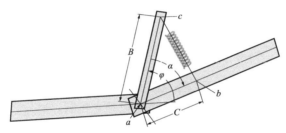

图 7-13　MACCEPA 的工作原理示意图（图片来自文献［39］）

图中短杆和左杆之间的夹角 φ 由一个传统的驱动器（例如伺服电机）控制。如果短杆和右杆之间的夹角 α 不为 0，弹簧的伸长就会产生一个回复力矩将右杆转到和短杆同一个方向。当 α 为 0 时，弹簧不会产生任何力矩，也就是该机构的平衡位置。因此，这个关节的平衡位置是由 φ 的值决定的，由伺服电机控制。

为了实现可变的柔性，角度偏移量和回复力矩的关系必须是可变的，这可以通过一个预紧机构来实现。该预紧机构控制连接弹簧和 c 点的绳子长度，也就控制了弹簧的预伸长量，由另一个固定在右杆的伺服电机来实现。这个电机能控制关节产生的回复力矩，也就相当于控制了关节柔性。

图 7-14 是一个 MACCEPA 的实物图。左边的伺服电机下连接的白色杆即相当于原理图中的短杆，因此左边的伺服电机 A 决定了关节的平衡位置。右边的伺服电机 B 相当于一个预紧装置，它可以调整连接弹簧的绳子的长度从而控制关节的柔性。也就是说，关节的平衡位置和柔性分别由两个不同的电机控制。

记弹簧由预紧机构引起的伸长量为 P，也就是当 α 等于 0 时弹簧的总伸长量。将图 7-13 中 b 点和 c 点之间的距离记为 A。将弹簧的弹性系数记为 k。

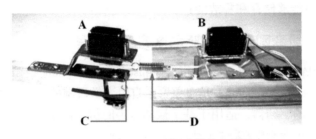

图 7 – 14   MACCEPA 驱动器的实物图

则由弹簧的伸长引起的回复力为

$$F = k \cdot (A - |C - B| + P) \tag{7.17}$$

对应的力矩为

$$T = C \cdot F \cdot \sin\beta = C \cdot \sin\beta \cdot k \cdot (A - |C - B| + P) \tag{7.18}$$

其中，β 为弹簧所在方向与右杆所在方向的夹角。考虑正弦定理和余弦定理等几何关系，可以得到

$$T = k \cdot B \cdot C \cdot \sin\alpha \cdot \left(1 + \frac{P - |C - B|}{\sqrt{B^2 + C^2 - 2 \cdot B \cdot C \cdot \cos\alpha}}\right) \tag{7.19}$$

由此式可以发现，力矩是与 φ 无关的，也就是与平衡位置无关。因此，在驱动器 MACCEPA 中，柔性和平衡位置可以独立控制。

当 α 的值较小时，力矩的表达式可以近似线性化为下式：

$$T = \alpha \cdot \mu \cdot P \tag{7.20}$$

其中，μ 是一个常数，$\mu = \dfrac{k \cdot B \cdot C}{|C - B|}$。这种力矩—角度关系也可以看作 α 较大时的力矩的近似。

基于线性化的方程，由 MACCEPA 驱动的关节的固有频率为

$$f = \frac{1}{2\pi}\sqrt{\frac{\mu \cdot P}{I}} \tag{7.21}$$

其中，I 是相对于转动轴的转动惯量。因此，通过改变预紧量 P 可以调整关节柔性，进而得到期望的关节固有频率。

对于参数的研究表明，C/B 的值决定了力矩—角度关系的非线性程度。C/B 的值越大，力矩—角度的关系也就越线性。由力矩的表达式可以看出，B、C 这两个参数的地位是相同的，交换两者的值不会改变力矩的大小。因此为了使力矩—角度的关系尽量线性，B/C 或 C/B 的值应该尽量大。在实际应用中，一般将 C/B 取为 5 或 $\dfrac{1}{5}$。如果该比值大于 5 或小于 $\dfrac{1}{5}$，其对线性程度的

影响将减小，但整个驱动器的尺寸会过大。对于本章中应用在双足机器人上的 MACCEPA，C 取为 0.10m，B 取为 0.02m，$C/B=5$。

7.4　基于被动行走的仿人机器人

本节将介绍本书作者提出的一种对具有可控刚度的仿人机器人的控制方法，对具有弹簧等柔性机构的机器人，通过控制其关节的平衡位置及关节刚度来调整关节力矩，实现对仿人机器人运动的控制。

7.4.1　机构模型

本方法在实验中使用的双足机器人为 VERONICA（Variable joint Elasticity Robot with a Naturally Inspired Control Approach）。该机器人具有两个髋关节、两个膝关节、两个踝关节，共 6 个自由度，每个关节处安装了一个 MACCEPA 驱动器。最早版本的 VERONICA 由布鲁塞尔自由大学制作，本书作者在原有版本的基础上改进了电路设计和控制方法，得到了更复杂的运动。该机器人由一个上身、两个大腿、两个小腿和两只脚组成。每条腿包含三个关节：髋关节、膝关节、踝关节。整个机器人的高度是 1m，上身、大腿、小腿的长度均为 30cm，脚的高度是 10cm。完整的机器人如图 7-15 所示。机器人的上身通

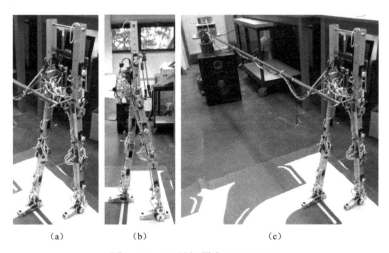

(a)　　　　　　　　(b)　　　　　　　　　　(c)

图 7-15　双足机器人 VERONICA

该机器人具有 6 个自由度。整个机器人的高度是 1m

(a)，(b) 机器人实物图；(c) 机器人的实验环境，机器人的髋关节和一个横梁相连，
在水平地面上行走

过髋关节处的机械结构约束在两条大腿的角平分线的反向延长线上。机器人的机械参数如表 7 - 1 所示。

表 7 - 1　机器人 VERONICA 的机械参数取值

参数	取值	参数	取值
上身质量	1.323kg	上身转动惯量	$9.8 \cdot 10^{-3} \text{kg} \cdot \text{m}^2$
大腿质量	0.605kg	大腿转动惯量	$4.5 \cdot 10^{-3} \text{kg} \cdot \text{m}^2$
小腿质量	0.605kg	小腿转动惯量	$4.5 \cdot 10^{-3} \text{kg} \cdot \text{m}^2$
脚部质量	0.406kg	脚部转动惯量	$1.3 \cdot 10^{-3} \text{kg} \cdot \text{m}^2$
上身长度	0.3m	大腿长度	0.3m
小腿长度	0.3m	脚部长度	0.1m

在机器人 VERONICA 中，每个关节都安装了一个电位计，用于检测关节的角度和角速度。驱动器 MACCEPA 上的两个电机分别用于控制平衡位置和关节柔性。每个脚的脚底还安装了两个开关传感器，一个在脚尖，另一个在脚跟，用于检测脚与地面的接触。因此，在机器人的运动过程中，脚后跟碰撞和脚掌碰撞可以区分出来。机器人用一块电路板控制。电路板将控制关节柔性和关节平衡位置电机的目标转角发送给每个电机，并接收电位计检测到的关节角度信息以及脚底传感器检测到的地面接触信息。

7.4.2　步态阶段划分

相比于点状脚模型和圆弧状脚模型，平脚模型在结构和行走步态上与人类更接近，且具有稳定站立、抬脚阶段提供动力等优点。平脚模型的运动步态也更复杂，当平脚与地面接触时会出现两次碰撞，一次是脚后跟碰撞，另一次是整个脚掌的碰撞。平脚与地面存在三种接触方式：整个脚掌接触、脚后跟接触、脚尖接触。因此，平脚模型在行走时可能出现多种步态，这是与点状脚模型或圆弧状脚模型不同之处。受到 VERONICA 中使用的伺服电机功率的限制，踝关节无法提供很大的力矩，所以机器人较难实现步长很大的行走步态。因此，在目前的控制方法中，机器人的整个前脚掌与地面接触后，后脚的脚后跟才抬起。也就是说，存在着一个机器人双脚的脚掌都与地面接触的时刻。机器人在单腿支撑状态（single-support phase）时的支撑腿，以及在双腿支撑状态（double-support phase）时的全部两条腿都处于伸直状态。处于伸直状态的腿的膝关节是锁死的，锁死的方式是将小腿的平衡位置设置到大腿之前，并将膝关节的刚性调整得较大。

图 7-16 是 VERONICA 在一步行走中的运动状态序列。一个周期的运动从两腿的整个脚掌都与地面接触开始。状态 A 是抬脚阶段。在状态 B 和状态 C 中，摆动腿膝关节的约束解除。这两个状态的区别是施加在摆动腿膝关节的力矩的方向，在状态 B 中膝关节力矩使小腿向后弯曲，在状态 C 中力矩使小腿向前摆动趋于伸直。在状态 D，摆动腿的小腿和大腿发生碰撞，碰撞后摆动腿的膝关节重新锁死，小腿和大腿约束在一条直线上。状态 F 是脚后跟碰撞。碰撞后，前腿的脚掌绕着脚后跟转动，如图 7-16 中状态 G 所示。当前腿的脚尖接触地面时，发生脚掌碰撞，如图 7-16 中状态 H 所示。脚掌碰撞之后，摆动腿与支撑腿交换，运动进入下一步。

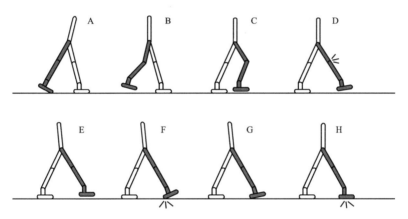

图 7-16　机器人 VERONICA 的运动步态序列
（A，B，C，E，G 是运动状态，D，F，H 是碰撞状态。
为了显示清晰，将一条腿标记为了灰色的）

7.4.3　基于有限状态机的驱动方式

机器人 VERONICA 采用基于有限状态机的驱动方式。在 VERONICA 的运动中，所有的控制参数就是各个运动状态的 12 个电机（6 个关节，每个关节 2 个电机）的目标转角。状态的转换通过传感器接收的信息来判断。如果传感器检测到行走进入了下一个运动状态，电机会收到控制器的命令，朝着新的目标位置转动。需要注意的是，由于在机器人的髋关节存在约束上身方向的装置，所以左腿大腿和右腿大腿的角度是大小相等、方向相反的。因此，在运动中，两个髋关节处的 MACCEPA 的柔性设置为相同，平衡位置设置为相反。由于这种约束关系，在每个运动状态中，实际的独立控制变量并不是 12 个，而是 10 个。

　　为了验证在机器人 VERONICA 上的控制方法，并分析关节柔性和行走性质的关系，此处建立了一个七杆双足行走模型（图 7－17）。该模型的结构参数、运动步态、控制方法都与实际的机器人一致。仿真模型的结构与实体机器人基本相同，两个刚性腿铰接在髋关节，从髋关节向上连接着上身。每条腿包括大腿、小腿和脚。大腿和小腿铰接在膝关节处，脚掌铰接在踝关节。每个关节由一个 MACCEPA 驱动，即所有 6 个关节都是柔性的，关节柔性和平衡位置可以通过在运动中改变电机的目标角度来调整。关节力矩通过方程（7.19）计算得到，其中 α 和 P 由电机的角度决定。仿真模型的摆动腿的踝关节处加入了阻尼，以避免摆动腿的脚部出现较大的振荡。与实体机器人中的机械结构相同，在仿真模型中也加入了一个髋关节处的约束，使得上身的方向始终保持在两条腿的大腿角平分线的反向延长线上。由于仿真的主要目的是验证可控柔性的影响，而不是为了精确地重现实体机器人，所以此处建立的模型相对较简单。为了简化模型，此处做了如下假设：

　　（1）身体各部分都是刚性杆，没有变形；

　　（2）除了摆动腿的踝关节处有阻尼以外，不考虑其他关节处的摩擦和阻尼；

　　（3）模型与地面之间的摩擦力足够大，即模型的支撑腿不会和地面之间产生滑动；

　　（4）运动中的碰撞都处理为瞬时的、完全非弹性的碰撞，碰撞时没有滑动和反弹。

　　（5）当模型进入到新的运动状态时，电机朝着新的目标角度的转动是匀速的。

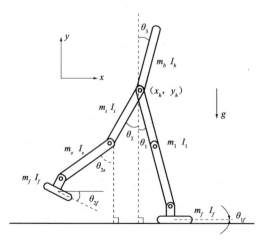

图 7－17　模拟机器人 VERONICA 的七杆动态双足行走模型

本节以变速运动为例介绍驱动方式的设置。通过调整关节柔性实现动态双足行走在不同模态下的实时转换。在仿真中，可以相对较容易地得到多种不同速度和步长的运动。但是在实物实验中由于受到电机功率的限制，机器人难以实现速度很大的运动。环境的扰动也会让运动模态产生较小的变化，使两个相差不大的运动模态难以区分。因此在实物实验中只选取了两个典型的且在速度和步长上有较大区别的运动模态。于是，在仿真和实物实验中，尝试实现四种不同的运动：慢速小步长行走；快速大步长行走；慢速行走转换到快速行走；快速行走转换到慢速行走。

仿真中的控制参数与实物中的相同，也是每个运动状态中各电机的目标转角。通过调整控制参数，找到了两种周期运动，一种速度较低步长较小，另一种速度较高步长较大。

运动状态	状态 A		状态 B		状态 C		状态 E		状态 G	
髋关节参数	Eq. Pos.	P (cm)	Eq. Pos.	P (cm)	Eq. Pos.	P (cm)	Eq. Pos.	P (cm)	Eq. Pos.	P (cm)
仿真模型										
慢速行走	0.17	0.87	0.96	0.87	0.96	0.87	− 0.17	0.87	− 0.17	0.87
快速行走	0.26	1.22	0.96	1.22	0.96	1.22	− 0.26	1.22	− 0.26	1.22
实体机器人										
慢速行走	0.26	0.87	0.52	0.87	0.52	0.87	0.35	0.96	0.35	0.96
快速行走	0.26	1.05	0.61	1.05	0.52	1.13	0.17	1.13	0.17	1.13

模型在相应状态的示意图列在每一列上面。由于碰撞是瞬时的，所以碰撞状态 D、F、H 没有包含在图中。由于两个髋关节的控制参数是对称的，所以图中只列出了灰色腿的参数。图中中间的两行参数是仿真模型的控制参数，下面的两行参数是实物样机的控制参数。此处，平衡位置的单位是 rad，预紧量 P 的单位是 cm。

7.4.4　关节力矩和关节刚度的独立控制

基于前面提到的驱动方式，可以实现基于被动行走的仿人机器人的变速运动。慢速行走和快速行走控制参数的最主要区别是髋关节的平衡位置和柔性。髋关节的控制参数列于图 7 – 18 中的表格里。由于两个髋关节的控制参数是对称的，图 7 – 18 中只列出了一个关节的控制参数。在图 7 – 18 中，P 是由预紧引起的 MACCEPA 中弹簧的伸长。P 的变化表现了关节刚性的变化。因此可以看出，当刚性较大时行走的速度和步长也较大。在慢速行走时，P 值保持在

0.87cm，而在快速行走时增大到了 1.22cm。要实现不同速度、步长的运动模态，其他的控制参数也需要改变。如图 7 - 18 中的表格所示，快速行走对应的髋关节平衡位置的绝对值在状态 A、E、G 中有一些增加，也就意味着在摆腿状态刚开始时和脚后跟碰撞、脚掌碰撞之前髋关节的力矩较大。力矩的增大可以为大步长、高速的行走提供更多的能量。实验中也显示了踝关节的力矩对行走性质有一定的影响。在抬脚状态（状态 A），增大后腿的踝关节力矩可以增大行走速度。另外，在单腿支撑阶段（single - support phase）调整支撑腿的踝关节力矩也会影响行走的步长。改变踝关节的力矩主要通过调整其平衡位置实现。踝关节和膝关节的柔性在前面所列的两组运动模态中没有变化。总之，通过改变某些运动状态的髋关节柔性、髋关节平衡位置、踝关节平衡位置可以引起行走速度和步长的改变。

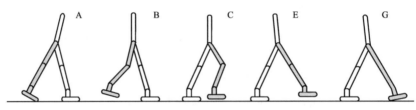

图 7 - 18　髋关节在不同运动状态的控制参数

　　图 7 - 19（a）和图 7 - 20（a）分别显示了慢速行走和快速行走的髋关节轨迹。两组曲线具有相同的形状，每个周期中都包含两个峰值。第一个峰值出现在大腿第一次摆动到最靠前的位置，正要向后回摆时。第二个峰值出现在膝关节锁死之后，脚后跟碰撞之前。与慢速行走相比，快速行走的振幅更大、周期更短。如图 7 - 19（c）和（d）中的虚线所示，慢速行走的步长是 0.28m，速度是 0.26m/s。快速行走的步长和速度分别是 0.36m 和 0.39m/s，如图 7 - 20（c）和（d）中的虚线所示。

　　基于前面得到的两种运动模态，仿真实验中还研究了速度、步长的实时转换。以慢速行走转换到快速行走为例，模型的初始运动条件和初始控制参数都与稳定慢速行走时相同。在第二步行走结束时，电机在各个运动状态的目标角度开始变为快速行走对应的控制参数。髋关节角度的变化轨迹如图 7 - 21 所示。在变换开始之后大概三步左右，髋关节角度基本达到了稳定状态。稳定状态的振幅比初始状态的更大，周期更短。图 7 - 22 显示了模型从慢速行走转换到快速行走的运动轨迹。在变换过程中，步长和速度也从初始值逐渐增加到一个更大的值，如图 7 - 23（a）和图 7 - 23（b）中的虚线所示。从快速行走转换到慢速行走的运动在髋关节角度轨迹、步长、速度中表现出了类似的趋势，

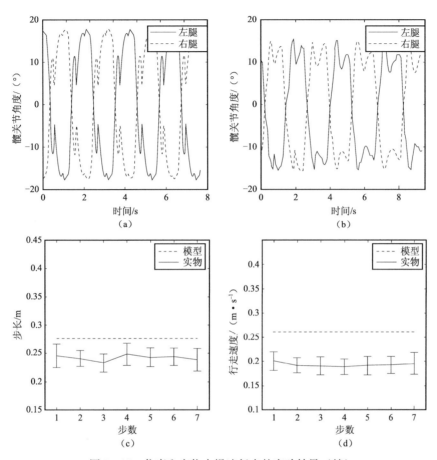

图 7 – 19 仿真和实物中慢速行走的实验结果（续）

（c）每一步的步长，虚线是仿真中的结果，实线是 5 次实物实验的平均结果；

（d）每一步的速度。虚线是仿真中的结果，实线是 5 次实物实验的平均结果

分别如图 7 – 24，图 7 – 25（a）和图 7 – 25（b）所示。仿真实验表明，随着髋关节刚性、髋关节和踝关节的力矩的增大，行走速度和步长也会变大，改变关节柔性和力矩可以实现行走速度和步长的变换。

图 7 – 26 是实体机器人 VERONICA 的实验环境。机器人的髋关节通过横梁与一个球关节相连，以保证侧向稳定性。机器人的运动被限制在矢状面上。基于仿真实验得到的规律，通过调节控制参数，机器人实现了在慢速小步长行走和快速大步长行走两种模态之间的转换。两种行走模态对应的髋关节的控制参数如图 7 – 18 中的表格所示。两组控制参数的差别与仿真实验中的情况十分类似。在所有的运动状态中快速行走的髋关节的刚性更大，在某些状态中平衡

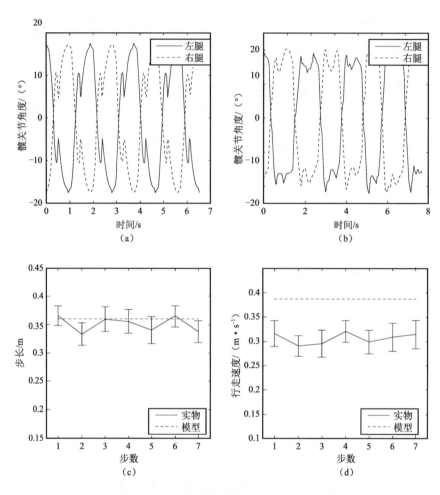

图 7 - 20　仿真和实物中快速行走的实验结果

（a）仿真实验中的髋关节角度轨迹；（b）实物实验中的髋关节角度轨迹；
（c）每一步的步长，虚线是仿真中的结果，实线是 5 次实物实验的平均结果；
（d）每一步的速度，虚线是仿真中的结果，实线是 5 次实物实验的平均结果

位置也有改变。需要注意，实体机器人在状态 E 和状态 G 中髋关节的平衡位
置的值为正，而在仿真中相应的值为负。这种差别可以通过关节摩擦力来解
释。在实体机器人中，摆动腿需要正的髋关节力矩来克服摩擦以实现向前摆
动。由于仿真模型中忽略了关节摩擦力，摆动腿受到的髋关节力矩在摆腿阶段
的最后要变为向后的方向，以避免摆动腿的摆动幅度过大。

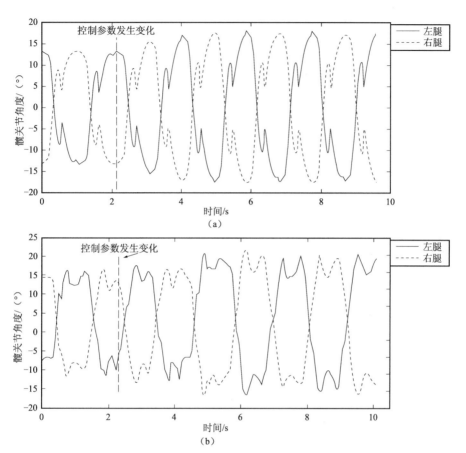

图 7-21　慢速行走转换到快速行走的髋关节角度轨迹
（a）仿真模型的实验结果；（b）实物机器人的实验结果

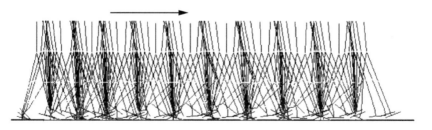

图 7-22　慢速行走转换到快速行走的轨迹图。
控制参数在第三步运动开始的时刻发生改变

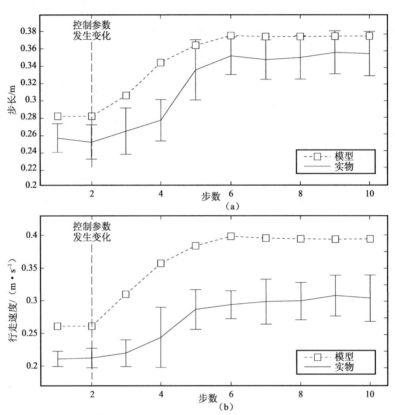

图7-23 慢速行走转换到快速行走的每一步的步长和速度。
虚线是仿真中的结果，实线是5次实物实验的平均结果
（a）步长；（b）速度

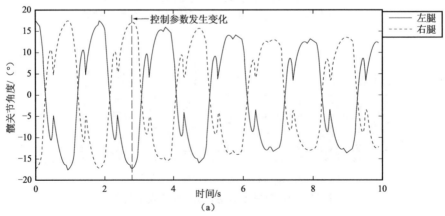

图7-24 快速行走转换到慢速行走的髋关节角度轨迹
（a）仿真模型的实验结果；（b）实物机器人的实验结果

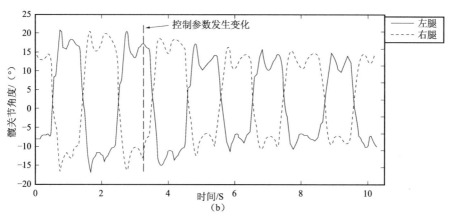

图 7-24　快速行走转换到慢速行走的髋关节角度轨迹（续）

（a）仿真模型的实验结果；（b）实物机器人的实验结果

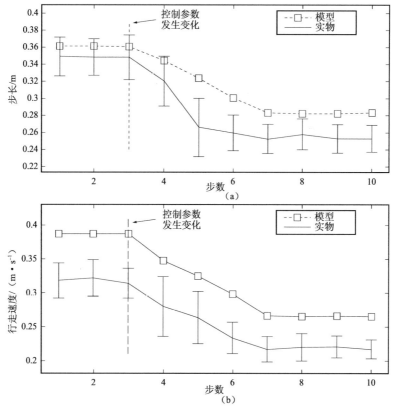

199

图 7-25　快速行走转换到慢速行走的每一步的步长和速度。

虚线是仿真中的结果，实线是 5 次实物实验的平均结果。

（a）步长；（b）速度

在实体机器人上的实验表明踝关节的控制参数的影响相对较小，没有在仿真中那么明显。由于电机功率的限制，驱动器无法提供足够大的踝关节力矩。较小的踝关节力矩无法充分发挥抬脚阶段的蹬地作用，在摆腿阶段对支撑腿的角速度的影响也很小。因此，在实体机器人中速度和步长的变化主要通过改变髋关节的柔性和力矩来实现。

与仿真实验中的结果比较，实物实验在四种运动类型（慢速行走，快速行走，慢速行走转换到快速行走，快速行走转换到慢速行走）中，在髋关节角度轨迹［图7-19（b），图7-20（b），图7-21（b）和图7-24（b）］，行走步长［图7-19（c），图7-20（c），图7-23和图7-25（a）中的实线部分］、行走速度（图7-19（d），图7-20（d），图7-23（b）和图7-25（b）中的实线部分）中都表现出了相似的变化趋势。实物机器人的速度和步长的实验结果都是从5次实验中得到的。图中显示的是平均结果±标准差。图7-26是一个实物机器人实验的场景图，显示的是从慢速行走转换到快速行走。

图7-26　实物机器人慢速行走转换到快速行走的示意图。
步长逐渐增大，每一步运动包含两张子图

通过比较可以发现仿真实验和实物实验在结果上存在一些差别。仿真实验中的髋关节轨迹更光滑，而实物实验中的轨迹相对较粗糙。在慢速或快速行走，没有模态转换时，仿真模型的步长和速度非常稳定；相反，实物运动中的速度和步长并不是一直保持为一个常数，在快速行走时其波动更明显。另外，仿真实验的结果表现出了更好的周期性。这些仿真实验和实物实验中的差别来自实体机器人行走时外界环境的扰动。在快速行走时，这种扰动更大、更明显。

实物的行走速度和步长一般都小于仿真模型，仿真模型中没有考虑关节摩擦力，所以往往有更大的行走速度和步长。在快速行走时，仿真模型和实物在速度上的差别更明显，因为此时实物模型中电机功率对运动的限制更大。仿真模型和实物机器人的髋关节角度轨迹都在一个周期内出现两个峰值，但是两个峰值的大小却有很大差别。在仿真模型中，第一个峰值要比第二个小很多；而在实物机器人中，两个峰值的大小接近，甚至在某些时刻第一个峰值更大。这种差别可能来自两个方面。第一个方面是实物机器人中的摩擦力。为了克服摩擦的阻碍作用，机器人的髋关节力矩在摆腿阶段刚开始时要很大，否则摆动腿无法抬起。这样造成的结果是大腿的角度在小腿刚开始伸直的时刻具有相对较大的值。第二个方面是实物机器人在膝关节碰撞时能量损失更大。因此在膝关节锁死后摆动腿仍然需要髋关节力矩的驱动，这样才能摆动到合理的位置，完成一步的运动。在仿真模型中，摆动腿在膝关节碰撞后仍然有较大的向前的速度，因此髋关节角度可以增大到一个相对较大的值。

虽然仿真模型和实物机器人中的实验结果有一些差别，但主要的趋势是一致的。两种实验的结果都表现出了调整髋关节柔性和一些关节的平衡位置可以实现运动在不同速度、步长的模态之间的转换。这种实验结果也验证了本方法最初的想法。

7.5　基于被动行走的仿人机器人变速运动应用实例

本节以一个基于被动行走的二维平面双足机器人（图 7-27）为例，介绍本章中描述的驱动方式和控制方法在被动行走机器人中的应用。本节介绍的机器人是本书作者团队研制的，驱动方式和控制方法的细节可以参考文献 [41, 42]。

1. 机构设计

本节使用的仿人机器人平台也使用了 MACCEPA 作为驱动器，每个关节由两个电机控制，具有独立可控的关节力矩和关节刚度。电机选用的是 RX-64 的伺服电机。机器人具有平脚机构和柔性关节，没有上身，膝关节处采用齿轮-齿条的伸缩机构来避免摆动腿刮地。在机器人的机构设计中使用了对称的结构来保证侧向稳定性。在机器人脚底有压力/力矩传感器检测脚掌与地面的接触情况，每个关节处安装了电位计，检测各关节的角度。机器人的机械参数为：机器人腿伸直时高 0.55m，脚的高度为 0.05m，脚长为 0.13m，机器人宽 0.30m，机器人总体重量为 5.1kg。

2. 驱动方式

机器人使用中央模式发生器（CPG）和有限状态机结合的方法生成各个关

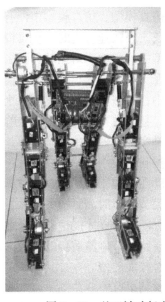
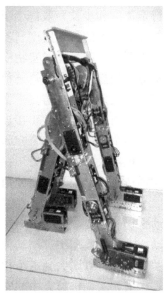

图7-27　基于被动行走的二维平面双足机器人

节的力矩和刚度。CPG 是基于 Matsuoka 提出的神经振荡模型构建的。每个关节的力矩/刚度会受到输入信号、自身状态、其他关节的力矩/刚度的交互作用以及反馈作用的影响。反馈函数是根据机器人的步态状态确定的，步态状态是根据机器人脚底与地面接触的情况来判断的。根据此方法生成的仿人机器人以1.4m/s 匀速行走时各关节平衡位置和刚度如图7-28 所示。

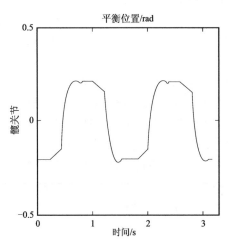
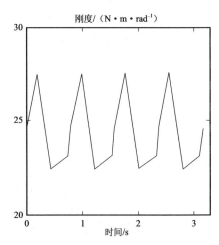

图7-28　仿人机器人以1.4m/s 匀速行走时各关节的平衡位置
和刚度在一个步态周期内的变化

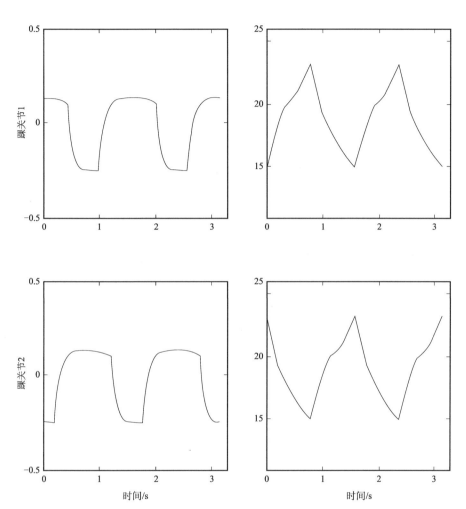

图 7 - 28　仿人机器人以 1.4m/s 匀速行走时各关节的平衡位置
和刚度在一个步态周期内的变化（续）

3. 控制方法

在运动控制中，采用一种离散的 PD 控制方法，其数学表达为

$$u_0(n+1) = \begin{cases} u_0(n) + G_p(V_{\text{des}} - V(n)), n = 1 \\ u_0(n) + G_p(V_{\text{des}} - V(n)) + G_d(V(n-1) - V(n)), \\ n = 2 \end{cases} \tag{7.22}$$

其中，u_0 为 CPG 模型的输入信号，负责调解关节力矩和关节刚度的整体水平；V_{des} 为期望的行走速度；$V(n)$ 为第 n 步的行走速度；G_p，G_d 为增益参数。此处，对关节平衡位置和关节刚度的输入信号都应用这种控制方式，在关节平衡

位置的控制中，$G_p = 0.1$，$G_d = 0.017$；在关节刚度的控制中，$G_p = 10$，$G_d = 1.7$。

4. 实验结果

在变速运动的控制中，速度变化如图 7 - 29 所示。其中虚线为期望的行走速度，蓝线、红线、绿线分别为只控制关节力矩、只控制关节刚度和同时控制关节力矩与关节刚度实现的变速效果。由实验结果可以看出，控制关节力矩具有快速响应的优势，但是速度变化存在振荡，很长时间后才趋于稳定；控制关节刚度响应较慢，但速度变化平稳，稳定地收敛于期望值；同时控制关节力矩和关节刚度可以将这两种方式的优点结合，使行走速度快速、平滑、稳定地达到期望值。图 7 - 30 阐明了具有可控关节刚度的仿人机器人在力矩控制和刚度控制方面的特点。

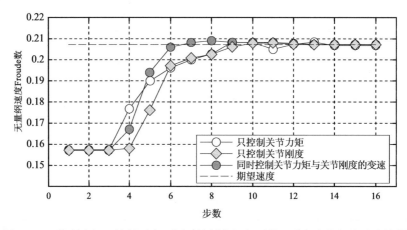

图 7 - 29　控制力矩、控制刚度和同时控制力矩与刚度三种方式的行走速度控制
效果对比（见彩插）

其中灰色虚线为期望的行走速度。其他三条线分别为只控制关节力矩、
只控制关节刚度和同时控制关节力矩与关节刚度的速度变化

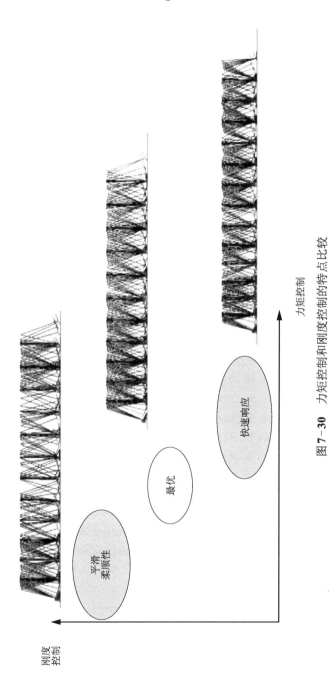

图 7 – 30　力矩控制和刚度控制的特点比较

参 考 文 献

[1] Kearney R E, Hunter I W. System identification of human joint dynamics[J]. Critical Reviews in Biomedical Engineering, 1990, 18(1): 55 – 87.

[2] Basmajian J V. De Luca CJ Description and analysis of the EMG signal. Muscles alive. their functions revealed by electromyography, John Butler, editor. Baltimore: Williams and Wilkins, 1985; 19 – 167. 1985: 65 – 100.

[3] McGeer T. Passive dynamic walking[J]. I. J. Robotic Res. , 1990, 9(2): 62 – 82.

[4] Collins S H, Wisse M, Ruina A. A three-dimensional passive-dynamic walking robot with two legs and knees[J]. The International Journal of Robotics Research, 2001, 20(7): 607 – 615.

[5] Kuo A D. Energetics of actively powered locomotion using the simplest walking model[J]. J. Biomech. Eng. , 2002, 124(1): 113 – 120.

[6] Wisse M, Hobbelen D G E, Schwab A L. Adding an upper body to passive dynamic walking robots by means of a bisecting hip mechanism[J]. IEEE Transactions on Robotics, 2007, 23 (1): 112 – 123.

[7] Hobbelen D G E, Wisse M. Ankle joints and flat feet in dynamic walking[M].//Berlin, Heidelberg. Climbing and Walking Robots. Springer, 2005: 787 – 800.

[8] Hobbelen D G E, Wisse M. Ankle actuation for limit cycle walkers[J]. The International Journal of Robotics Research, 2008, 27(6): 709 – 735.

[9] Qining W, Yan H, Long W. Passive dynamic walking with flat feet and ankle compliance J [J]. Robotica, 2010, 28(3): 413 – 425.

[10] Wang Q, Huang Y, Zhu J, et al. Effects of foot shape on energetic efficiency and dynamic stability of passive dynamic biped with upper body[J]. International Journal of Humanoid Robotics, 2010, 7(02): 295 – 313.

[11] Huang Y, Wang Q, Chen B, et al. Modeling and gait selection of passivity-based seven-link bipeds with dynamic series of walking phases[J]. Robotica, 2012, 30(1): 39 – 51.

[12] Huang Y, Wang Q N, Gao Y, et al. Modeling and analysis of passive dynamic bipedal walking with segmented feet and compliant joints[J]. Acta Mechanica Sinica, 2012, 28(5): 1457 – 1465.

[13] Huang Y, Chen B, Wang Q, et al. Energetic efficiency and stability of dynamic bipedal walking gaits with different step lengths[C]//2010 IEEE/RSJ International Conference on Intelligent Robots and Systems, IEEE, 2010: 4077 – 4082.

[14] Huang Y, Wang Q, Wang L, et al. Passive dynamic walking with flat feet and ankle push-off [C]//Proceedings of the SICE Annual Conference, 2008.

[15] Hu Y, Yan G, Lin Z. Feedback control of planar biped robot with regulable step length and walking speed[J]. IEEE Transactions on Robotics, 2010, 27(1): 162 – 169.

[16] Pratt G A, Williamson M M. Series elastic actuators[C]//Proceedings 1995 IEEE/RSJ International Conference on Intelligent Robots and Systems. Human Robot Interaction and Cooperative Robots, IEEE, 1995, 1: 399－406.

[17] Pratt J. Exploiting natural dynamics in the control of a planar bipedal walking robot[C]// Proc. 36th Annual Allerton Conf. on Communication, Control, and Computing, 1998: 739－748.

[18] Wisse M, Schwab A L, van der Linde R Q, et al. How to keep from falling forward: Elementary swing leg action for passive dynamic walkers[J]. IEEE Transactions on robotics, 2005, 21(3): 393－401.

[19] Dertien E. Dynamic walking with dribbel[J]. IEEE Robotics & Automation Magazine, 2006, 13(3): 118－122.

[20] Karssen J G D. Design and construction of the Cornell Ranger, a world record distance walking robot[J]. Internship Final Report, 2007.

[21] Collins S H, Ruina A. A bipedal walking robot with efficient and human-like gait[C]// Proceedings of the 2005 IEEE international conference on robotics and automation, IEEE, 2005: 1983－1988.

[22] Wisse M. Walking robot "Flame"[C]//Dynamic Walking Conference, 2009.

[23] Seyfarth A, Iida F, Tausch R, et al. Towards bipedal jogging as a natural result of optimizing walking speed for passively compliant three-segmented legs[J]. The International Journal of Robotics Research, 2009, 28(2): 257－265.

[24] 柳宁. 双足被动行走器动力学仿真与实验研究[D]. 北京:清华大学, 2008

[25] 付成龙. 平面双足机器人的截面映射稳定性判据与应用[D]. 北京:清华大学, 2006.

[26] 毛勇. 半被动双足机器人的设计与再励学习控制[D]. 北京:清华大学, 2007

[27] 王启宁. 动态双足行走研究:从理论模型到机器人实现[D]. 北京:北京大学, 2009.

[28] 黄岩. 关节柔性可控的动态双足行走研究及机器人应用[D]. 北京:北京大学, 2012.

[29] Wang Q, Zhu J, Wang L. Passivity-based three-dimensional bipedal robot with compliant legs[C]//Proceedings of the SICE Annual Conference, 2008.

[30] Huang Y, Vanderborght B, van Ham R, et al. Step length and velocity control of a dynamic bipedal walking robot with adaptable compliant joints[J]. IEEE/ASME Transactions on Mechatronics, 2013, 18(2): 598－611.

[31] Weiss P L, Kearney R E, Hunter I W. Position dependence of ankle joint dynamics—I. Passive mechanics[J]. Journal of biomechanics, 1986, 19(9): 727－735.

[32] Weiss P L, Kearney R E, Hunter I W. Position dependence of ankle joint dynamics—II. Active mechanics[J]. Journal of Biomechanics, 1986, 19(9): 737－751.

[33] Frigo C, Crenna P, Jensen L M. Moment-angle relationship at lower limb joints during human walking at different velocities[J]. Journal of Electromyography and Kinesiology, 1996, 6(3): 177－190.

[34] Huang Y, Wang Q, Wang L, et al. Passive dynamic walking with flat feet and ankle push-off [C]//Proceedings of the SICE Annual Conference, 2008.

[35] Park J H. Impedance control for biped robot locomotion[J]. IEEE Transactions on Robotics and Automation, 2001, 17(6): 870 –882.

[36] Van Ham R. Compliant actuation for biologically inspired bipedal walking robots [J]. Department of Mechanical Engineering, 2006: 197.

[37] Migliore S A, Brown E A, DeWeerth S P. Biologically inspired joint stiffness control[C]// Proceedings of the 2005 IEEE international conference on robotics and automation, IEEE, 2005: 4519 –4524.

[38] Hurst J W, Chestnutt J E, Rizzi A A. An actuator with physically variable stiffness for highly dynamic legged locomotion[C]//IEEE International Conference on Robotics and Automation, 2004. Proceedings. ICRA'04, IEEE, 2004, 5: 4662 –4667.

[39] Ham R V, Vanderborght B, Damme M V, et al. MACCEPA, the mechanically adjustable compliance and controllable equilibrium position actuator: Design and implementation in a biped robot[J]. Robotics & Autonomous Systems, 2007, 55(10):761 –768.

[40] Ham R, Sugar T, Vanderborght B, et al. Compliant actuator designs review of actuators with passive adjustable compliance/controllable stiffness for robotic applications [J]. IEEE Robotics & Automation Magazine, 2009, 3(16): 81 –94.

[41] Huang Y, Vanderborght B, van Ham R, et al. Torque-stiffness-controlled dynamic walking with central pattern generators[J]. Biological cybernetics, 2014, 108(6): 803 –823.

[42] Huang Y, Wang Q. Torque-stiffness-controlled dynamic walking: Analysis of the behaviors of bipeds with both adaptable joint torque and joint stiffness[J]. IEEE Robotics & Automation Magazine, 2016, 23(1): 71 –82.

■ 第 *8* 章

仿人机器人本体设计

本章以北京理工大学研制的第六代"汇童"仿人机器人 BHR-6 为例，介绍仿人机器人实体设计中的相关研究问题。BHR-6 针对目前仿人机器人在复杂环境适应和实用化方面的需求，在机械设计上，侧重实现仿人机器人仿生机构设计优化和高功率密度伺服驱动；在运动控制上，侧重实现仿人机器人多模态运动与转换等关键技术，是世界上首个具有"摔滚走爬跑跳"能力的仿人机器人，进行了适应复杂环境的爬行、翻滚、行走等运动模式自动转换的演示验证。

本章 8.1 节介绍 BHR-6 机器人的机械结构设计，8.2 节介绍 BHR-6 机器人的驱动控制系统，8.3 节介绍 BHR-6 机器人的运动实验验证。

8.1 仿人机器人机械结构设计

仿人机器人的整体机械结构设计既要考虑其需要实现的运动和作业功能，也要考虑机械和电气系统的实现和布局方案等。BHR-6 仿人机器人除了能够实现基本的双足步行功能以外，还需要实现翻滚、爬行等多种运动模态、不同运动模态之间的转换以及摔倒保护等功能。因此机器人的整体结构和关节驱动的设计要求有明显提高，对于本体结构轻量化、高强度、高刚性，主要关节驱动的精度、刚度、传动效率、驱动能力、负载能力、抗冲击能力和个别关节驱动的柔顺性都有一定的要求，并在机器人整体方案中考虑基于动态性能优化的质量分布和基于工作空间优化的自由度配置。

本节首先论述仿人机器人结构设计的一般原则，包括针对机器人运动增稳与摔倒保护的几个关键设计问题；之后介绍 BHR-6 机器人的基本结构和自由度配置方案，该方案是基于 BHR-6 机器人的多模态仿生运动能力和摔倒保护功能等要求提出的；最后分别介绍 BHR-6 机器人下肢、上肢、躯干等各部分的机械结构设计。

8.1.1 仿人机器人机械结构设计原则

仿人机器人是较复杂的机械电子集成平台，其本体结构设计是设计和建造仿人机器人的基础环节，也是仿人机器人技术随科技和工业发展不断演化进步的重要标志。经过研究和实践的积累，仿人机器人的结构设计中遵循着下列一般性原则：

（1）仿生性原则。这一类型机器人需要在形态和功能上模仿人类，其尺寸规格、质量分布、自由度分配和肢体运动空间范围都需要在一定程度上与人体宏观特征保持一致，并针对特定的功能和作业任务需求，依靠模仿人体运动的方式加以实现。

（2）高刚性、轻量化原则。一般来说，机器人本体结构和关节连接环节都需要具有较好的刚性和极小的传动间隙，以提高关节动作的响应品质；整体结构在一定负载下的弹性变形控制在基本模型匹配可接受的范围内。机器人的主要结构还需要优化降低其自身的重量和转动惯量，提高机器人在运动中的灵活性和敏捷性。

（3）可靠性原则。仿人机器人的关节数量较多，一般每个受控关节自由度均需要至少一组作动装置，因此每个关节的作动实现均需要配置一定规格的伺服电机、减速器、联轴器、驱动器、控制器、传感器等器件，包括一部分定制开发的器件，均需要采取严格的装配、集成和测试工艺来提高系统可靠性。

（4）易维护性原则。由于仿人机器人的开发需要针对特定任务目标并不同程度地保有基于一定策略的专有特征，而且目前阶段仿人机器人技术领域还没有形成完整的工业供应体系，因此难以通过可大量定型生产和快速备货的通用组件对仿人机器人进行日常维护。在实际操作中，对仿人机器人故障的排查和修复也经常因为整体系统的复杂而显得困难。因此在仿人机器人的设计中需要考虑其易维护性，减少组件的种类和接口的复杂程度，提高内部状态的可观测性与可达性，以便于故障排除和部件拆卸替换。

（5）单元模块化原则。将机器人的关节驱动和肢体采取模块化设计的方法，可以在局部结构上提高系统集成度和结构紧凑性，有利于对机器人的主要结构形进行功能优化，还可以通过高度集成的模块化单元的迭代改进提高机器人系统整体的性能和可靠性。

（6）结构等强度原则。根据结构等强度原理设计仿人机器人的主体结构，使其配置的有限的结构材料可以得到充分利用，并在行走与摔倒造成的冲击下不出现薄弱环节提前崩溃失效。这一做法也有利于优化提高机器人结构的整体强度和降低其结构重量。

（7）合理力流原则。根据力流最短路线设计零件的形状，以使局部结构配置的材料能够得到有效利用。在设计过程中应考虑结构组件上的过渡特征，使其通过的力流转向平缓。同时，这一做法也可优化材料分配，一定程度上简化结构，有利于提高结构的强度和刚度。

（8）容错性原则。仿人机器人实际都具有一定的结构稳定性极限，其刚性结构会在负载下出现一定程度的弹性变形和挠曲变形。由于运动和作业状态中机器人会出现肢体结构与外界的频繁接触和冲击，受力变化剧烈且不连续。制造和装配精度过高、精密控制的仿人机器人会因为其运动中随机出现的模型误差而造成控制失效。因此其系统设计中还需要一定程度上考虑其围绕现实工况的硬件容错能力。

（9）负载分配原则。通过设计对结构中各环节所受负载的分配，来明确结构组件的功能特征和校核指标，以利于对结构中的关键环节进行优化分析和校核计算。将某些负载合理分配至多个组件，有利于减缓组件局部的应力集中，降低组件因循环应力腐蚀造成疲劳失效的风险，提高系统整体的寿命和可靠性。

在 BHR-6 机器人的机构设计环节中，除了要遵循仿人机器人作为一种高度集成的机械电子系统的一般性设计原则，还需要关注围绕运动增稳和摔倒保护等功能要求的若干关键问题，具体如下：

1. 上肢机构的支撑作用和关节的抗过载能力

不同于以往研究中对仿人机器人上身和手臂协调作业方面的要求，BHR-6 机器人更侧重仿人机器人的运动协调能力和失稳摔倒状态下的自我保护能力，因此在 BHR-6 中，上肢主要被用于与地面等外部环境的接触和支撑，上肢末端的手腕、手掌、手指等精细作业机构被设计功能性简化。机器人上肢整体结构与关节布局采取低惯量结构设计方法，使其能适应全身协调运动中上半身的快速动作响应要求；同时保证上肢结构能达到一定的强度和刚度要求，能够在支撑作用中承受一定的冲击载荷。为了提高机器人的整体抗冲击能力，在各分段保持高刚性的前提下，机器人上肢作为与外界交互中主要的支撑缓冲环节，需要具备一定的结构柔顺性。因此上肢结构中某些关节需要实现一定的柔顺驱

211

动能力和过载保护能力。

2. 刚性机构在不确定性运动中碰撞防护能力

人体的骨骼－肌肉运动系统自身具备一定的结构弹性和连接柔性。其中，骨骼肌和韧带一般附着在骨骼外表面并具有一定的厚度和弹性，在其最外层一般还包裹有一定厚度的脂肪和皮肤，这些软组织均有较高的黏弹性，在外部碰撞中能够柔顺变形并能通过生长愈合来修复挫伤，能够有效地保护刚性的骨质结构不受损害，降低骨折的风险。人体一些肢体外凸部件普遍具有表面皮肤和脂肪层较薄、骨质结构隆起外凸等结构特点，在运动碰撞中较容易发生骨折与骨裂等意外伤害。各种运动穿戴式护具，例如护膝、护肘、头盔等，一般都是针对人体的这类自身保护能力较弱、运动中与外界接触频次较高的部位而专门设计的。

人体运动系统的包覆保护方式也可以被借鉴用于仿人机器人本体的运动保护。目前，仿人机器人平台通常由高度定制化的刚性结构组件搭建，一般采用高强度比的合金材料实现。机器人结构组件在与外界的接触中容易受到磕碰损伤，并且不可恢复。机器人运动系统中变形失效的结构组件一般只有通过更换的方式来去除其对系统整体的不良影响，其器件和结构的集成定制化使其互换性与维护性普遍较低。大多数用于研究和开发阶段的仿人机器人仅以其裸露的刚性结构组件组成其运动系统，在运行过程中表现得比较脆弱易损。

BHR-6 机器人的运动状态、环境接触状态均具有一定的不确定性，需要针对机器人失稳摔倒状态中的快速运动调节和碰撞自我保护等功能展开研究。由于目前的技术路线中仿人机器人本体仍然是通过刚性结构组件来实现的。因此需要在仿人机器人整体结构设计中考虑某些关键结构组件外部包覆保护措施，以便在一些运动模式中保护这些部位。

3. 躯干内部结构及系统连接部分的抗冲击能力

除了骨骼－肌肉运动系统之外，人体还有许多结构和组织具备柔顺的连接特性以应对运动对其造成的间接冲击：人体的部分体腔没有连续的骨骼结构包围形成较柔软的容纳结构；人体内许多不参与运动驱动和负载的器官和内脏通过弹性的韧带实现与人体的连接；人体内空间密度较大而相互接触摩擦的内脏之间具有体液润滑使其表面不易磨损；大脑等极重要的器官组织则几乎完全处于颅骨结构的保护之中，从而几乎隔绝了其与外界直接接触的可能性。

仿人机器人作为一种复杂和高度集成的机械电子平台，除了形成仿生运动的多杆件结构主体以外，还集成有计算、传感、通信等子系统，搭载有大量的电子元器件、检测器件和相关的功能结构组件。仿人机器人系统整体在运动中所受到的冲击作用都会以惯性力载荷的形式作用于系统中每一个器件，尤其是动态过程中的高频振动和阶跃加速过载，有可能造成器件功能的失效、局部连接的中断并脱离整体，进而造成系统错误或崩溃。因此有必要采取一定的连接措施对仿人机器人系统中的相应部分进行振动隔离、局部缓冲和连接强化，来提高系统的整体可靠性。人体内部组织和器官的运动保护机制，为仿人机器人系统内部的隔离和保护措施提供了借鉴。

8.1.2　仿人机器人自由度配置方案

机器人学者郑元芳博士从仿生学角度对模仿人类的双足步行机器人腿部自由度配置进行了深入研究，并得出关节扭矩最小条件下的双足步行机构的自由度配置。定义下肢从髋部中心到踝部中心的空间连接为下肢整体支撑矢量，如图 8-1（a）所示。下肢髋关节处配置两个正交自由度，用于调节下肢支撑矢量的指向，在摆腿时决定摆动的方向，支撑时决定躯干相对腿部的姿态；下肢膝关节处配置一个摆动自由度，用于调节大腿与小腿之间的相对转角并改变下肢整体支撑矢量的长度；下肢踝关节处配置两个绕正交轴旋转的可控自由度，用于调节足部相对于下肢整体支撑矢量的相对姿态并适应具有一定倾角的地形表面，还能通过足部受到地面反作用力形成的翻转力矩影响该矢量相对于地面在不同翻转方向的受力。此外，髋关节与躯干连接处配置另一个正交旋转自由度，用于调整躯干与下肢间绕竖直轴的转角，控制躯干和摆动腿在运动中的朝向。综上所述，经过合理自由度配置的髋、膝和踝关节是组成下肢结构和控制调节下肢运动的最基本关节，并可根据三维空间内基本的行走运动将单一下肢的全部关节受控自由度简化至 6 个。同一个关节的自由度被设计为绕相互正交于一点的轴转动，因此仿人机器人下肢的最简自由度配置模型可理解为：髋关节为球面副连接（3DOF），膝关节为铰链转动副连接（1DOF），踝关节为球销副连接（2DOF），在实际实现中每个关节的各个自由度均有一定幅度限制。上述仿人机器人下肢的最简自由度配置模型也是目前仿人机器人研究和开发中最常采用的配置方案，具有一定的代表性和通用性。

仿人机器人的上肢一般模仿人体的形态和生理结构而建模为大臂、小臂和手部，并分别由肩关节、肘关节和腕关节相连，作为末端执行的手部需要针对精细操作而进行进一步细化的子系统设计。为了能够实现类似人体手部抓持操作，仿人机器人上肢需要配备足够的自由度以使末端执行器能够实现一定空范围内任意位置和任意姿态的定位，即末端空间六自由度操作（3 个平移自由度，3 个旋转自由度）。因此，针对手臂作业研究开发的仿人机器人上肢通常采取总数 6 个依次串联的关节自由度的布置方案，多为绕肢体正交轴的摆动和绕肢体平行轴的旋转。当忽略上肢末端执行器的空间姿态控制时，上肢末端与环境的接触被近似简化为点接触并随之产生接触部位 3 个被动的随动自由度，单侧上肢的关节串联模型则可简化至最少 3 个自由度，如图 8 – 1 （b） 所示。此时上肢的控制模型为肩部至末端的矢量，并将其定义为上肢支撑矢量。可通过在肩关节的两个正交自由度调节上肢支撑矢量的空间指向，以及在肘关节的一个摆动自由度调节大臂和小臂的夹角并形成上肢的支撑距离。由于摔倒保护是 BHR-6 的一个重要特点，因此在上肢设计中注重摔倒时的上肢支撑保护，忽略手部的抓持能力，将上肢末端简化为与地面接触并提供一定摩擦和缓冲的被动机构。综上所述，BHR-6 仿人机器人的上肢受控自由度配置方案为肩部两个绕正交轴的摆动自由度，肘部一个调节大臂与小臂夹角的摆动自由度。

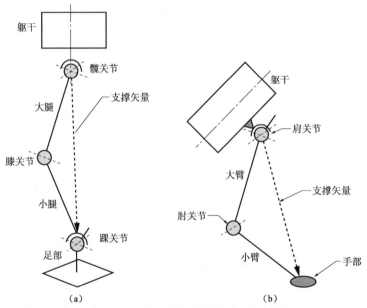

图 8 – 1　仿人机器人肢体支撑矢量及自由度配置

（a）下肢支撑状态；（b）上肢支撑状态

　　早期研制开发的仿人机器人一般在躯干部分采用刚性固连结构，并不添加任何受控自由度，主要原因是考虑躯干部分的运动对于仿人机器人步行稳定性的影响较小，且刚性躯干可以为上肢、下肢的运动轨迹规划提供理想的稳定参考基准，便于进行基于坐标变换的精确模型运动控制。然而，当仿人机器人的步行速度提高到一定程度时，单纯依靠上肢运动已很难满足快速步行状态下的稳定性和协调性，因此需要深入研究上肢和躯干的协调运动对快速步行的影响。相关研究证实，随着步行速度的提高，人体全身协调运动中腰部左右扭转幅度也随之增大，并能在行走中对下肢交替运动进行动量补偿，从而在快速行走过程中维持整体稳定性。当仿人机器人进行更复杂的全身协调运动时，例如仿人机器人的直立失稳快速调节和摔倒保护等，对腰部功能有更高的要求。当机器人在摔倒下落过程中采取上肢支撑缓冲的保护策略时，需要通过腰部运动配合上肢运动保护身体在受地面冲击过程中不受损伤，这就对腰关节的前后俯仰与左右摇摆的驱动能力有较高要求。根据以上研究结果，BHR-6 仿人机器人的设计，基于人体运动的简化模型对仿人机器人模型进行细化，机器人的躯干部分分为胸腹部和腰臀部两部分，并通过模型化的腰关节进行连接。仿人机器人躯干部分的运动即为腰关节绕三个正交于一点的旋转轴的转动，即腰部的前后俯仰、左右摇摆和左右扭转，此时腰部也可以理解为一个受控的球面副连接（3DOF）。

综上，BHR-6 仿人机器人整体自由度配置方案如表 8 - 1 所示。BHR-6 仿人机器人自由度配置和关节运动副功能如图 8 - 2 所示。

表 8 - 1　BHR-6 仿人机器人关节自由度配置方案

分布部位		受控自由度	欠驱动自由度	备注
头颈部		2 DOF	NA	
躯干（腰部）		3 DOF	NA	其中 2DOF 为并联差分传动
上肢	肩部	2 DOF × 2 = 4 DOF	NA	其中 2DOF 为扭矩过载可分离传动
	肘部	1 DOF × 2 = 2 DOF	NA	串联弹性传动
	腕部	NA	3 DOF × 2 = 6 DOF	
下肢	髋部	3 DOF × 2 = 6 DOF	NA	
	膝部	1 DOF × 2 = 2 DOF	NA	
	踝部	2 DOF × 2 = 4 DOF	NA	
手部		NA	NA	
足部		NA	4 DOF × 2 = 8 DOF	
总计		21 DOF	14 DOF	

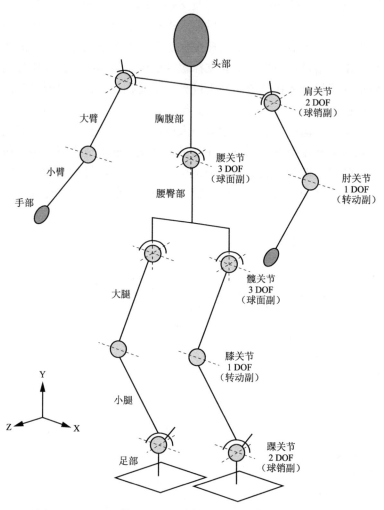

图 8-2　BHR-6 仿人机器人整体构型与关节自由度配置方案

　　根据 GB/T 12985-1991 Ⅲ型产品尺寸设计（平均尺寸设计）和仿人机器人机械设计指标，对 6 项人体主要尺寸，即身高、体重、大臂长、小臂长、大腿长、小腿长进行分解。参照 GB/T 10000—1988 的中国成年男子人体数据，根据身高 H 可以计算人体各部分尺寸，如图 8-3 所示。

　　按照形态仿生要求设计了 BHR-6 仿人机器人的机械设计指标和主要结构尺寸的合理范围，分别如表 8-2 和表 8-3 所示，为机器人机构的整体设计提供了可参考的基本数据。

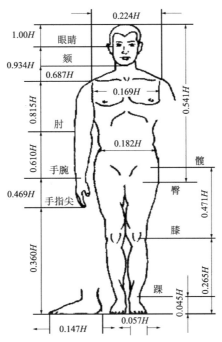

图 8 - 3　成年男子身高参数与身体其他各部分尺寸相对关系

表 8 - 2　仿人机器人机械设计指标

重量	全身（含电池）	≤60kg
尺寸	总高 H	（160 ± 5）cm
	肩宽 $L1$	≤60cm
	臂长 $L2$（含手）	60 ～ 70cm
	双臂伸展后的宽度/身高≤1.1	
自由度	总体	≥23DOF
	单侧下肢	≥6DOF
	腰部	≥3DOF
	单侧上肢	≥3DOF
	颈部	≥2DOF

表 8 - 3　仿人机器人主要结构尺寸

尺寸类型	尺寸范围
身高	（1600 ± 50）mm

尺寸类型	尺寸范围
体重	(50 ± 5) kg
大臂长	$350 \sim 380$mm
小臂长	$270 \sim 300$mm
大腿长	$320 \sim 340$mm
小腿长	$320 \sim 340$mm

8.1.3 仿人机器人机械结构设计方案

根据本章前面对 BHR-6 仿人机器人的简化模型、应对摔倒保护的关键机构设计、主要结构尺寸、自由度配置等方面的论述，本节进一步介绍 BHR-6 仿人机器人的机械设计方案。首先介绍 BHR-6 机器人的整体设计方案，接着介绍 BHR-6 机器人中使用的关节一体化驱动方案，之后分别介绍机器人的下肢、上肢、胸腔及腰臀部的机构设计方案。

1. 整体设计方案

基于前面提出的 BHR-6 仿人机器人的设计开发指标，兼顾整体参数的合理性和机构设计细化过程，得到了包括机器人系统集成、结构实现和关节驱动在内的仿人机器人机械部件总装配体三维模型设计，如图 8 - 4 所示。其中按照机器人形态和硬件功能划分，将仿人机器人机械硬件系统整体划分为三个分系统，即上肢系统、下肢系统和躯干系统三部分，如图 8 - 5 所示。本节接下来将对各分系统的机构设计方案依次进行介绍。

2. 肢体关节一体化驱动方案

目前，对于仿人机器人肢体关节机构和驱动的工程实现，研究界和产业界较成熟的做法是直流电机 - 谐波减速器的驱动组合方案，实现所需的速度和扭矩范围内的关节伺服运动。BHR-6 仿人机器人中使用的是其演化方案，通过将电机、减速器、编码器与驱

图 8 - 4　BHR-6 仿人机器人整体机构设计三维渲染效果图

动轴系统集成组合至一同轴序列并对其进行整体封装和应用的驱动实现方式，这种方式称为机器人关节同轴一体化驱动系统。这类系统中起关键作用的减速装置、轴承和驱动轴一般都具有输入轴与输出轴同轴心排列的特点。下面分别介绍直流电机–谐波减速器的驱动组合方案和关节同轴一体化驱动方案的优点。

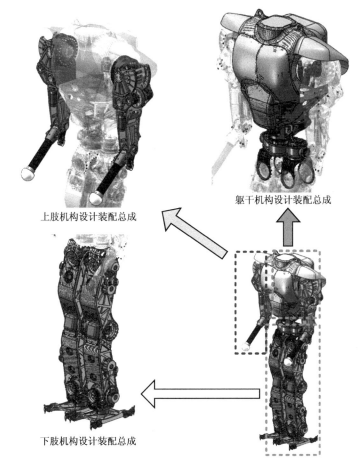

上肢机构设计装配总成

躯干机构设计装配总成

下肢机构设计装配总成

图 8 – 5　BHR-6 仿人机器人整体机构设计的结构划分

　　直流伺服电机和谐波减速器的组合驱动系统在仿人机器人肢体关节驱动中的应用目前发展较为成熟，并且也体现有明显优势，表现为：传动连接比较简单且可靠，传动级数少且效率较高、运动平稳，通过简单的配置组合可实现较高的固定传动比，器件结构紧凑、容易融合至整体结构中等。当在伺服电机和谐波减速器之间通过同步齿形带和带轮实现一定距离驱动传输时，还可灵活地在整体结构中布置电机的安装位置，并通过带传动的张紧程度调节传动高速级的运动容错能力和振动吸收能力，如图8-6所示。目前，许多成功研发的仿人机器人平台都采取了伺服电机-带传动-谐波减速的组合方案，甚至在同一级带传动中同时使用多个伺服电机进行协同拖动以实现更大功率和负载能力的单关节驱动。此外，也有一部分仿人机器人平台在其肢体关节驱动中采取伺服电机与谐波减速装置同轴安装并将电机输出端与减速器输入端直接相连的配置方案，并通过器件集成定制的方式成功地进行了实际应用。

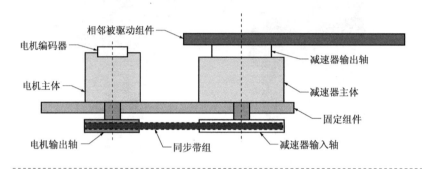

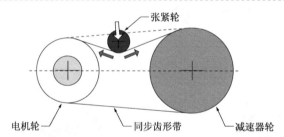

图8-6 直流电机-谐波减速器的驱动组合方案示意图

BHR-6仿人机器人中使用的关节一体化驱动方案是基于一种伺服电机和谐波减速器核心组件同轴连接的一体化驱动形式，该方法的优势是实现了仿人机器人肢体局部结构与在此部位安装的关节驱动单元在一定程度上的融合设计，兼顾了机器人的仿生外形和合理的元器件空间分布。其中代表性的一体化关节驱动元器件布局方案如图8-7所示。起关节转轴支撑作用的两个适合低速重载荷的滚动轴承排列于驱动部同轴位置的两端；转子为中空结构的永磁同步电机和轻量化谐波减速组件依次沿轴线排列，其中电机转子又由另外一对适合高速旋转的滚动轴承支撑，一端以法兰形式与谐波减速组件运动输入端相连，另一端以非接触形式与增量式旋转位置编码器相连；谐波减速组件的运动输出端以高强度的法兰夹持结构与相邻运动组件相连接，形成关节驱动的伺服运动末级输出。上述一体化关节驱动形式是BHR-6仿人机器人关节驱动的基本形式。

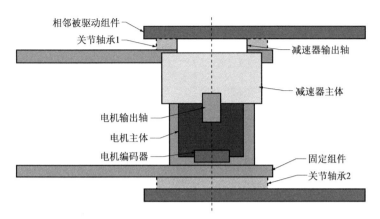

相邻被驱动组件
关节轴承1
减速器输出轴
减速器主体
电机输出轴
电机主体
电机编码器
固定组件
关节轴承2

图 8 - 7　机器人关节一体化驱动方案示意图

3. 下肢机构设计方案

BHR-6 仿人机器人的下肢分系统的设计方案如图 8 - 8 所示。机器人左右下肢结构形态上采取左右镜像的特征，并在单独下肢的结构中采用上文所述的仿人机器人六自由度关节串联型三节点方案，分别以髋关节、膝关节和踝关节作为下肢节点，利用关节驱动大腿部、小腿部和足部运动。根据下肢运动模型的关节自由度配置，髋关节采用绕空间正交轴转动的 3 个自由度配置方案，形成前后摆腿、内外摆腿和腿部自转的运动；膝关节采用绕一个单独轴转动的单一自由度配置方案，形成屈伸腿的运动；踝关节采用绕空间正交轴转动的 2 个自由度配置方案，形成足部前后翻转和内外翻转的运动。下肢分系统中传感器的集成方案采用在各关节驱动电机轴端安装旋转编码器实现各自的位置闭环反馈，并在踝关节末端与足部之间安装宏观刚性的六维力/力矩传感器实现对该处连接 3 个转动与 3 个平移方向上的实时力/力矩反馈。

在各关节自由度实现的形式上，除了驱动下肢整体绕竖直轴旋转的髋部第一自由度的驱动单元与仿人机器人躯干分系统中的臀髋部相集成以外，其余单独下肢的五个自由度的驱动单元均实现了与下肢主要结构组件的融合设计。5 个自由度中，膝关节驱动通过一个独立的一体化驱动单元实现；髋部与踝部关节各分布有 2 个绕正交轴转动的自由度，各自通过两套独立的关节驱动单元的十字交叉关节机构实现，二者所实现的交叉式结构相似，踝关节各驱动单元的体积和功率略小于髋关节，实现了踝关节的结构与质量分布优化。交叉关节机构内部绕一轴的关节驱动采取减速装置与电机直接串联的形式，绕另一轴的关节驱动则采取电机通过1: 1 同步齿形带轮组与减速装置平行连接的形式，将两组独立关节驱动单元中其中一组电机安装位置平移至腿部，其余组件的布局充分利用了交叉结构内部的紧凑空间。

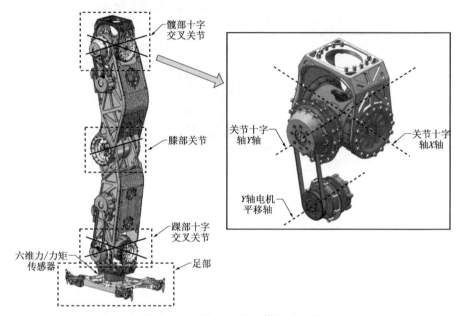

髋部十字
交叉关节

膝部关节

踝部十字
交叉关节

六维力/力矩
传感器

足部

关节十字
轴Y轴

关节十字
轴X轴

Y轴电机
平移轴

图 8 - 8　下肢机构的整体设计方案

4. 上肢机构整体设计方案

本章介绍的 BHR-6 仿人机器人仿生上肢系统的设计如图 8 - 9 所示。左右上肢形态结构采取左右镜像的特征，每一侧上肢采用仿人机器人理想上肢运动模型中的关节串联两节点方案，即由肩关节和肘关节分别连接躯干、大臂部和小臂部。上肢以与环境接触支撑的目的为主，省略独立的手部和手腕关节。肩部采取绕正交轴旋转的两自由度关节配置方案，实现前后摆臂和侧向举臂的运动；肘部采取绕一个轴旋转的单一自由度关节配置方案，实现屈伸臂的运动。上肢还通过一个半球形的黏弹性结构在小臂末端代替手部起到与环境接触的作用，并在该部位与地面接触时产生 3 个随动的被动旋转自由度。

5. 躯干结构及腰臀部机构设计方案

在仿人机器人的系统集成和结构实现中，躯干系统起到的作用主要是作为移动基座连接各肢体的始端，并作为系统中体积最大的一个包容结构来搭载和保护机器人系统中的计算机控制系统和能源系统，是仿人机器人全身形态和系统分布的中央区。

根据本章前面关于仿人机器人运动方面需求的论述和仿人机器人整体设计指标，BHR-6 仿人机器人的躯干分为胸腹部和腰臀部两个主体结构，并通过腰

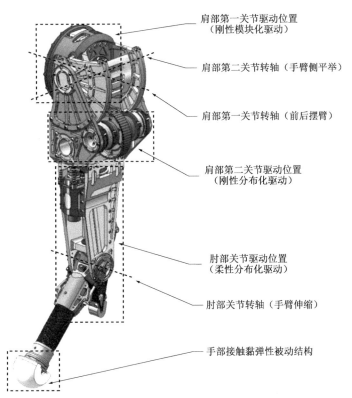

肩部第一关节驱动位置
（刚性模块化驱动）

肩部第二关节转轴（手臂侧平举）

肩部第一关节转轴（前后摆臂）

肩部第二关节驱动位置
（刚性分布化驱动）

肘部关节驱动位置
（柔性分布化驱动）

肘部关节转轴（手臂伸缩）

手部接触黏弹性被动结构

图 8-9　上肢机构的整体设计方案

关节一个节点相连，在该节点实现两个主体结构相互间绕正交轴旋转的 3 个自由度，即实现扭转腰、前后屈伸腰和左右摆动腰的运动，以应对更多模式的仿人运动、运动中的快速调节和失稳摔倒后的自我保护。腰关节运动机构上的 3 个转轴正交且交于一点，属于一个受控的三自由度球型连接副，在实现方式上采取了一种驱动混联组合的方式：通过一个独立的旋转驱动单元驱动相连的两个主体结构之间绕竖直轴的旋转，向上与其串联后再通过另外两个相互独立的直线驱动单元以并联差分的形式驱动机器人胸、臀两部分绕矢状轴和冠状轴的旋转。这种混联组合方式能够合理地对各驱动单元进行任务分配，并通过直线驱动的自锁形成一个稳定的支撑结构，以适应运动中胸部和臀部之间的连接和驱动需求。在结构分布方面，腰臀部的主体结构以驱动单元的紧凑集成分布为主，包括腰部和左、右下肢各自绕竖直轴转动的关节驱动，并配置有臀部结构的外部碰撞保护措施；胸腹部的主体结构则以中央系统的容纳功能为主，以模具成型的多层复合材料增强壳体结构为实现手段，实现理想的仿人体外形和高强度轻量化的空间支撑。胸部壳体左右两侧与机器人上肢系统实现结构对接，在其后背部实现腰部直线驱动单元的容纳和铰接，并使驱动单元另一端与腰部底层结构铰接，如图 8 – 10 所示。

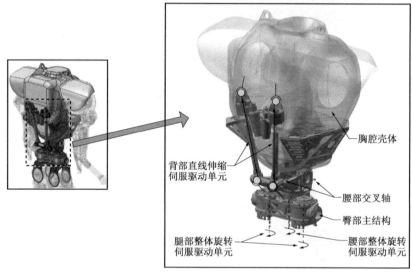

图 8 – 10　胸腔、腰部、臀部结构的整体设计方案

8.2　仿人机器人控制系统设计

8.2.1　高功率密度伺服驱动器硬件设计

本系统以电机专用的 DSP 控制器为核心，鉴于仿人机器人驱动器主要在 100V 以下的直流电压下工作，功率变换器件选用高速 MOSFET，以 SVPWM 方式驱动电机。为了保证系统的电气性能可靠，强电和弱电部分均实现完全电气隔离，部分通信接口也采取了隔离措施。整个系统框图如图 8 – 11 所示，系统由两个独立的部分组成，分别是伺服控制电路和电机驱动电路。伺服控制电路主要包括 DSP 控制器、多路隔离式电源、接口电路、模拟采样电路、通信电路等。电机驱动电路主要由功率逆变电路、功率管驱动电路、保护电路、相电流检测电路、温度检测电路等构成。在驱动器热量优化方面，为降低驱动器的热量并提高其散热效率，提出了一种功率管栅极电压控制与工艺。

1. 电源电路

电源电路采用两级串联式开关电源结构，经过变换后得到强电端 5V，12V

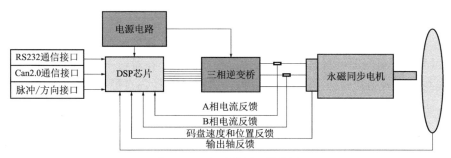

图 8－11　驱动器原理结构图

和弱电端 5V，12V，2.5V，3.3V 为 DSP 以及外设供电，反馈回路采用稳压集成电路和光耦组成，精度高、纹波小并且变压器输入输出绕组两端电气隔离，电源部分关键位置均设置了保险熔断器，以防止一部分电路损坏后影响其他电路，从而避免了链式损毁。驱动器电流环对于模拟电路的精度有较高要求，而主芯片的工作时的噪声会通过电磁辐射、线路耦合等方式对模拟采样产生不可忽略的影响，所以，本课题在设计驱动器时将模拟电源和数字电源分开。

2. 码盘接口电路

精密伺服系统需要准确获得电机转子位置及转速信息，常用的位置传感器有旋转变压器和光电码盘。旋转变压器由于结构坚固，抗干扰能力强常用于环境恶劣场合。一般情况下位置传感器都是基于光电码盘。光电码盘有绝对式和增量式两种，绝对式的码盘可以直接输出编码的位置信号，但是结构复杂，成本较高；最常用的还是增量式的光电码盘，特点是接口简单，使用方便，通过一定计算就可以获得转子对应位置和速度信息。增量式光电码盘输出含有位置信息的正交编码信号，该信号为两路脉冲信号的组合。两路信号正交，相位相差 90°，信号的频率能反映转速的高低；两路信号的相位超前滞后的关系反映了电机转动方向。在基于 DSP 进行数字控制的伺服系统中，该信号可以直接输入 DSP 的正交编码电路，在 DSP 内部自动四倍频，可以进行实现转向判断和计数。

在以光电码盘作为角位置测量元件的伺服系统中，码盘输出线或电源线断路会使伺服系统丢失反馈信号而发生电机"飞转"的故障，常会造成设备损坏或人身伤害事故，尤其是在机器人的系统中，控制系统能够检测出这类故障，从而及时关断电机并释放制动器。目前，很多控制系统采用计算机处理这一故障。当码盘断线时，位置误差增大，当增大到超过程序中设定的门限值时，使电机停转。由于程序执行需要时间，这种方法对故障的处理不是很及时，而且计算机分辨不出什么原因引起的位置误差超限，给系统维护带来困难。利用码盘的差分信号作为检测对象，码盘正常接入时 A、B、I 三对差分信号有高有低，而在断线时则一定会出现全部为高或者全部为低的情况，这时通过异或逻辑门即可将这两种异常情况检测出来。在对这三组信号进行二极管"线与"送入 DSP 一个外部中断引脚，这样，一旦码盘断线程序可以立即保护，防止出现"飞转"等危险。

3. 功率驱动电路

该部分用于放大 DSP 的 PWM 驱动信号送给永磁同步电机，由于这部分电路负责提供能量给电机，所以这部分的性能对整个系统的表现有着重要影响。永磁同步电机采用三相 H 桥。随着电力电子器件的大规模实用化，功率元件正向着小体积、高速度、低内阻的方向发展，功率驱动常用的器件有 MOSFET，IGBT，SCR 等。SCR 属于双极型的器件，阻断电压高，通态压降低，电流容量大，但工作频率低，适用大中容量变流设备。本系统功率管采用 MOSFET 管，开关频率可达数十千赫，导通电阻小于 $10m\Omega$，耐压达到 100V，因其体积小、容易驱动等特性使得在微型驱动器的应用方面 MOSFET 成为首选。

4. 相电流检测电路

电流采样采用高侧电流放大器，仅需使用一个毫欧电阻，即可将电流信号精确地变化为以电源地为参考电平的电压信号，外围电路构成线性光电耦合电路，将强电端电流信号耦合至弱电端，采用高端电流变换的好处是可以减小地线不同位置电位差的影响。

模拟信号隔离的一个比较好的选择是使用线性光耦。线性光耦的隔离原理与普通光耦没有差别，只是将普通光耦的单发/单收模式稍加改变，增加一个用于反馈的光接收电路用于反馈。这样，虽然两个光接收电路都是非线性的，但两个光接收电路的非线性特性都是一样的，从而就可以通过反馈通路的非线性来抵消直通通路的非线性，达到实现线性隔离的目的。

5. 功率管栅极电压控制与工艺

驱动器的工作温度对驱动器的工作效率有着至关重要的影响，本书作者所在的北京理工大学课题组提出一种功率管栅极电压控制与工艺，从驱动器热量产生与散发两个方面优化驱动器的工作温度，以提高驱动器工作效率。驱动器功率管在工作时，其放大电路是一个双口网络。从端口特性来研究放大电路，可将其等效成具有某种端口特性的等效电路。该电路的等效电阻随着驱动器负载的变化产生变化。在传统的驱动器设计中，栅源电压 V_{gs} 并不会针对驱动器负载的变化进行调整，使得功率管的负载电阻由于阻值的变化而产生多余的热量，降低了驱动器的效率。本书作者提出了一种动态改变场效应管驱动电压的方法，以降低功率管的等效电阻，从而减小驱动器热量的产生。此外，还提出一种改善驱动器热阻的优化工艺，以加快驱动器热量的散发速度，提高驱动器的工作效率，如图 8 - 12 所示。

图 8 - 12　驱动器热阻优化工艺

8.2.2　驱动器软件设计

本系统所需永磁同步电机闭环位置伺服控制系统需要以下控制软件模块：

（1）位置控制模块，包括转子位置信息的读取和处理、位置误差计算、转子位置控制器输出转速指令。

（2）速度控制模块，包括转子实际转速计算、转速误差计算、转速控制器算法得到交轴电流指令，以及电机磁场控制算法获得直轴电流指令。

（3）实际电流坐标转换模块，包括电机电枢电流信息的读取，利用转子位置信息实现定子静止三相到转子 dq 两相的定子电流坐标变换。

（4）电流调节器模块，包括计算直轴和交轴电流误差、直轴和交轴电流控制器获得直轴和交轴电压增量。

（5）定子电压计算模块，包括计算直轴和交轴稳态电压、计算直轴和交轴指令电压，利用转子位置信息转子 dq 两相到定子静止 $\alpha\beta$ 两相的定子电压坐标变换。

（6）定子电压空间矢量调制模块，包括直流母线电压信息读取、定子电压空间矢量调制算法获的 PWM 波形的占空比。

（7）逆变器 PWM 输出更新模块，包括各相 PWM 输出寄存器定时值的计算和更新。

永磁同步驱动器软件算法基于系统对可靠性的特殊要求，控制算法结合最经典的 PID 算法，尝试一些现代控制算法，如模糊控制、最小拍系统、前馈 PID 等，并进行严格测试。根据要求，驱动器需要适应很大范围内变化的负载，就要求驱动器能够在一定范围内自适应运动参数。此外，三环都应具备外部接口，可以更改工作模式，以便于进行位置控制、速度控制、力矩控制。各个环的极限参数可以通过通信接口更新，以适应不同的关节负载。

PWM 调制和换向这部分功能对实时性要求较高，因此配置在优先级较高的中断服务子程序中。DSP 具备专用的 PWM 硬件发生器和硬件乘法器。换向信号由霍尔传感器产生，根据当前的逻辑计算下一个 PWM 周期的状态。

永磁同步电机驱动器按功能可分为如下几个部分：SVPWM 解耦算法，装载参数和自检，静态参数配置，动态参数配置，电流环，速度环，位置环，外部找零点，PVT 曲线，外部霍尔，CAN 通信指令解析，各种保护功能。伺服控制软件结构如图 8-13 所示。

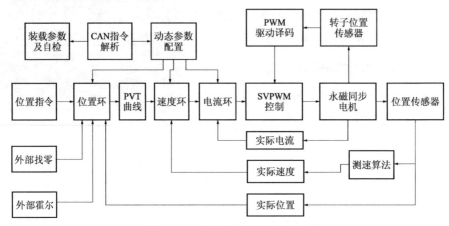

图 8-13　伺服控制软件结构图

8.2.3　基于负载的参数自适应调制

设计的关节驱动控制器位置环控制方案采用复合型的模糊控制和 PI 控制相结合的方式，通过设计权值调整模糊控制器，在线调整模糊控制器输出和 PI 控制器输出的权重，如图 8-14 所示。在控制偏差比较大的时，模糊控制器输出权值比 PI 控制器输出的权值大，当偏差比较小的时，增大 PI 控制器输出的权值，减小模糊控制器输出的权值。从而结合模糊控制和 PI 控制的优点，使控制达到较好的自适应性和控制品质。

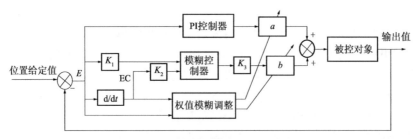

图 8-14　权值自调整模糊 PI 控制框图

根据位置偏差和偏差变化率的大小进行权值自调整，设计一个权值自调整模糊控制器，从而实现控制系统的自动、稳定和优化运行，其工作原理如

图 8−16 所示。当位置偏差和偏差变化率较大时，权值 b 的值较大；当速度偏差和偏差变化率均较小的时候，权值 a 的值较大。

8.2.4 仿人机器人控制系统设计

仿人机器人的控制系统需要同时协调几十个电机工作，获取环境信息，并且需要具有足够的实时性来保证关节执行的轨迹满足运动规划所期望的动力学特性。BHR-6 仿人机器人的控制系统如图 8−15 所示，包括遥操作系统、运动控制系统、感知系统与驱动系统。遥操作系统用来远程操作机器人，研究人员通过发送指令控制机器人完成作业任务。运动控制系统运行在一台 PCI 104 工业控制计算机上，PCI104 工控机具有较小的外形尺寸（95.89mm × 90.17mm × 19.70mm）和丰富的外设接口（PCI，USB，VGA 等），可以方便地安装在仿人机器人的胸腔内。控制系统采用 QNX 实时操作系统，控制周期为 4ms，能够保证机器人运动的实时性。运动控制系统主要的功能是运行机器人运动与平衡控制算法，并将研究人员发出的作业指令转换为机器人关节运动的控制指令，同时获取感知系统和驱动系统的参数，通过无线视频传输的方式将信息发送至遥操作系统。

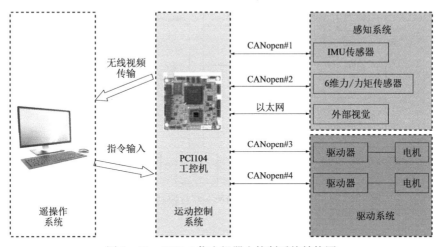

图 8−15 BHR-6 仿人机器人控制系统结构图

感知系统主要包括获取机器人身体姿态信息的 IMU 传感器、获取机器人与环境的交互作用力的六维力/力矩传感器，以及获取环境视觉信息的外部视觉系统。驱动系统为安装在机器人每个关节处的驱动器−电机系统。除了外部视觉系统与工控机的通信方式为以太网，其他部分与工控机的通信方式均为

CAN。CAN 通信通过具有 PCIe 接口的 CAN 通信卡完成，CAN 总线的通信速率为1Mbps，采用并行的方式处理每一个通道，保证所有的通信能在机器人的一个控制周期内完成。如图 8 – 16 所示，BHR-6 仿人机器人控制系统使用 5 个 CAN 通道，每个 CAN 通道有 6 个可以用于存储指令的发送缓冲区，由 CAN 卡自动向节点发送指令。为保证机器人所有关节同时执行运动指令，每个通道只连接 6 个节点，其中通道 1 连接左腿的 6 个关节驱动器，通道 2 连接右腿的 6 个关节驱动器，通道 3 连接手臂的 6 个关节驱动器，通道 4 连接腰部的 3 个关节驱动器，其余 3 个节点留作备用，通道 5 连接力传感器、IMU 传感器等。对于连接关节驱动器的节点，CAN 卡通过发送同步帧的方式要求各个节点返回当前的反馈值，在读取完反馈值后，向每个关节驱动的节点发送参考值，使关节电机执行参考运动。对于连接传感器节点，CAN 卡仅执行发送同步帧和收取反馈值的工作。

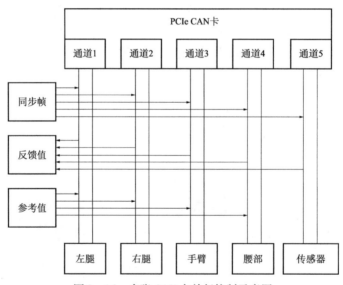

图 8 – 16　多张 CAN 卡并行控制示意图

8.3　仿人机器人多模态运动实验

8.3.1　复杂地形行走

本书第 4 章介绍了 BHR-6 仿人机器人的行走运动。机器人在基于 ZMP 稳定裕度的步态规划方法和传感反射运动控制方法的作用下，可以实现 4km/h 速度的稳定行走，还可以在室外复杂地形（如草地）条件下实现稳定行走。图 8 – 17 展示了机器人在室内的行走，图 8 – 18 展示了机器人在室外草地的行走。

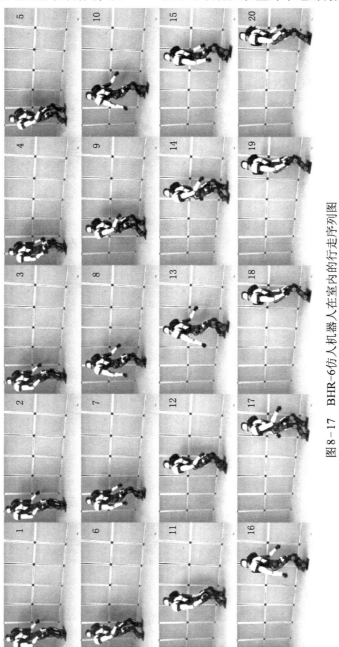

图 8 – 17　BHR – 6仿人机器人在室内的行走序列图

231

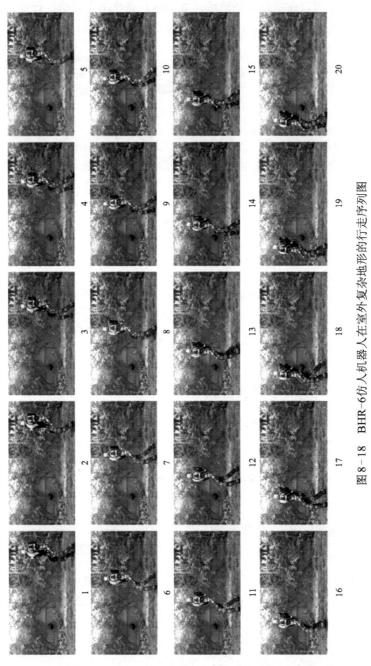

图8-18　BHR-6仿人机器人在室外复杂地形的行走序列图

除了行走运动之外，为了应对复杂的环境，仿人机器人还需要一些其它的特殊运动步态来完成相应的任务。BHR-6 针对这类运动任务的需求，实现了摔倒保护、从摔倒状态站起、翻滚、爬行等多种模态的运动。

8.3.2 摔倒保护

应用本书第 7 章中提出的基于人体运动规律的摔倒保护策略，BHR-6 仿人机器人可以抵抗在较大外界扰动时摔倒的冲击作用，增强在复杂环境中运动的安全性。图 8 – 19 展示了 BHR-6 在摔倒保护策略下摔倒的过程。

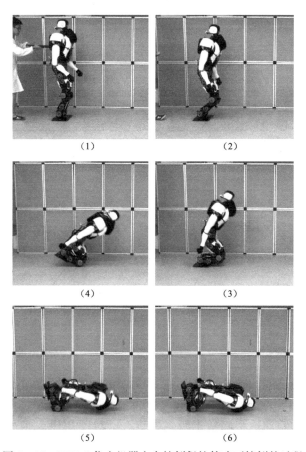

图 8 – 19　BHR-6 仿人机器人在摔倒保护策略下摔倒的过程

8.3.3 摔倒后站起

当机器人完成爬行翻滚的动作时或者机器人发生摔倒时都需要重新站立，从而继续完成仿人机器人的后续动作。因此仿人机器人摔倒后恢复站立的能力对提高机器人对复杂环境的适应能力具有重要意义。从摔倒状态到站立状态的模态转换也是仿人机器人的重要运动能力之一。在 BHR-6 仿人机器人的从摔倒站起的运动中，通过设置关键位姿状态进行插值的方法得到关节轨迹，并应用方程（8.2）检验是否满足接触点的稳定性。从向前摔倒的状态站起时，机器人先用双臂支撑地面，使上身抬起接近竖直姿态，同时小腿下落，保持脚掌与地面接触。之后机器人的膝关节伸直，机器人站起。从向后摔倒的状态站起时，机器人同样先通过双臂支撑地面使上身接近竖直姿态，同时小腿回收，使脚掌和地面接触，之后膝关节伸直，并配合踝关节的转动，机器人站起。图 8－20为 BHR-6 机器人从向后摔倒站起的过程。

图 8－20　BHR-6 仿人机器人从摔倒状态站起的运动

8.3.4　翻滚运动

仿人机器人的翻滚运动可以调整机器人摔倒后的方向，对机器人在跌倒后站起、不同步态之间的转换、适应复杂环境等方面具有重要作用。实现仿人机器人的翻滚运动成为仿人机器人提高运动能力的一大需求。

北京理工大学课题组以自主研制的仿人机器人 BHR-6 为平台设计仿人机器人的翻滚运动。在仿人机器人的翻转运动过程中至少有 3 个末端部分与地面接触，从而保持机器人的稳定。图 8－21 显示了机器人在翻滚运动中不同姿态下的质心位置和接触末端形成的支撑多边形。

图 8-21　仿人机器人在翻滚运动过程中不同姿态下的质心位置和
接触末端形成的支撑多边形

当机器人与地面接触时，为了保持机器人的稳定，应保证接触点不出现滑动现象，即机器人接触点与地面的摩擦力应小于其最大静摩擦力。为此应用多刚体系统的多点接触动力学模型：

$$M\dot{u} + W_e\lambda_e + \sum_{i=1}^{m}(W_{ni}\lambda_{ni} + W_{ti}\lambda_{ti}) = Q \tag{8.1}$$

其中，M 为系统的质量矩阵，$\dot{u}$ 为速度，W_e 为约束雅可比矩阵，Q 为外力，λ_n，λ_t 分别为法向和切向的接触力，W_n，W_t 分别为对应的接触刚度矩阵。将方程（8.1）进行离散化，并考虑到末端受到的地面反作用力 T 和接触力 λ 的关系，得到

$$\begin{pmatrix} M & W_e \\ W_e^{\mathrm{T}} & 0 \end{pmatrix}\begin{pmatrix} u \\ T \end{pmatrix} = \begin{pmatrix} d_1 \\ d_2 \end{pmatrix}$$

$$d_1 = \sum_{i=1}^{m}(W_{ni}T_{ni} + W_{ti}T_{ti}) + Mu + Qh$$

$$d_2 = -\frac{\lambda}{h} - \frac{\partial\lambda}{\partial t} \tag{8.2}$$

其中，t 是时间，h 为时间步长，λ 为接触力，T_{ni}，T_{ti} 分别为法向和切向的地面反作用力。

应用方程（8.2），可以由机器人的外力得到机器人与地面在各接触点的接触力，从而验证是否会发生滑动的现象。因此，可以用方程（8.2）来验证所规划的翻滚运动的步态和驱动方式是否合理。

图 8-22 为在仿人机器人仿真模型上实现的翻滚运动。图 8-23 为 BHR-6 仿人机器人实体上实现的翻滚运动。机器人初始姿态为平躺状态，通过翻滚运动使机器人平爬在地面上。

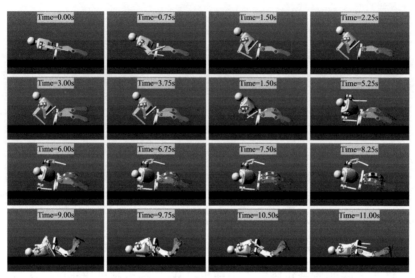

图 8 – 22　在仿真中实现的 BHR-6 仿人机器人翻滚运动

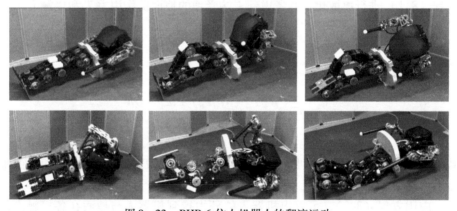

图 8 – 23　BHR-6 仿人机器人的翻滚运动

8.3.5　爬行运动

　　在某些复杂环境下，特别是需要穿越低矮地形时，四足爬行比双足运动具有更好的可靠性和适应性。爬行运动考验了仿人机器人的机构承载能力、关节的运动范围、驱动能力。在规划机器人爬行运动时，要考虑空间约束、关节力矩约束等问题。北京理工大学课题组在自主研制的仿人机器人平台 BHR-6 上研究了仿人机器人的爬行运动。图 8 – 24 为仿人机器人爬行运动的运动学模型。

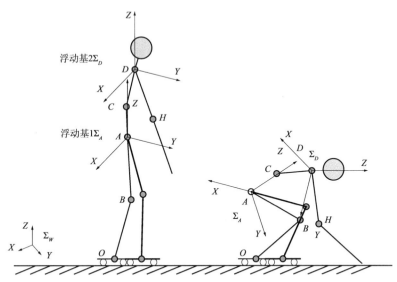

图 8 – 24　仿人机器人爬行运动学模型（见彩插）

在仿人机器人爬行及四足机器人动作规划研究中，占空系数 β 表示单腿在一个步态周期内处于支撑相的时间与整个周期时间之间的比值，是描述步态特征的重要参数。根据占空系数 β 的值可将四足运动的步态分为：爬行步态（Crawl），各肢依次起落，$0.75 < \beta < 1$，相位差为 1/4；对角步态（Trot），对角肢体成对起落，$\beta = 0.5$，相位差为 1/2；溜蹄步态（Pace），同侧肢成对起落，$\beta = 0.5$，相位差为 1/2；疾驰步态（Gallop）：前后肢成对起落，存在四肢同时腾空时刻，$\beta < 0.5$，相位差小于 1/2。考虑到仿人机器人的机械设计结构特点和爬行的速度要求，在 BHR-6 机器人中最终选择了符合仿人机器人爬行要求的爬行步态（Crawl）。根据该步态的特征，质心对地面的投影超出支撑点构建的多边形的时间非常短，意味着机器人在 Crawl 步态中长时间处于静态平衡。

图 8 – 25 显示了 BHR-6 机器人的爬行运动。机器人在遇到高度限制的运动环境时，先从站立姿态过度到爬行姿态，然后执行爬行运动穿过该环境。

图 8 - 25   BHR-6 仿人机器人爬行运动序列。
机器人在遇到高度限制的环境时，先从站立姿态过渡到爬行姿态，
然后执行爬行运动穿过该环境

参 考 文 献

[1] 刘华欣. 应对摔倒的仿人机器人仿生机构研究[D]. 北京: 北京理工大学, 2016.

[2] Sias F R, Zheng Y F. How many degrees-of-freedom does a biped need? [C]//IEEE International Workshop on Intelligent Robots & Systems 90 Towards A New Frontier of Applications, IEEE, 1990: 297 - 302.

[3] Zhou Y, Chen X, Liu H, et al. Falling protective method for humanoid robots using arm compliance to reduce damage [C]//2016 IEEE International Conference on Robotics and Biomimetics (ROBIO), IEEE, 2016.

[4] Zhang Z, Huang Q, Liu H, et al. Passive buffering arm for a humanoid robot against falling damage [C]//2016 IEEE International Conference on Mechatronics and Automation, IEEE, 2016.

[5] Zhang Z, Liu H, Yu Z, et al. Biomimetic upper limb mechanism of humanoid robot for shock resistance based on viscoelasticity [C]//2017 IEEE-RAS 17th International Conference on Humanoid Robotics (Humanoids), IEEE, 2017.

[6] Yu D C, Yu Z G, Fang X, et al. Rolling Motion Generation of Multi-Points Contact for a Humanoid Robot[C]//2016 International Conference on Advanced Robotics and Mechatronics (ICARM), IEEE, 2016.

仿人机器人未来发展展望

仿人机器人研究始于 20 世纪 70 年代，在运动稳定性、高动态运动、集成系统设计等方面取得了丰富的成果，但目前仿人机器人在运动能力上和人类相比仍然存在较大差距，主要体现在运动快速性、环境适应性、作业多样性等关键性能。提高仿人机器人的这些关键性能是未来仿人机器人研究的重点方向，也是仿人机器人面临的重要挑战。

1. 运动快速性

仿人机器人的快速运动离不开关节的强大驱动能力，关节驱动单元也是仿人机器人相关研究的难点之一。仿人机器人常用的驱动方式有液压驱动与电机驱动两种。液压驱动凭借其输出功率大、响应快等优点，在机器人领域引起学者们的关注。波士顿动力公司的 Atlas 机器人凭借驱动强劲的液压驱动单元能够实现跳跃、后空翻等高难度动作，但液压驱动也存在以下两个方面的问题：①机器人在完成走路或站立等对关节力矩需求较低的运动时，也必须保持很高的液压管道压强，造成机器人的运动能效低；②液压系统较为复杂，会增加机器人体积和重量，同时也难以避免液压油泄漏的发生。电机驱动具有结构紧凑、控制简便、传动效率高等优势，是目前仿人机器人领域的一种发展趋势。以日本 ASIMO 机器人为代表的电机驱动机器人，能够实现快速行走、奔跑、跳跃，但其跑跳的高度和距离都非常有限。研制具有高动态快速运动能力的电机驱动仿人机器人是未来仿人机器人研究的重要挑战之一。

在执行单元方面，开发具有创新材料性质、电磁场与温度场耦合特性的电机等执行部件是仿人机器人研究的前沿热点问题。例如，北京理工大学正在研制高效驱动－准直驱电机－储能单元于一体的刚柔混合驱动单元，研究低速大扭矩电机－小减速比减速器－高能效伺服控制的爆发式驱动设计技术，并针对仿人机器人在运动过程中的各类需求开发关节驱动控制器，保障高爆发力的高机动运动能力。在感知单元方面，研制仿生眼、灵巧手等仿生部件，实现仿人机器人的拟人化运动与感知是未来研究的重要方向之一。

2. 环境适应性

环境适应能力是制约仿人机器人实用化进程的又一重要因素。一方面，单一的运动模式如仅具有行走、奔跑的能力使仿人机器人难以适应复杂多变的实际环境。例如，在2015年美国DARPA机器人挑战赛上，大部分机器人在复杂环境中都出现了摔倒的情况，且绝大部分机器人在摔倒后都不能自行爬起继续工作，表明目前仿人机器人对环境的适应性还有待提升；另一方面，目前仿人机器人大多采用电机＋减速器组合而成的刚性驱动结构，刚性关节会造成外界干扰不易被局部关节吸收而直接扩散到机器人全身，导致机器人在与复杂环境交互时容易不稳定而失去控制。

研究多模态运动控制，扩展仿人机器人的运动模式，以适应复杂环境下不同的运动需求，解决复杂环境适应性问题是未来仿人机器人研究的重要课题之一。面对现有仿人机器人行走、跳跃、奔跑等单一运动模式的现状，集中发展具有刚柔兼备多模态运动能力以及可以自主变换运动模式的仿人机器人，实现机器人对环境的自主适应性是未来仿人机器人发展的重要挑战。

3. 作业多样性

除了行走、奔跑、跳跃、爬行等运动外，人们还期待仿人机器人能够完成运输货物、操作设备、障碍清理等作业，对仿人机器人的作业多样性与自主能力提出了很高的要求。目前，仿人机器人上肢与手部作业的完成速度远低于人类，作业多样性更难与人比肩。机器人在环境交互中感知能力弱、操作行为智能低，难以应对突发事件、完成复杂作业任务。引入人的高级智能，实现人类高级智能与仿人机器人的高度融合是解决该问题的主要途径，也是技术挑战。

目前，可以通过融合人类智能和融合人工智能的方式加强仿人机器人的作业多样性。融合人类智能是指将人类智能融合进仿人机器人。其中最直接和最常见的方式就是通过并行控制，即仿人机器人实时模仿或者复制操作者的动作。理论上，通过并行控制操作者可以很方便地操控机器人完成任何人类可以完成的任务。

融合人工智能是指将人工智能融合进机器人的控制算法中，使其获得执行多种复杂任务的能力。随着近10年来人工智能的快速发展，各国研究者在这一方面取得了很多成果。

附录　彩插

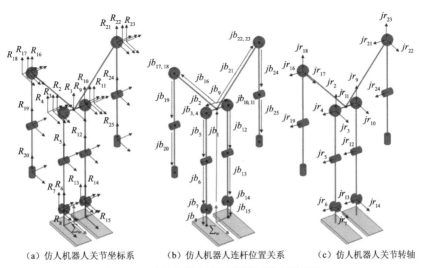

（a）仿人机器人关节坐标系　　（b）仿人机器人连杆位置关系　　（c）仿人机器人关节转轴

图 2-3　仿人机器人坐标系及相关变量描述

图 2-6　具有虚拟约束的浮动基仿人机器人模型

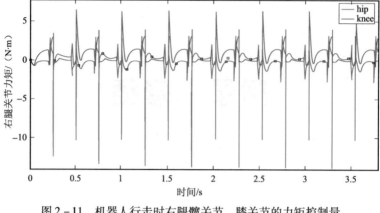

图 2 - 11　机器人行走时右腿髋关节、膝关节的力矩控制量

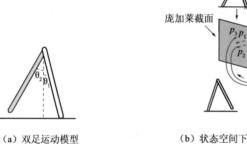

（a）双足运动模型　　　　　　（b）状态空间下的周期步行与庞加莱截面

（c）运动轨道与庞加莱
截面交点的位置变化

图 3 - 4　庞加莱截面和庞加莱映射在双足模型状态空间中的示意图

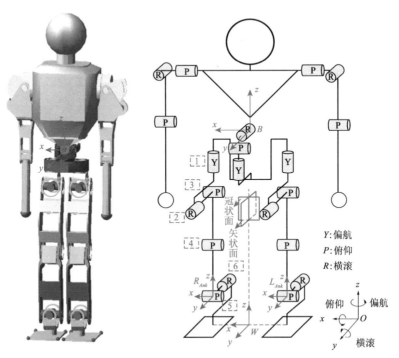

图4-9　仿人机器人仿真模型及自由度配置

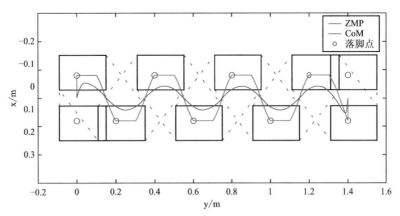

图4-16　仿人机器人 CoM，轨迹、ZMP 轨迹、落脚点及支撑区域

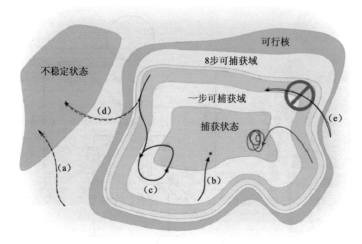

图 5 – 10　基于捕获性概念的运动系统的各种状态集合及其关系
（根据参考文献 ［14］ 的图片修改）

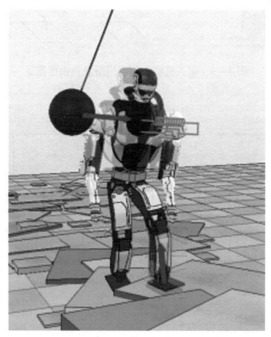

图 5 – 15　仿人机器人柔顺控制示意图

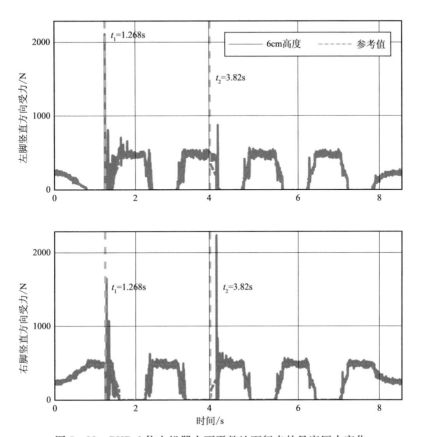

图 5-22　BHR-6 仿人机器人不平整地面行走的足底压力变化

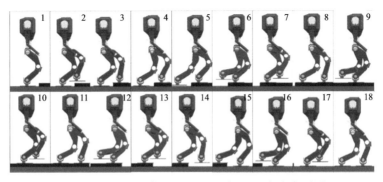

图 5-24　BHR-6 仿人机器人不平整地面行走序列图

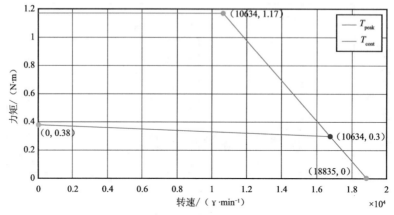

图 6 – 34　下肢关节力矩电机的力矩 – 转速图

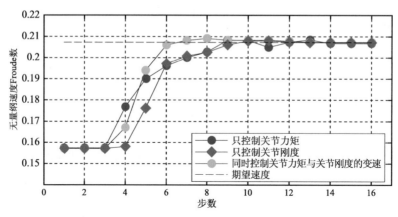

图 7 – 29　控制力矩、控制刚度和同时控制力矩与刚度三种方式的行走速度控制
效果对比
其中灰色虚线为期望的行走速度。其他三条线分别为只控制关节力矩、
只控制关节刚度和同时控制关节力矩与关节刚度的速度变化

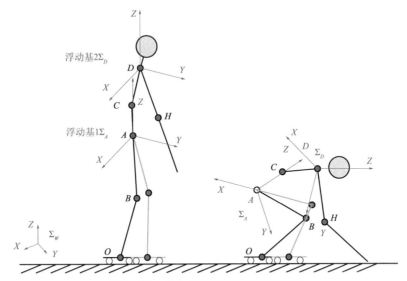

图 8-24　仿人机器人爬行运动学模型